Lambacher Schweizer
Mathematik für Gymnasien

Nordrhein-Westfalen

Oberstufe
Einführungsphase Vertiefungskurs 1

erarbeitet von
Thomas Jörgens
Inga Surrey

Inhaltsverzeichnis

Ernst Klett Verlag
Stuttgart · Leipzig

Dieses Modul ermöglicht dir, alle wichtigen Aspekte im Umgang mit linearen Funktionen zu wiederholen und intensiv zu üben. Bevor du anfängst zu üben, solltest du eine spontane Selbsteinschätzung in Form einer Schulnote von 1 bis 6 abgeben (erste Spalte in der unteren Tabelle).
Anschließend kannst du die Testaufgaben bearbeiten und mithilfe der ausführlichen Musterlösungen auswerten. So erkennst du deine Stärken und Schwächen und kannst nun gezielt üben.

Selbsteinschätzung

	Spontane Selbsteinschätzung (SE)	SE nach Bearbeitung der Testaufgaben	SE nach Bearbeitung des Moduls
1. Ich kann die Gleichung einer Geraden angeben, deren Graph in einem Koordinatensystem abgebildet ist.			
2. Ich kann die Gleichung einer Geraden in der Form $y = mx + n$ bestimmen, wenn die Steigung und ein Punkt auf der Geraden gegeben ist.			
3. Ich kann die Gleichung einer Geraden in der Form $y = mx + n$ bestimmen, wenn zwei Punkte gegeben sind, die auf der Geraden liegen.			
4. Ich kann zu einer gegebenen Geradengleichung der Form $y = mx + n$ die zugehörige Gerade in ein Koordinatensystem einzeichnen.			
5. Ich kann die Steigung einer Geraden bestimmen, wenn der Steigungswinkel gegeben ist, und umgekehrt.			
6. Ich kann lineare Gleichungen mit einer Unbekannten lösen.			
7. Ich kann den Schnittpunkt von zwei Geraden bestimmen, die in der Form $y = mx + n$ gegeben sind.			
8. Ich kann lineare Funktionen aufstellen, die Anwendungskontexte beschreiben und mithilfe der Funktionsgleichungen Probleme im Anwendungskontext lösen.			

Die Aufgaben 1 – 8 beziehen sich auf die Punkte 1 – 8 der Selbsteinschätzung. Bearbeite die Aufgaben und kontrolliere dann deine Lösung mithilfe der Musterlösungen auf den folgenden Seiten.

1 Bestimme die Gleichungen der abgebildeten Geraden in der Form $y = mx + n$.

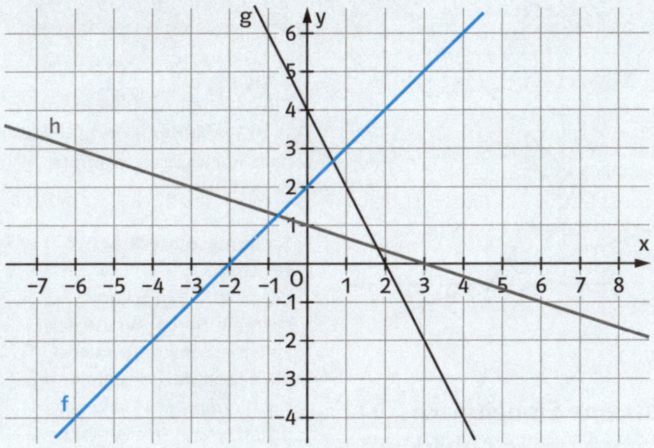

f: y = ______ g: y = ______ h: y = ______

2 Bestimme die Gleichung der Geraden in der Form $y = mx + n$.

a) $m = 2$; die Gerade verläuft durch $P(3|7)$

b) $m = -1{,}5$; die Gerade verläuft durch $Q(-1|-4)$

a) y = ______ b) y = ______

3 Bestimme die Gleichung der Geraden, die durch die Punkte A und B verläuft, in der Form $y = mx + n$.

a) $A(2|4)$; $B(3|8)$ b) $A(6|-2)$; $B(9|-9)$

a) y = ______ b) y = ______

4 Zeichne die Graphen der folgenden linearen Funktionen in das Koordinatensystem.

$f(x) = 2x - 1$; $g(x) = -3x + 2$; $h(x) = \frac{2}{3}x - 2$

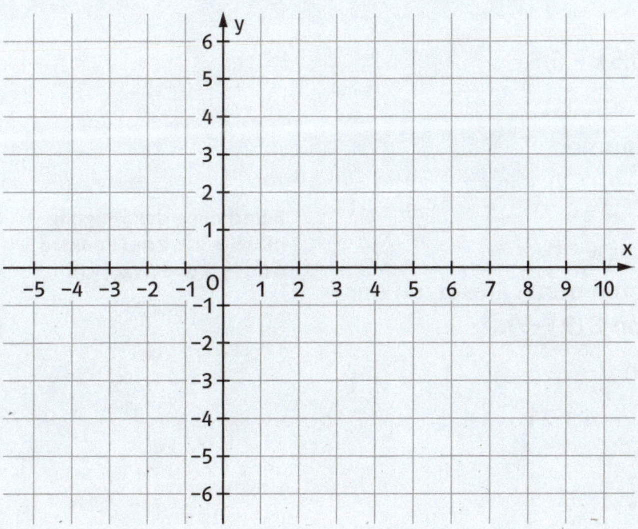

5 a) Bestimme die Steigung der Geraden mit dem Steigungswinkel α.

(I) $\alpha = 60°$ (II) $\alpha = -30°$ (III) $\alpha = 150°$

(I) m ≈ ______

(II) m ≈ ______

(III) m ≈ ______

b) Bestimme den Steigungswinkel α.

(I) $f(x) = 2x + 3$ (II) $f(x) = -x + 4$

(I) α ≈ ______ (II) α ≈ ______

6 Bestimme die Lösung der Gleichung.

a) $11x - 22 = 23x - 10$ b) $\frac{1}{3}x + \frac{3}{4} = -\frac{1}{4}x + \frac{23}{12}$

a) x = ______ b) x = ______

7 Bestimme den Schnittpunkt der Geraden f und g.

a) $f(x) = 3x - 4$; $g(x) = -2x + 6$

b) $f(x) = -2x + 11$; $g(x) = 5x + 1$

a) S(____ | ____) b) S(____ | ____)

8 a) Bestimme zu den beiden Telefontarifen jeweils eine Funktionsvorschrift, mit der man die Telefonkosten in Euro für x Minuten berechnen kann.

b) Berechne, wie viele Minuten man im Monat telefonieren muss, damit Tarif A günstiger ist als Tarif B.

Tarif A:
Monatliche Grundgebühr: 10,50 €
Minutenpreis (in alle Netze): 19 Cent

Tarif B:
Monatliche Grundgebühr: 5,50 €
Minutenpreis (in alle Netze): 24 Cent

a) Tarif A: y = ______

Tarif B: y = ______

b) Antwort: ______

Kontrolliere mithilfe der folgenden Musterlösungen deine Lösungen der Testaufgaben. Führe dann eine erneute Selbsteinschätzung der wichtigsten Kompetenzen im Bereich linearer Funktionen und Gleichungen durch.

1 Geradengleichungen anhand des Graphen bestimmen

Gerade f:
Die y-Achse wird bei $y = 2$ geschnitten, somit ist der y-Achsenabschnitt $n = 2$.
Wenn man ein Steigungsdreieck einzeichnet, bei dem man eine Einheit nach rechts geht, dann muss man auch eine Einheit nach oben gehen (siehe Abbildung). Die Steigung ist somit $m = 1$.
Also gilt $y = 1x + 2$ bzw. $y = x + 2$.

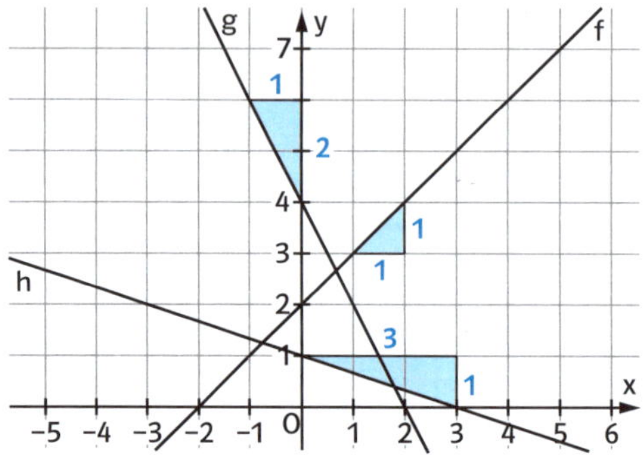

Gerade g:
y-Achsenabschnitt $n = 4$.
Wenn man ein Steigungsdreieck einzeichnet, bei dem man eine Einheit nach rechts geht, dann muss man zwei Einheiten nach unten gehen (siehe Abbildung).
Die Steigung ist somit $m = -2$.
Also gilt $y = -2x + 4$.

Gerade h:
y-Achsenabschnitt $n = 1$. Um die Steigung zu bestimmen, ist es hier günstig, ein Steigungsdreieck zu zeichnen, bei dem man drei Einheiten nach rechts und eine Einheit nach unten geht (siehe Abbildung). Hieraus folgt, dass die Steigung $m = -\frac{1}{3}$ beträgt.
Also gilt $y = -\frac{1}{3}x + 1$.

Normalform von Geraden:
$y = mx + n$

Steigung m:
Eine Einheit nach rechts → m Einheiten nach oben bzw. nach unten, wenn m negativ ist.

Steigungsdreieck bei Brüchen:
Wenn $m = \frac{b}{a}$ gilt, kann man ein Steigungsdreieck zeichnen, bei dem man a Einheiten nach rechts und b nach oben geht (bzw. nach unten, wenn der Bruch negativ ist).

y-Achsenabschnitt n:
Die Gerade schneidet die y-Achse in $P(0\,|\,n)$.

2 Geradengleichungen mit der Steigung und einem Punkt bestimmen

a) Die Steigung $m = 2$ ist gegeben, somit gilt $y = 2x + n$.
Um den y-Achsenabschnitt zu bestimmen, kann man die Koordinaten des gegebenen Punktes $P(3\,|\,7)$ für x und y in die Gleichung einsetzen.
Man erhält:

$7 = 2 \cdot 3 + n$
$7 = 6 + n \quad |-6$
$1 = n$

Also gilt $y = 2x + 1$.

b) Die Steigung $m = -1{,}5$ ist gegeben, somit gilt $y = -1{,}5x + n$.
Um den y-Achsenabschnitt zu bestimmen, kann man die Koordinaten des gegebenen Punktes $Q(-1\,|\,-4)$ für x und y in die Gleichung einsetzen.
Man erhält:

$-4 = -1{,}5 \cdot (-1) + n$
$-4 = 1{,}5 + n \quad |-1{,}5$
$-5{,}5 = n$

Also gilt $y = -1{,}5x - 5{,}5$.

y-Achsenabschnitt n bestimmen:
m und die Koordinaten eines Punktes in die Normalform $y = mx + n$ einsetzen und nach n auflösen.

3 Geradengleichungen mithilfe von zwei Punkten bestimmen

a) Die Steigung lässt sich aus den gegebenen Punkten berechnen:
$m = \frac{y_B - y_A}{x_B - x_A} = \frac{8-4}{3-2} = \frac{4}{1} = 4.$
Somit gilt $y = 4x + n$.
n lässt sich berechnen, indem man z. B. die Koordinaten von $A(2\,|\,4)$ einsetzt:

$4 = 4 \cdot 2 + n$
$4 = 8 + n \quad |-8$
$-4 = n$

Also gilt $y = 4x - 4$.

b) $m = \frac{y_B - y_A}{x_B - x_A} = \frac{-9-(-2)}{9-6} = \frac{-9+2}{3} = -\frac{7}{3}$
Somit gilt $y = -\frac{7}{3}x + n$.
Berechnung von n durch Einsetzen der Koordinaten von $B(9\,|\,-9)$:

$-9 = -\frac{7}{3} \cdot 9 + n$
$-9 = -21 + n \quad |+21$
$12 = n$

Also gilt $y = -\frac{7}{3}x + 12$.

Berechnung der Steigung mithilfe von zwei Punkten $A(x_A\,|\,y_A)$ und $B(x_B\,|\,y_B)$:
$m = \frac{y_B - y_A}{x_B - x_A}$
oder
$m = \frac{y_A - y_B}{x_A - x_B}$

4 Geraden zeichnen

a) Man kann die Gerade zeichnen, indem man zwei Punkte A und B bestimmt, die auf der Geraden liegen und diese verbindet. Je weiter die Punkte auseinanderliegen, desto genauer wird die Zeichnung.
Wenn man x = 0 einsetzt, erhält man $y = 2 \cdot 0 - 1 = -1$. Also liegt der Punkt A(0 | −1) auf der Geraden.
Wenn man x = 2 einsetzt, erhält man $y = 2 \cdot 2 - 1 = 3$. Also liegt der Punkt B(2 | 3) auf der Geraden.
Mit A und B erhält man den Graphen der zugehörigen Funktion (vgl. folgende Abbildung):

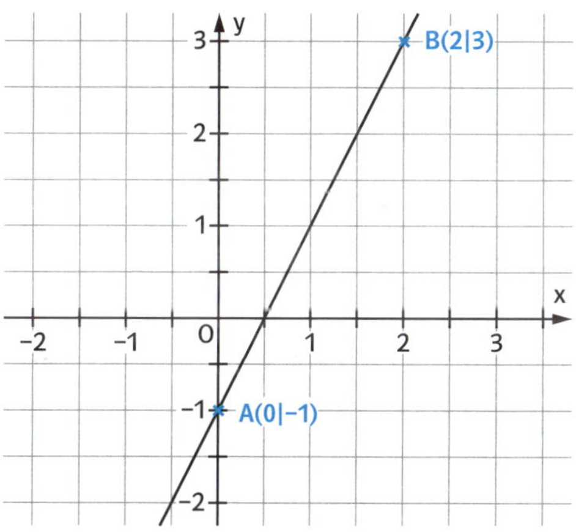

b) Man kann den Graphen zeichnen, indem man zunächst den y-Achsenabschnitt, d. h. P(0 | 2), ins Koordinatensystem einträgt. Von dort aus zeichnet man ein Steigungsdreieck (eine Einheit nach rechts und drei Einheiten nach unten) und kann den Graphen einzeichnen (siehe folgende Abbildung).
c) Man kann ausgehend von P(0 | −2) ein Steigungsdreieck zeichnen. Da die Steigung ein Bruch ist, bietet es sich an, den Nenner (3 Einheiten) nach rechts und den Zähler (2 Einheiten) nach oben zu gehen (vgl. folgende Abbildung).

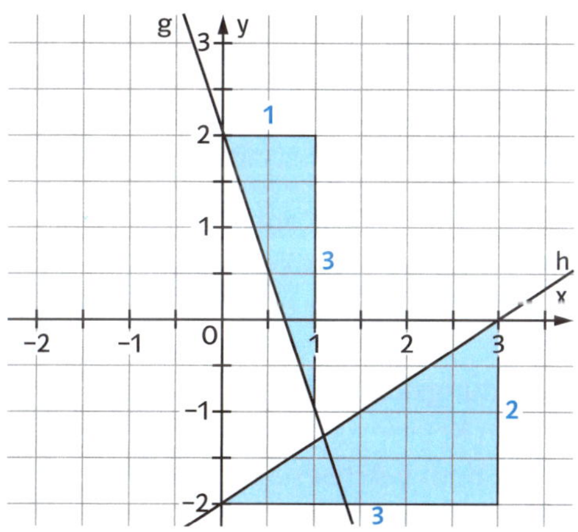

1. Möglichkeit:
Man bestimmt mithilfe der Funktionsgleichung zwei Punkte auf dem Graphen und verbindet diese zu einer Geraden.

2. Möglichkeit:
Man zeichnet zunächst den y-Achsenabschnitt ein und zeichnet von dort aus ein Steigungsdreieck.

5 Steigung und Steigungswinkel

a) (I) $m = \tan(60°) \approx 1{,}73$
(II) $m = \tan(-30°) \approx -0{,}58$
(III) $m = \tan(150°) \approx -0{,}58$
Ein Steigungswinkel von 150° entspricht der gleichen Steigung wie ein Steigungswinkel von −30° (siehe Abbildung auf der Mariginalie).

b) (I) $\alpha = \tan^{-1}(2) \approx 63{,}43°$
(II) $\alpha_1 = \tan^{-1}(-1) \approx -45°$
bzw. $\alpha_2 = 180° - 45° = 135°$ (siehe Abbildung auf der Mariginalie)
Bei negativen Steigungen kann man den negativen Winkel zwischen 0° und 90° angeben oder einen positiven Winkel zwischen 90° und 180°.

Steigung und Steigungswinkel:
$m = \tan(\alpha)$
$\alpha = \tan^{-1}(m)$
Der Taschenrechner muss auf DEGREE eingestellt sein.

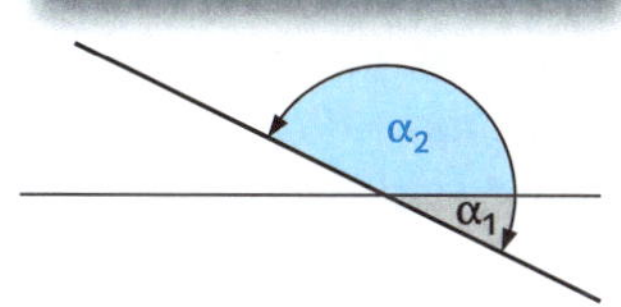

6 Lineare Gleichungen lösen

a)
$$\begin{aligned} 11x - 22 &= 23x - 10 && \mid +22 \\ 11x &= 23x + 12 && \mid -23x \\ -12x &= 12 && \mid :(-12) \\ x &= -1 \end{aligned}$$

Probe:
$$11 \cdot (-1) - 22 = 23 \cdot (-1) - 10$$
$$-33 = -33$$
Man erhält eine wahre Aussage, also ist die berechnete Lösung richtig.

b)
$$\begin{aligned} \tfrac{1}{3}x + \tfrac{3}{4} &= -\tfrac{1}{4}x + \tfrac{23}{12} && \mid -\tfrac{3}{4} \\ \tfrac{1}{3}x &= -\tfrac{1}{4}x + \tfrac{23}{12} - \tfrac{3}{4} && \mid +\tfrac{1}{4}x \\ \tfrac{1}{3}x + \tfrac{1}{4}x &= \tfrac{23}{12} - \tfrac{3}{4} \\ \tfrac{4}{12}x + \tfrac{3}{12}x &= \tfrac{23}{12} - \tfrac{9}{12} \\ \tfrac{7}{12}x &= \tfrac{14}{12} && \mid \cdot \tfrac{12}{7} \\ x &= \tfrac{14}{12} \cdot \tfrac{12}{7} = \tfrac{2}{1} \cdot \tfrac{1}{1} = 2 \end{aligned}$$

Probe:
$$\tfrac{1}{3} \cdot 2 + \tfrac{3}{4} = -\tfrac{1}{4} \cdot 2 + \tfrac{23}{12}$$
$$\tfrac{17}{12} = \tfrac{17}{12} \text{ (wahr)}$$

Äquivalenzumformungen so durchführen, dass x auf einer Seite alleine steht.
Zur Sicherheit kann man eine Probe machen, indem man die Lösung in die ursprüngliche Gleichung einsetzt.

7 Schnittpunkte von Geraden bestimmen

a) Zeichnerische Lösung:

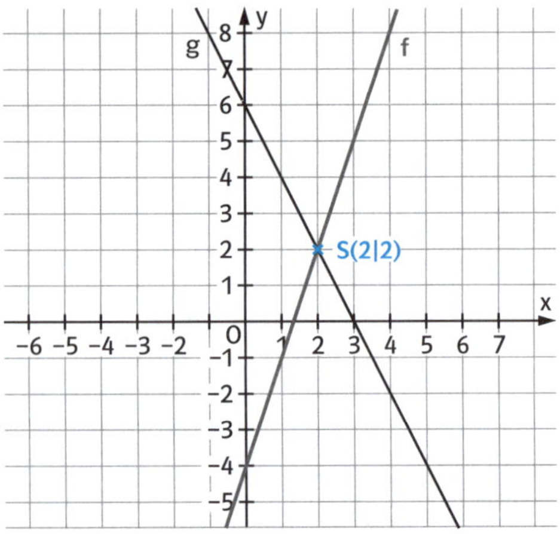

Der Zeichnung entnimmt man den Schnittpunkt S(2 | 2). Eine Probe zeigt, dass diese Lösung richtig ist, denn:

$f(2) = 3 \cdot 2 - 4 = 2$

$g(2) = -2 \cdot 2 + 6 = 2$

Zeichnerische Lösungen sind leider oft aufwändig und ungenau.

b) Rechnerische Lösung:

1. Gleichsetzen

Man setzt die Funktionsterme von f und g gleich, um die x-Koordinate des Schnittpunktes zu bestimmen.

$-2x + 11 = 5x + 1$

2. Lösen der Gleichung

$$\begin{aligned} -2x + 11 &= 5x + 1 && | -5x \\ -7x + 11 &= -10 && | -11 \\ -7x &= -10 && | :(-7) \\ x &= \tfrac{10}{7} \end{aligned}$$

3. Berechnen des y-Wertes

Den y-Wert des Schnittpunktes erhält man, indem man den berechneten x-Wert in eine der beiden Funktionsterme einsetzt, z. B. in f:

$f\left(\frac{10}{7}\right) = -2 \cdot \frac{10}{7} + 11 = -\frac{20}{7} + \frac{77}{7} = \frac{57}{7}$.

Der Schnittpunkt lautet also $S\left(\frac{10}{7} \middle| \frac{57}{7}\right)$.

Zur Kontrolle kann man den berechneten x-Wert in den zweiten Funktionsterm einsetzen.

Zeichnerische Lösung:
Man zeichnet beide Graphen und liest den Schnittpunkt ab.
Diese Methode liefert oft nur ungenaue Ergebnisse.

Rechnerische Lösung:
1. Funktionsterme gleichsetzen.
2. Gleichung lösen, um den x-Wert des Schnittpunktes zu bestimmen.
3. y-Wert mit einem der Funktionsterme durch Einsetzen des x-Wertes berechnen.

8 Lineare Funktionen in Anwendungskontexten

a) Der Minutentarif entspricht dem Kostenzuwachs pro Minute, also der Steigung. Die Grundgebühr entspricht dem y-Achsenabschnitt, d.h. den Kosten, die entstehen, wenn man 0 Minuten telefoniert. Wenn man alle Preisangaben aus der Aufgabe in Euro umrechnet, erhält man folgende Geradengleichungen, die die Kosten pro Monat (in Euro) bei x Gesprächsminuten pro Monat angeben:

Tarif A: $y = 0{,}19x + 10{,}5$

Tarif B: $y = 0{,}24x + 5{,}5$

Alternativ kann man auch zwei Punkte bestimmen, die zum Graphen eines Tarifs gehören, und mit diesen Punkten die Geradengleichungen berechnen. Für Tarif A kann man z. B. die Punkte A(0 | 10,5) und B(1 | 10,69) bestimmen, denn bei 0 Minuten zahlt man 10,50 € und bei einer Minute 10,50 € + 0,19 € = 10,69 €.
Mit A und B kann man berechnen, dass m = 0,19 und n = 10,5 ist (vgl. Lösung zu Aufgabe 3).

Geradengleichung im Anwendungskontext bestimmen:
Die Steigung entspricht der Veränderung pro Einheit.
Der y-Achsenabschnitt entspricht dem y-Wert, den man für x = 0 erhält.

Einheiten beachten:
Wenn man Terme aufstellt oder gleichsetzt, müssen die Einheiten bei allen Werten gleich sein.

b) Die x-Koordinate des Schnittpunkts der Geraden aus a) entspricht dem Zeitpunkt, zu dem die monatlichen Kosten bei beiden Tarifen gleich sind.
Berechnung des Schnittpunktes der beiden Geraden:

$$\begin{aligned} 0{,}19x + 10{,}5 &= 0{,}24x + 5{,}5 && | -0{,}24x \\ -0{,}05x + 10{,}5 &= 5{,}5 && | -10{,}5 \\ -0{,}05x &= -5 && | :(-0{,}05) \\ x &= 100 \end{aligned}$$

$y = 0{,}19 \cdot 100 + 10{,}5 = 29{,}5$

Also gilt S(100 | 29,5).

Wenn man 100 Minuten im Monat telefoniert, sind die Kosten mit 29,50 € bei beiden Tarifen gleich hoch. Da der Minutenpreis bei Tarif A günstiger ist, lohnt sich Tarif A, wenn man mehr als 100 Minuten (also eine Stunde und 40 Minuten) monatlich telefoniert.

Die Standardaufgaben ähneln den Testaufgaben mit der jeweiligen Aufgabennummer auf Seite 3. Daher kannst du die Musterlösungen der Testaufgaben auf den Seiten 4 bis 6 verwenden, wenn du nicht weißt, wie man bei der Lösung der Aufgabe vorgehen soll.

1 Geradengleichungen anhand des Graphen bestimmen

Bestimme die Gleichungen der abgebildeten Geraden.

a)

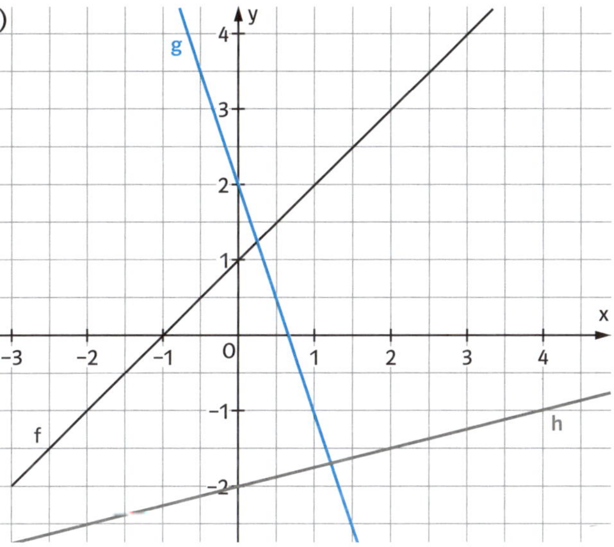

f: y = ________ g: y = ________ h: y = ________

b)

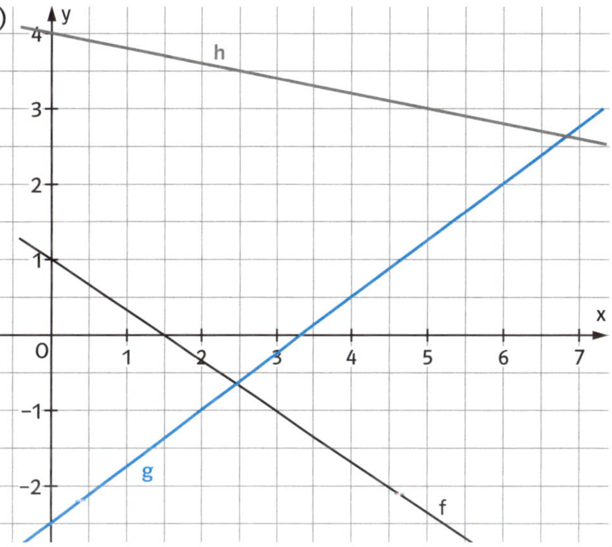

f: y = ________ g: y = ________ h: y = ________

c)

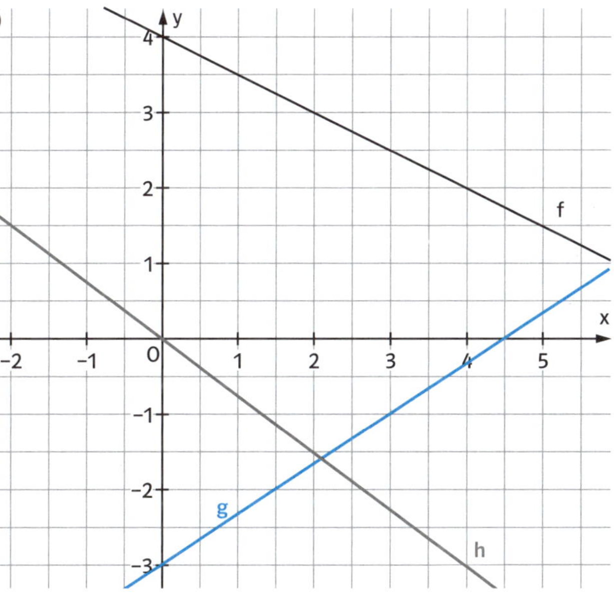

f: y = ________ g: y = ________ h: y = ________

d)

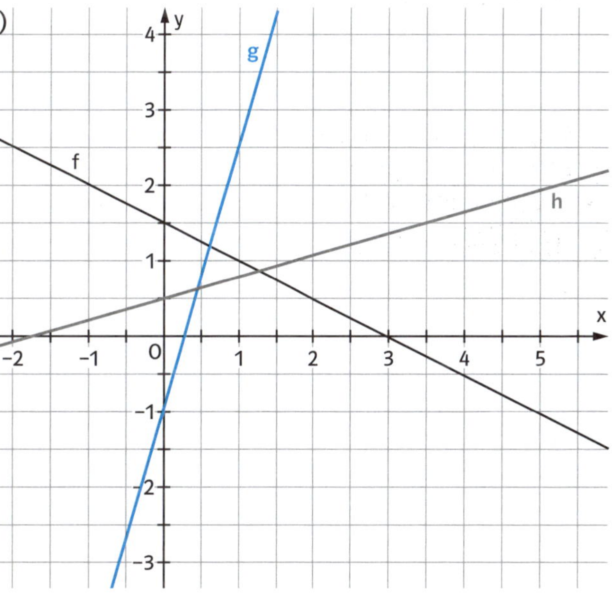

f: y = ________ g: y = ________ h: y = ________

2 Geradengleichungen mit der Steigung und einem Punkt bestimmen

Bestimme die Gleichung der Geraden in der Form $y = mx + n$.

a) $m = 4$; die Gerade verläuft durch $P(0\,|\,0)$.

b) $m = 7$; die Gerade verläuft durch $P(1\,|\,-4)$.

c) $m = -3$; die Gerade verläuft durch $P(4\,|\,1)$.

d) $m = 2{,}5$; die Gerade verläuft durch $P(1{,}5\,|\,-4{,}5)$.

e) $m = \frac{1}{3}$; die Gerade verläuft durch $P\left(\frac{2}{3}\,\middle|\,\frac{1}{2}\right)$.

f) $m = -\frac{2}{7}$; die Gerade verläuft durch $P(0{,}7\,|\,1{,}2)$.

a) y = ____________ b) y = ____________ c) y = ____________

d) y = ____________ e) y = ____________ f) y = ____________

3 Geradengleichungen mithilfe von zwei Punkten bestimmen

Bestimme die Gleichung der Geraden, die durch die Punkte A und B verläuft, in der Form $y = mx + n$.

a) $A(1|2)$; $B(5|4)$ b) $A(-2|3)$; $B(3|-2)$ c) $A(-1{,}5|3)$; $B(4|4{,}5)$ d) $A(-1|\sqrt{5})$; $B(7|\sqrt{5})$

e) $A\left(\frac{1}{2}\middle|\frac{3}{4}\right)$; $B\left(\frac{1}{4}\middle|\frac{1}{8}\right)$ f) $A\left(\frac{1}{5}\middle|\frac{2}{7}\right)$; $B\left(\frac{1}{10}\middle|\frac{1}{14}\right)$ g) $A(a|0)$; $B(0|b)$ h) $A(u|0)$; $B(1|2)$

a) y = ______ b) y = ______ c) y = ______ d) y = ______

e) y = ______ f) y = ______ g) y = ______ h) y = ______

i) Gegeben ist das Dreieck ABC mit $A(3|3)$, $B(-3|1)$ und $C(0|-2)$. Bestimme die Gleichung der Parallelen zu BC durch A, der Parallelen zu AC durch B und der Parallelen zu AB durch C.

Parallele zu BC durch A: y = ______ Parallele zu AC durch B: y= ______

Parallele zu AB durch C: y = ______

4 Geraden zeichnen

Zeichne die Graphen der linearen Funktionen in das Koordinatensystem.

a) $f(x) = x$; $g(x) = -x + 3$; $h(x) = 2x - 3$

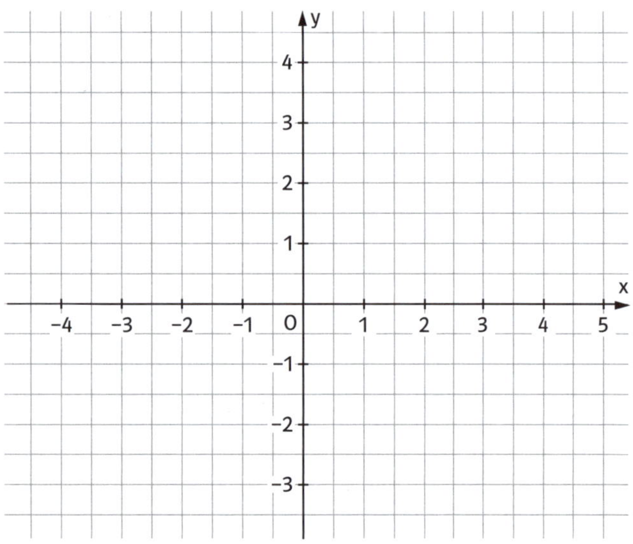

b) $f(x) = \frac{1}{2}x$; $g(x) = \frac{3}{4}x - 2$; $h(x) = -\frac{2}{3}x + 3$

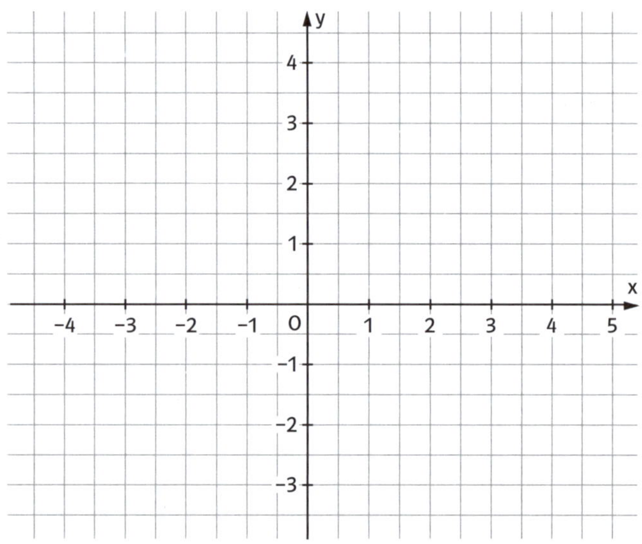

c) $f(x) = 3x - 3$; $g(x) = -1{,}5x + 2$; $h(x) = \frac{3}{4}x + \frac{1}{2}$

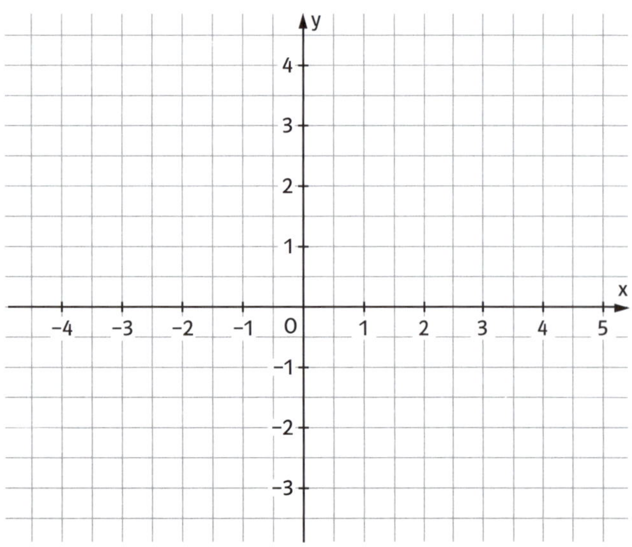

d) $f(x) = 4x - 3$; $g(x) = \frac{2}{3}x + \frac{1}{2}$; $h(x) = -\frac{1}{7}x + 2$

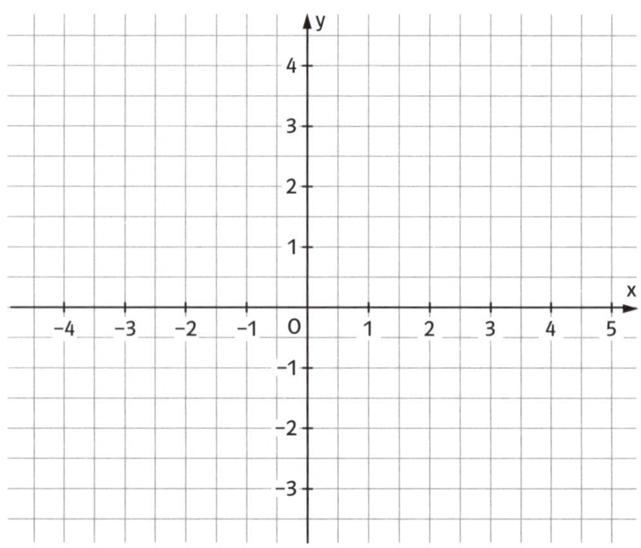

5 Steigung und Steigungswinkel

a) Bestimme die Steigung der Geraden mit dem angegebenen Steigungswinkel.

(I) $\alpha = 70°$ (II) $\alpha = 0°$ (III) $\alpha = -22°$ (IV) $\alpha = 158°$

m ≈ ______ m = ______ m ≈ ______ m ≈ ______

b) Bestimme die Gleichung der abgebildeten Geraden.

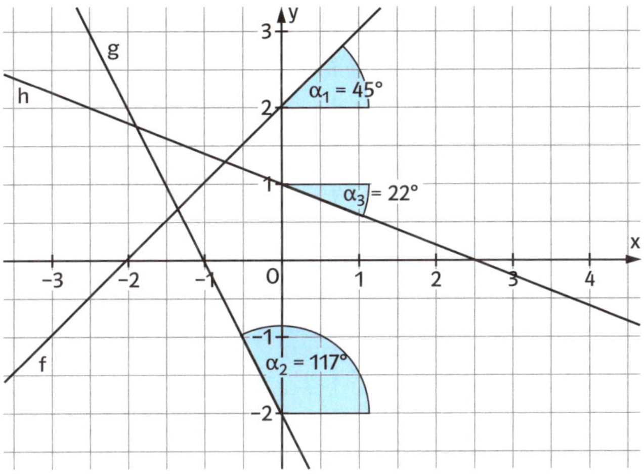

Fig. 1

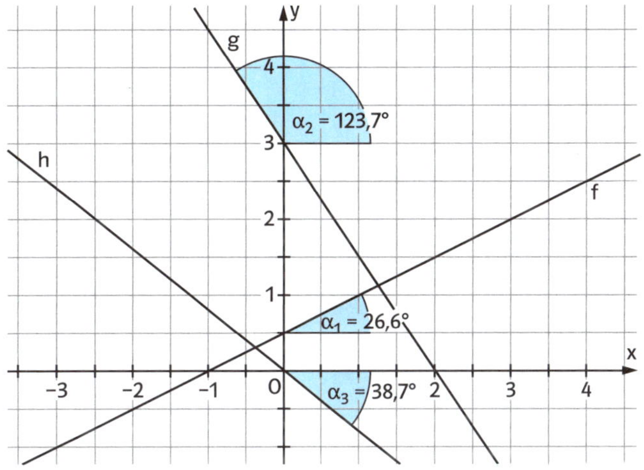

Fig. 2

m_f = ______ f(x) = ______ m_f ≈ ______ f(x) = ______

m_g ≈ ______ g(x) = ______ m_g ≈ ______ g(x) = ______

m_h ≈ ______ h(x) = ______ m_h ≈ ______ h(x) = ______

c) Bestimme den Steigungswinkel der folgenden Geraden.

(I) $y = x + 2$ (II) $y = -x + 4$ (III) $y = 7x + 3$ (IV) $y = \frac{1}{3}x + 4$

α ≈ ______ α ≈ ______ α ≈ ______ α ≈ ______

d) Bestimme die Steigung und den Steigungswinkel der Geraden durch P und Q.

(I) $P(-1|1)$; $Q(5|4)$ (II) $P(-1|5)$; $Q(5|4)$ (III) $P(2{,}5|1{,}1)$; $Q(5|1{,}35)$ (IV) $P\left(\frac{1}{2}\middle|-\frac{1}{2}\right)$; $Q\left(2\middle|-\frac{3}{4}\right)$

m = ______ m = ______ m = ______ m = ______

α ≈ ______ α ≈ ______ α ≈ ______ α ≈ ______

e) Bestimme die Steigung einer Straße mit dem Steigungswinkel $\alpha = 10°$.

m = ______ = ______ %

f) Bestimme den Steigungswinkel einer Straße mit 10 % Steigung.

$m = 10\,\% = \frac{\quad}{100} = 0,$ ____ α = ______

6 Lineare Gleichungen lösen

Bestimme rechnerisch die Lösung der Gleichung.

a) $4x + 7 = 9x - 3$ b) $10x + 11 = 7x + 17$ c) $-33a + 4 = -36a - 8$ d) $b + 3 = 77b - 11$

x = ______ x = ______ x = ______ x = ______

e) $3 \cdot (x + 2) = 4 \cdot (x + 7)$ f) $0{,}5 \cdot (2a + 0{,}5) = \frac{1}{4} \cdot (4a + 8)$ g) $\frac{1}{2}x + 4 = \frac{3}{4}x + \frac{31}{8}$ h) $-\frac{2}{3}x - 2 = \frac{1}{6}x - \frac{1}{6}$

x = ______ x = ______ x = ______ x = ______

7 Schnittpunkte von Geraden bestimmen

a) Bestimme zeichnerisch den Schnittpunkt der Geraden g und h.

(I) $g(x) = x - 3;\ h(x) = -0{,}5x + 1{,}5$

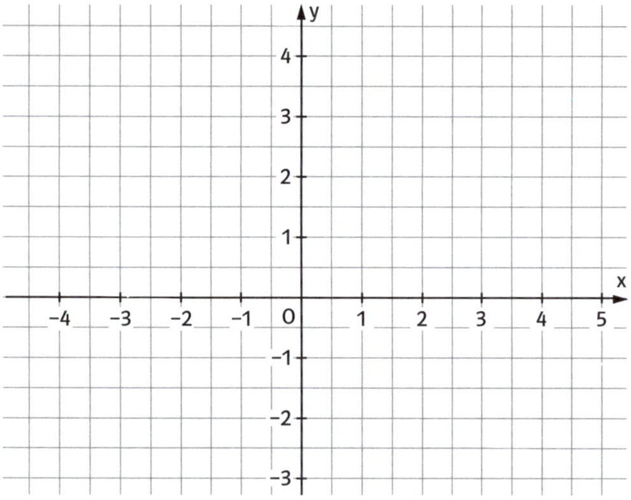

Schnittpunkt S(______|______)

(II) $g(x) = -x + 3;\ h(x) = \frac{2}{3}x - 3$

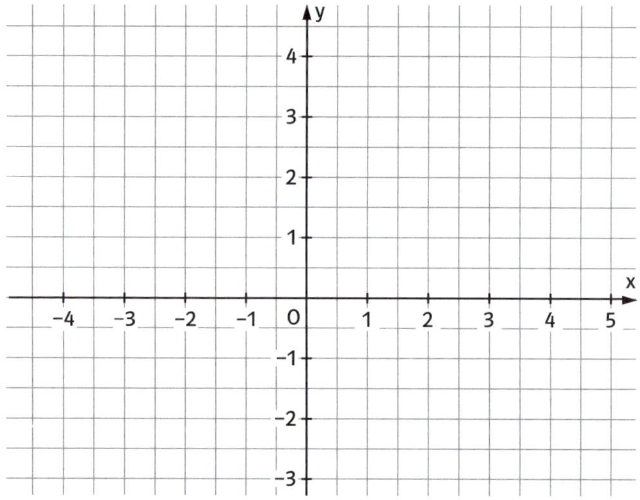

Schnittpunkt S(______|______)

(III) $f(x) = \frac{3}{4}x - \frac{1}{2};\ h(x) = -\frac{1}{4}x + \frac{3}{2}$

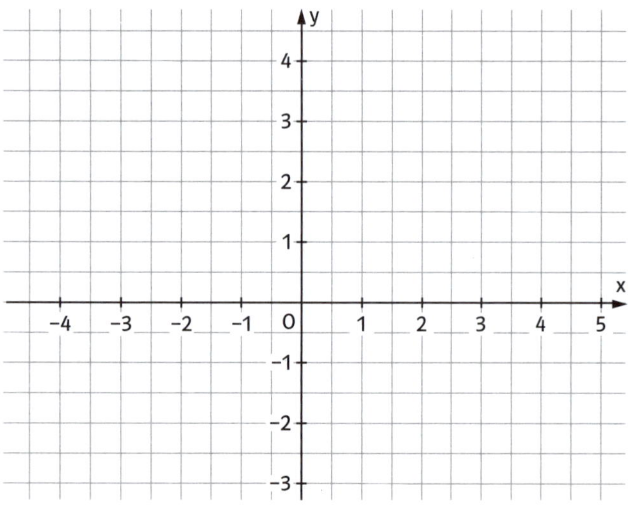

Schnittpunkt S(______|______)

(IV) $g(x) = 0{,}25x - 3;\ h(x) = -1{,}75x + 3$

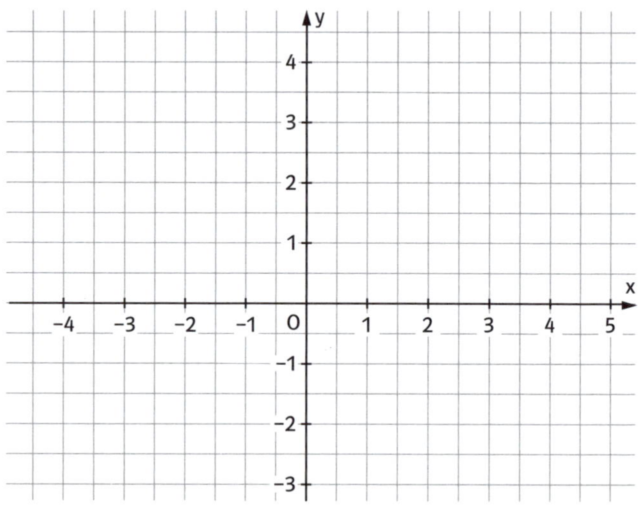

Schnittpunkt S(______|______)

b) Bestimme rechnerisch den Schnittpunkt der Geraden g und h.

(I) $g(x) = 2x - 3;\ h(x) = 3 - x$

Schnittpunkt S(______|______)

(II) $g(x) = 0{,}75x - 6{,}75;\ h(x) = x - 8$

Schnittpunkt S(______|______)

(III) $g(x) = 7x - 8;\ h(x) = 8x - 7$

Schnittpunkt S(______|______)

(IV) $g(x) = -3x + 7;\ h(x) = -4x + 7$

Schnittpunkt S(______|______)

(V) $g(x) = 0{,}8x - 1{,}6;\ h(x) = -1{,}25x - 7{,}75$

Schnittpunkt S(______|______)

(VI) $g(x) = \frac{1}{2}x - 2;\ h(x) = \frac{1}{4}x + 2$

Schnittpunkt S(______|______)

(VII) $g(x) = \frac{1}{3}x;\ h(x) = -\frac{1}{6}x - \frac{3}{4}$

Schnittpunkt S(______|______)

(VIII) $g(x) = -\frac{3}{5}x - \frac{10}{3};\ h(x) = -\frac{2}{5}x + 2$

Schnittpunkt S(______|______)

8 Lineare Funktionen in Anwendungskontexten

a) Frau Meyer möchte für ihren Umzug einen LKW für einen Tag mieten.

Firma A: Zahlen Sie 69€ pro Tag zuzüglich 39 Cent pro gefahrenen Kilometer.	**Firma B:** 79€ pro Tag Grundgebühr plus 34 Cent pro gefahrenen Kilometer.

Bestimme für die beiden Angebote jeweils einen Term, der die Kosten bei x gefahrenen km angibt.

Firma A: y = ______________________ Firma B: y = ______________________

Berechne, wie viele km man fahren muss, damit Firma B günstiger ist als Firma A.

Antwort: ____

____

b) Der Internethändler SUPERNET verlangt bei der Bestellung von Kugelschreibern 50 Cent pro Kugelschreiber sowie eine pauschale Gebühr von 3,95 € für die Bearbeitung und den Versand. Diese Gebühr hängt nicht von der Anzahl bestellter Kugelschreiber ab. Der Händler KULIGUT verlangt 53 Cent pro Kugelschreiber und eine Bearbeitungsgebühr von 2,95 €.
Bestimme für beide Händler je einen Term, der die Kosten bei der Bestellung von x Kugelschreibern angibt.

SUPERNET: y = ______________________ KULIGUT: y = ______________________

Berechne, ab welcher Anzahl von Kugelschreibern SUPERNET günstiger ist.

Antwort: ____

____

c) Zwei unterschiedlich dicke und hohe Kerzen werden gleichzeitig angezündet. Die dünnere Kerze ist zu Beginn 17 cm lang und wird pro Stunde 3 cm kürzer. Die dickere Kerze ist zu Beginn 13 cm lang und ist nach 3 Stunden 6 cm kürzer geworden. Bestimme für beide Kerzen einen Term, der die Höhe der Kerze x Stunden nach dem Anzünden angibt.

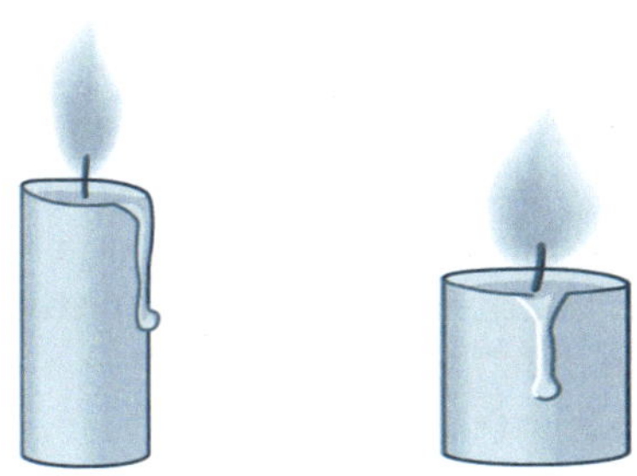

Dünne Kerze: y = ______________________

Dicke Kerze: y = ______________________

Berechne, nach wie vielen Stunden die Kerzen gleich lang sind.

Antwort: ____

____

d) Zwei zylinderförmige Gefäße werden mit Wasser gefüllt. Jedes Gefäß hat einen Grundflächeninhalt von 1 dm^2 und eine Höhe von 1 m. Der jeweilige Wasserzufluss ist konstant. In Gefäß A beträgt die Wasserhöhe für t = 0 Minuten 24 cm, die Wasserhöhe steigt um 6 cm pro Minute. In Gefäß 2 ist für t = 0 Minuten die Höhe 2 dm und steigt um 0,65 dm pro Minute.
Bestimme jeweils einen Term, der die Wasserhöhe in den Gefäßen in dm nach t Minuten angibt.

Gefäß 1: y = ______________________ Gefäß 2: y = ______________________

Berechne, nach welcher Zeit die Wasserhöhe in beiden Gefäßen gleich ist.

Antwort: ____

____

1 Prüfe rechnerisch, ob die Punkte A, B und C auf einer Geraden liegen.

a) A(−1,5 | 0,5); B(2 | 2); C(3,5 | 2,5) b) A(0 | 11); B(11 | 0); C(5,4 | 5,6) c) A(1 | 4); $B\left(\frac{1}{3}\middle|\frac{32}{9}\right)$; $C\left(\frac{1}{4}\middle|\frac{7}{2}\right)$

☐ Ja ☐ Nein ☐ Ja ☐ Nein ☐ Ja ☐ Nein

2 Prüfe rechnerisch, ob das Viereck ABCD ein Parallelogramm oder ein Trapez oder keines von beiden ist.

a) A(0 | 0); B(5 | −5); C(7 | −3); D(5 | 2)

☐ Parallelogramm ☐ Trapez ☐ Weder noch

b) A(1 | 0); B(8 | −2); C(7 | 1); D(−1 | 3)

☐ Parallelogramm ☐ Trapez ☐ Weder noch

c) A(0 | −4); B(3 | −3); C(1 | 3); D(−2 | 2)

☐ Parallelogramm ☐ Trapez ☐ Weder noch

d) A(3 | 4); B(1 | 7); $C\left(\frac{1}{4}\middle|\frac{59}{8}\right)$; $D\left(\frac{7}{2}\middle|\frac{5}{2}\right)$

☐ Parallelogramm ☐ Trapez ☐ Weder noch

3 a) Unter dem Steigungswinkel einer Straße versteht man den Winkel zwischen der „Horizontalen" und der Straße. Welcher Steigungswinkel ist bei den beiden Verkehrszeichen zu erwarten?

Linkes Bild: α ≈ ______________________

Rechtes Bild: α ≈ ______________________

b) In einer Skihalle gibt es Pisten mit unterschiedlichen Steigungen. Die steilste Stelle der „Profipiste" hat ein Gefälle von 28 %, die flachste Stelle der „Kinderpiste" hat ein Gefälle von 9 %. Berechne die zugehörigen Steigungswinkel.

Steilste Stelle: α ≈ ______________________ Flachste Stelle: α ≈ ______________________

4 a) Zeichne die Geraden g und h in das Koordinatensystem.

b) Berechne die Steigungswinkel der Geraden g und h.

c) Am Schnittpunkt der Geraden g und h entstehen zwei unterschiedlich große Winkel. Den kleineren der beiden Winkel bezeichnet man als **Schnittwinkel**. Bestimme rechnerisch den Schnittwinkel zwischen g und h und kontrolliere durch eine Messung.

$g(x) = 3x - 3$; $h(x) = x - 3$

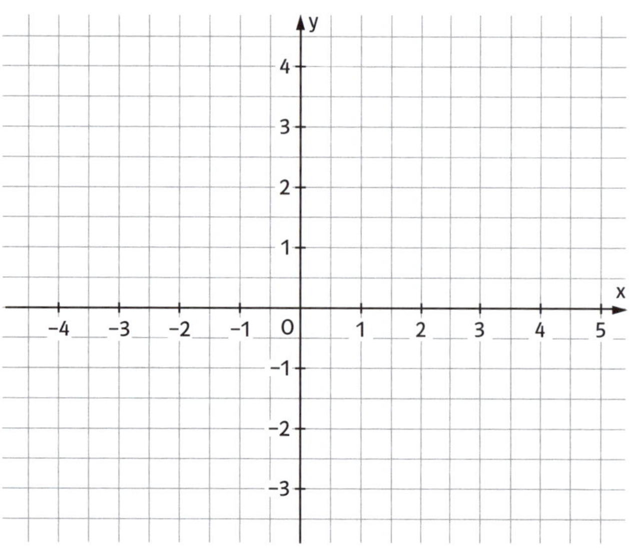

α_g ≈ ______________ α_h ≈ ______________

Schnittwinkel: ______________________

$g(x) = 1{,}5x$; $h(x) = -0{,}5x$

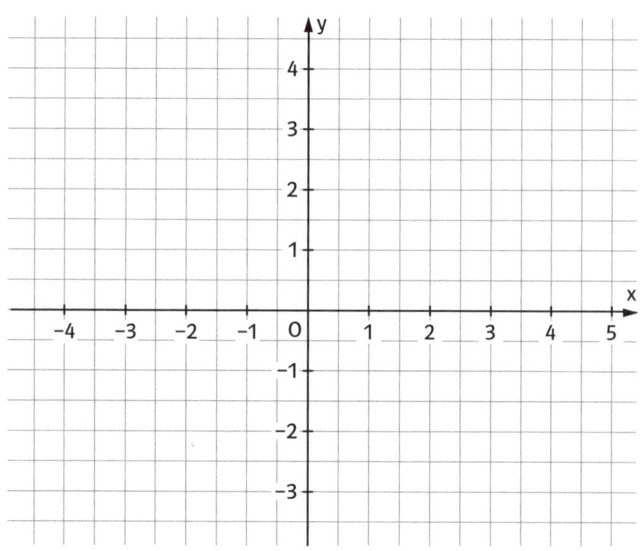

α_g ≈ ______________ α_h ≈ ______________

Schnittwinkel: ______________________

5 Bestimme rechnerisch den Schnittpunkt und den Schnittwinkel der Geraden g und h.

a) $g(x) = 3x - 1$; $h(x) = 2x + 1$

Schnittpunkt S(____|____)

Schnittwinkel: $\alpha \approx$ __________

b) $g(x) = -1{,}5x + 0{,}5$; $h(x) = -3x - 4{,}5$

Schnittpunkt S(____|____)

Schnittwinkel: $\alpha \approx$ __________

c) $g(x) = \frac{1}{4}x - \frac{2}{3}$; $h(x) = 2x - \frac{1}{8}$

Schnittpunkt S(____|____)

Schnittwinkel: $\alpha \approx$ __________

6 Bestimme rechnerisch die Größe der Innenwinkel im Dreieck ABC. Kontrolliere durch eine Zeichnung.

a) A(0|−3); B(4|−1); C(2|3)

Berechnete Werte:

$\alpha \approx$ __________ $\beta \approx$ __________ $\gamma \approx$ __________

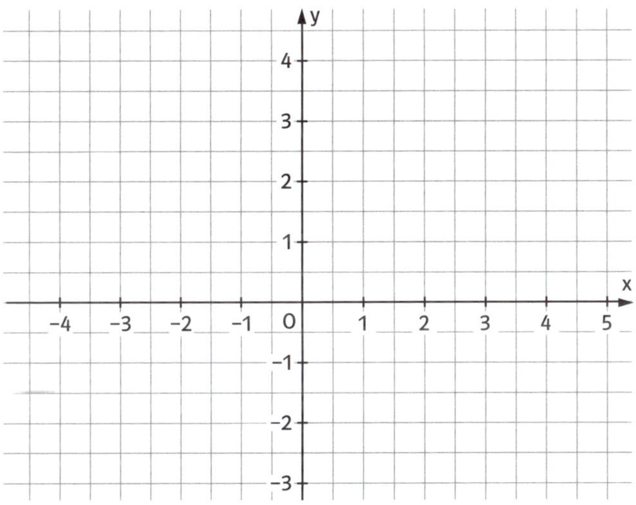

In der Zeichnung gemessene Werte:

$\alpha \approx$ __________ $\beta \approx$ __________ $\gamma \approx$ __________

b) A(2|0); B(1|4); C(−1|1)

Berechnete Werte:

$\alpha \approx$ __________ $\beta \approx$ __________ $\gamma \approx$ __________

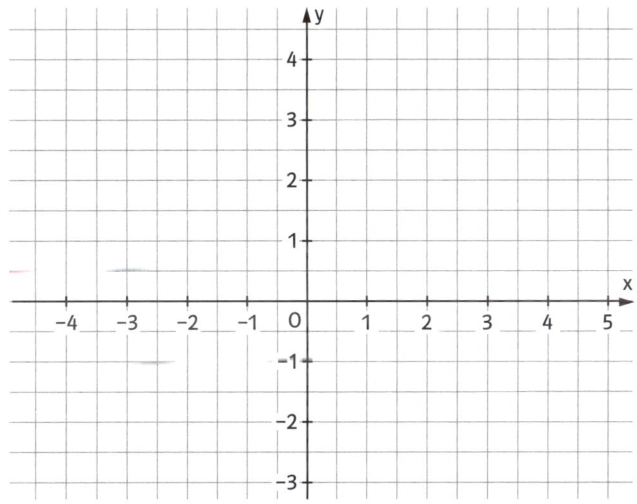

In der Zeichnung gemessene Werte:

$\alpha \approx$ __________ $\beta \approx$ __________ $\gamma \approx$ __________

7 Die beiden PKW fahren mit konstanter Geschwindigkeit auf einer Autobahn. Das erste Auto (im Bild rechts) fährt mit einer Geschwindigkeit von 110 km/h, das zweite Auto (im Bild links) fährt mit einer Geschwindigkeit von 140 km/h.

a) Bestimme für beide Wagen jeweils eine lineare Funktion, die angibt, an welcher Kilometermarkierung auf der Autobahn sich der Wagen nach t Stunden befindet.

b) Berechne, wann und wo der zweite Wagen den ersten überholt.

a) Erstes Auto: f(t) = ______________________ Zweites Auto : g(t) = ______________________

b) Der zweite Wagen überholt den ersten nach ______ Minuten am Autobahnkilometer ______________ .

8 Bei einer Trainingsfahrt fahren ein leistungsstärkerer Rennfahrer und ein leistungsschwächerer Rennradfahrer einander entgegen. Der erste Fahrer befindet sich zum Zeitpunkt t = 0 am Kilometerstein 114 und fährt mit einer konstanten Geschwindigkeit von 30 km/h von Osten nach Westen, der zweite befindet sich zum Zeitpunkt t = 0 am Kilometerstein 107 und fährt mit 25 km/h von Westen nach Osten.

a) Bestimme für beide Fahrer eine lineare Funktion, die angibt, an welcher Kilometermarkierung auf der Strecke sich der Fahrer zum Zeitpunkt t (in Stunden) befindet.
b) Berechne, wann und bei welcher Kilometermarkierung sich die beiden Fahrer treffen.

a) 1. Fahrer: f (t) = ______________ 2. Fahrer: g (t) = ______________

b) Die beiden Fahrer treffen sich nach ________ Minuten bei km ____________ .

9 Peter geht nach der Schule zu Fuß den 2 km langen Schulweg mit einer Geschwindigkeit von 5 km/h nach Hause. Seine Mutter fährt zum gleichen Zeitpunkt zu Hause mit dem Fahrrad los und kommt ihm entgegen. Sie fährt mit einer Geschwindigkeit von 15 km/h. Berechne, wie lange es dauert, bis die beiden sich treffen.

Antwort: ____

____

10 Eine zylinderförmige Regentonne ist 80 cm hoch. Sie wird bei gleichmäßigem Zulauf mit Wasser gefüllt (siehe Abbildung).
a) Bestimme eine lineare Funktion, die die Füllhöhe nach t Minuten angibt.
b) Wie hoch stand das Wasser zu Beginn des Füllvorgangs?
c) Berechne, wann die Tonne voll ist.

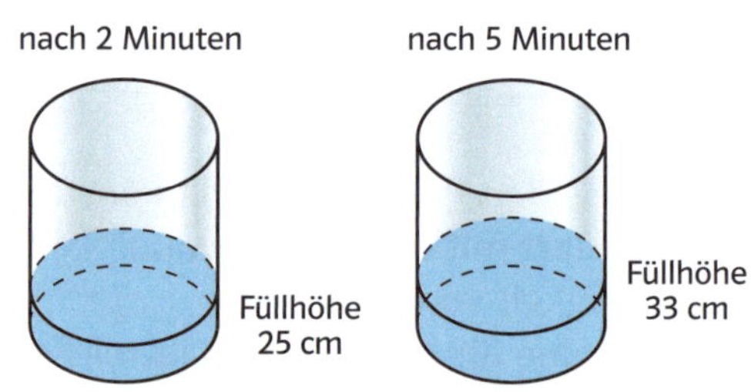

a) f (t) = ______________ b) Das Wasser stand ________ cm hoch.

c) Antwort: ____

____

11 Ein 25 m langes, 15 m breites und 2 m tiefes quaderförmiges Schwimmbecken soll gefüllt werden. In dem Becken ist bereits etwas Wasser. Dieses Becken bleibt im Wasser und man lässt weiteres Wasser zufließen. Nach zwei Stunden beträgt die Wassertiefe 0,42 m, nach drei Stunden 0,58 m.
a) Gib die Wassertiefe als Funktion der Zeit an.
b) Berechne, wie lange es dauert, bis das Wasser 20 cm unter dem oberen Beckenrand steht.

a) f (t) = ______________

b) Antwort: ____

____

12 Gib jeweils die Gleichung von zwei Geraden h_1 und h_2 an, die senkrecht zu der Geraden g stehen. Verwende hierzu die in der nebenstehenden Abbildung dargestellte Eigenschaft von zueinander senkrechten Geraden.

a) $g(x) = 2x - 1$

$h_1(x) =$ ____________ $h_2(x) =$ ____________

b) $g(x) = -4x + 4$

$h_1(x) =$ ____________ $h_2(x) =$ ____________

c) $g(x) = \frac{3}{7}x + 5$

$h_1(x) =$ ____________ $h_2(x) =$ ____________

d) $g(x) = -\frac{1}{3}x + 5$

$h_1(x) =$ ____________ $h_2(x) =$ ____________

Info

Zwei Geraden f und g mit den Steigungen m_f und m_g sind genau dann zueinander senkrecht, wenn gilt $m_f \cdot m_g = -1$ bzw. $m_f = -\frac{1}{m_g}$.

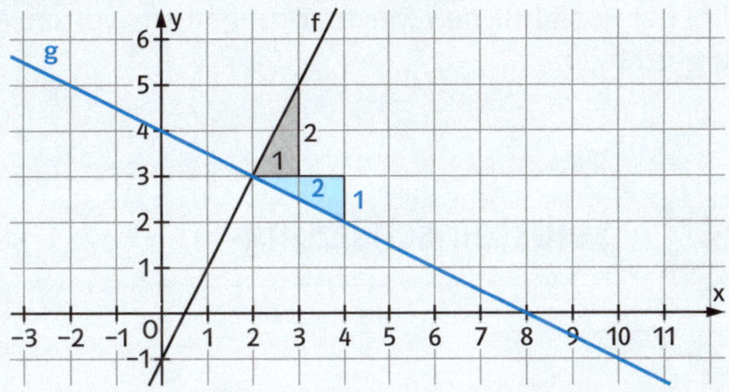

13 Bestimme die zugehörige Geradengleichung in der Form $y = mx + n$.

a) Die Gerade verläuft parallel zu $y = 2x - 1$ und geht durch den Punkt $P(1|-6)$.

b) Die Gerade verläuft durch $A(4|0)$ und steht senkrecht zur Geraden h mit $h(x) = x - 1$.

c) Die Gerade geht durch den Ursprung und verläuft senkrecht zu h mit $h(x) = -0{,}5x + 11$.

a) y = ____________ b) y = ____________ c) y = ____________

14 Ist das Dreieck ABC rechtwinklig?

a) $A(1|1)$; $B(5|5)$; $C(3|7)$

☐ Ja, rechter Winkel bei ____

☐ Nein

b) $A(2|1)$; $B(5|5)$; $C(-4|2)$

☐ Ja, rechter Winkel bei ____

☐ Nein

c) $A(1|2)$; $B(-5|6)$; $C(-3|3)$

☐ Ja, rechter Winkel bei ____

☐ Nein

15 a) Zeichne das Dreieck ABC mit $A(1|7)$, $B(2|-3)$ und $C(5|4)$ und ergänze die Höhen h_a, h_b und h_c. Lies den Schnittpunkt der Höhen ab.

b) Bestimme rechnerisch eine Geradengleichung, auf der die Höhen h_a, h_b und h_c liegen.

h_a: y = ____________ h_b: y = ____________

h_c: y = ____________

c) Berechne den Schnittpunkt der Höhen und vergleiche mit dem Ergebnis aus a).

Schnittpunkt S(_____|_____)

d) Berechne eine Gleichung für die Winkelhalbierenden w_α und w_β sowie den Mittelpunkt des Inkreises. (Runde auf zwei Nachkommastellen.)

w_α: y = ____________ w_β = ____________

Mittelpunkt des Inkreises: M(_____|_____)

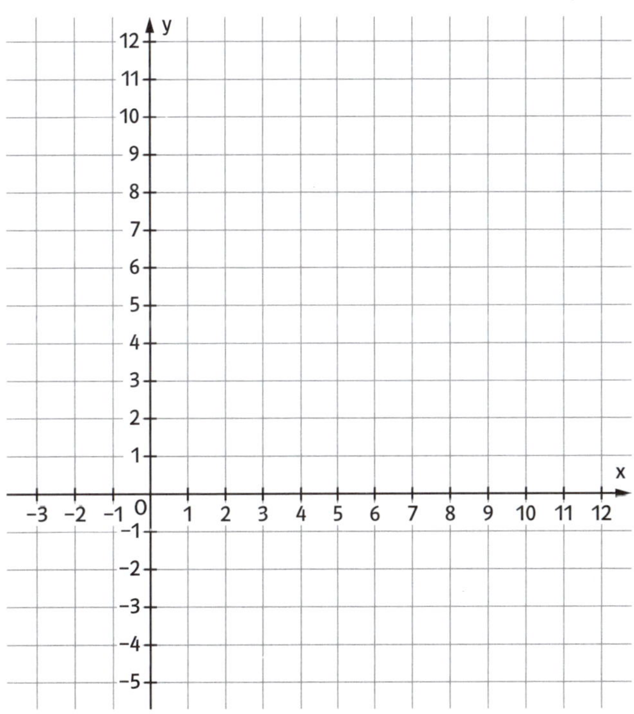

Dieses Modul ermöglicht dir, alle wichtigen Aspekte im Umgang mit quadratischen Funktionen zu wiederholen und intensiv zu üben. Bevor du anfängst zu üben, solltest du eine spontane Selbsteinschätzung in Form einer Schulnote von 1 bis 6 abgeben. Anschließend kannst du die Testaufgaben bearbeiten und mithilfe der ausführlichen Musterlösungen auswerten. Nun kannst du gezielt üben.

Selbsteinschätzung

	Spontane Selbsteinschätzung (SE)	SE nach Bearbeitung der Testaufgaben	SE nach Bearbeitung des Moduls
1. Ich kann zu der Funktionsgleichung einer quadratischen Funktion den Graphen mithilfe einer Wertetabelle skizzieren.			
2. Ich kann zur gegebenen Funktionsgleichung einer quadratischen Funktion in Scheitelpunktform den zugehörigen Graphen ohne Wertetabelle skizzieren.			
3. Ich kann zum Graphen einer quadratischen Funktion die Scheitelpunktform aufstellen.			
4. Ich kann zum vorgegebenen Scheitelpunkt sowie einem weiteren Punkt die Funktionsgleichung einer quadratischen Funktion bestimmen.			
5. Ich kann zum vorgegebenen y-Achsenabschnitt sowie zwei weiteren Punkten die Funktionsgleichung einer quadratischen Funktion bestimmen.			
6. Ich kann mithilfe der binomischen Formeln und dem Ausmultiplizieren von Summen Terme umformen.			
7. Ich kann die Funktionsgleichung einer quadratischen Funktion von der Scheitelpunktform in die Normalform umformen.			
8. Ich kann die Funktionsgleichung einer quadratischen Funktion von der Normalform in die Scheitelpunktform umformen.			
9. Ich kann einfache quadratische Gleichungen ohne pq-Formel lösen.			
10. Ich kann quadratische Gleichungen mithilfe der pq-Formel lösen.			
11. Ich kann Nullstellen und Schnittpunkte von Geraden und Parabeln berechnen und die Ergebnisse am Graphen überprüfen.			
12. Ich kann einfache Probleme mithilfe von quadratischen Funktionen lösen.			

Die Aufgaben 1–12 beziehen sich auf die Punkte 1–12 der Selbsteinschätzung. Bearbeite die Aufgaben und kontrolliere dann deine Lösung mithilfe der Musterlösungen auf den folgenden Seiten.

1 Skizziere die Graphen zu den folgenden Funktionen mithilfe einer Wertetabelle in das untere Koordinatensystem.

a) $f(x) = 0{,}75x^2$

x							
f(x)							

b) $f(x) = -3x^2 - 9x - 3$

x							
f(x)							

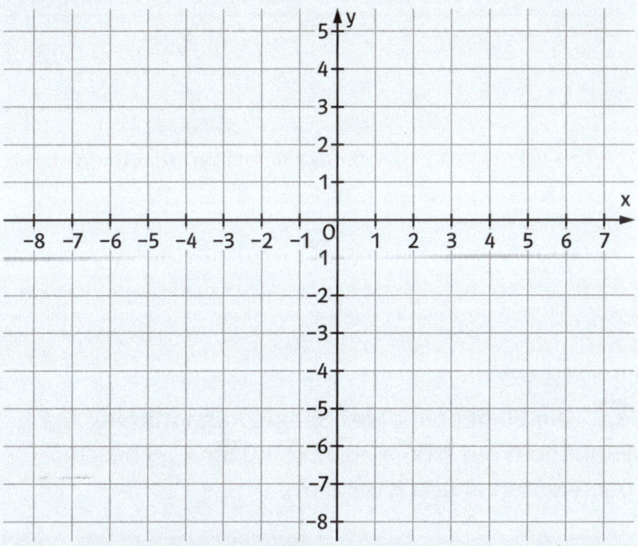

2 Skizziere die Graphen der folgenden quadratischen Funktionen ohne Wertetabelle.

a) $f(x) = (x - 3)^2 - 1$

b) $f(x) = -(x + 2)^2 + 4$

c) $f(x) = 0{,}5(x - 1)^2 - 2{,}5$

d) $f(x) = -2(x - 1)^2 + 2{,}5$

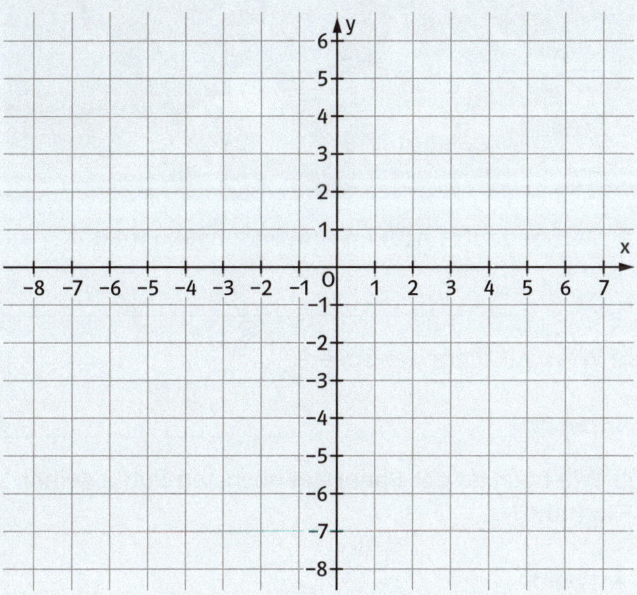

3 Bestimme die Funktionsgleichungen in Scheitelpunktform zu den folgenden Graphen.

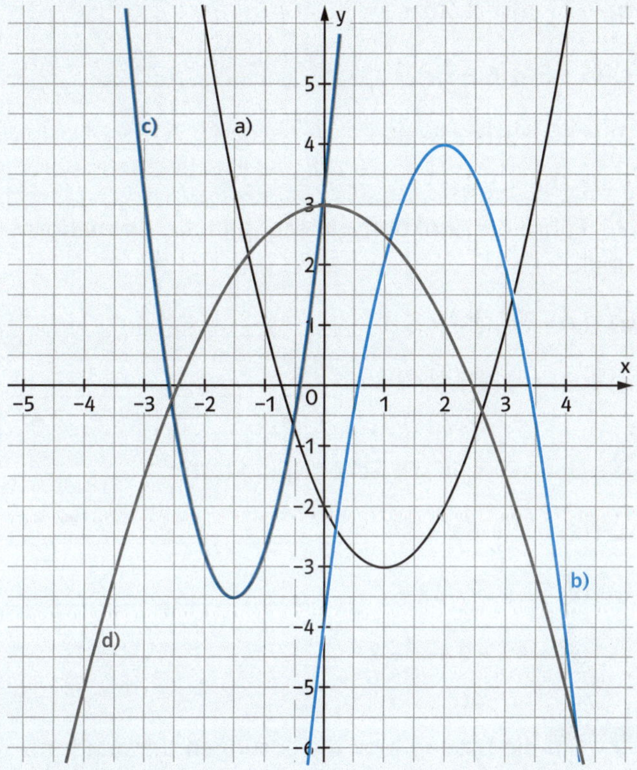

a) f(x) = ______________________

b) f(x) = ______________________

c) f(x) = ______________________

d) f(x) = ______________________

4 Bestimme die Funktionsgleichung der quadratischen Funktion f, deren Graph einen Scheitelpunkt S(1 | 2) besitzt und durch A(3 | 0) geht.

f(x) = ______________________

5 Bestimme die Funktionsgleichung der Funktion f.

a) Der Graph von f verläuft durch die Punkte A(0 | 3), B(−1 | 6) und C(2 | 3).

f(x) = ______________________

b) Der Graph von f verläuft durch die Punkte A(6 | 3), B(0 | −9) und C(1 | 3).

f(x) = ______________________

6 Vereinfache die Terme mithilfe der binomischen Formeln und dem Ausmultiplizieren von Summen.

a) $(a + 9)^2$ = ______

b) $-(7 - 5b)^2 + 2b$ = ______

c) $(6 + 5a)(6 - 5a)$ = ______

d) $(1{,}5 + 3z)(-2z - 8)$ = ______

7 Führe die Funktionsgleichung in die Normalform über.

a) $f(x) = (x - 3)^2 + 6$ = ______

b) $f(x) = -2(x + 5)^2 - 7$ = ______

8 Überführe in die Scheitelpunktform.

a) $f(x) = x^2 + 6x - 3$ = ______

b) $f(x) = -3x^2 + 6x + 7$ = ______

c) $f(x) = 4x + 0{,}4x^2 - 8$ = ______

9 Gib die Lösung bzw. die Lösungen der quadratischen Gleichung an.

a) $x^2 - 49 = 0$

x_1 = ______; x_2 = ______

b) $-91 + 4x^2 = -3x^2$

x_1 = ______; x_2 = ______

c) $6x^2 - 72x = 0$

x_1 = ______; x_2 = ______

d) $28x^2 - 4x = 6(5x^2 + 2x)$

x_1 = ______; x_2 = ______

10 Löse die folgenden quadratischen Gleichungen.

a) $x^2 + 6x + 8 = 0$

x_1 = ______; x_2 = ______

b) $79 - 3x^2 - 8x = 5$

x_1 = ______; x_2 = ______

c) $-11x - 2 + 2x^2 = 4$

x_1 = ______; x_2 = ______

11 Bestimme die Nullstellen und Schnittpunkte der Funktionen f mit $f(x) = x^2 + 5x + 4$ und g mit $g(x) = 0{,}5x + 1$.
Überprüfe deine Ergebnisse an den beiden Graphen.

Nullstellen: f: x_1 = ____; x_2 = ____; g: x = ____

Schnittpunkte von f und g:

S_1(____ | ____); S_2(____ | ____).

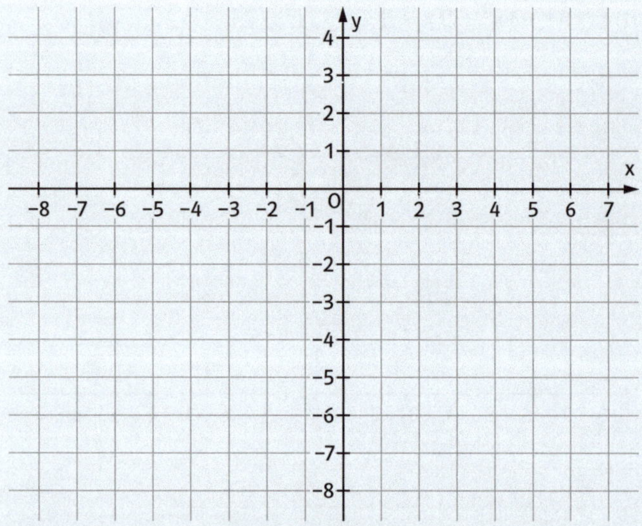

12 Die Flugkurve eines Speers kann mithilfe der Funktion h mit $h(x) = -0{,}02x^2 + 0{,}8x + 1{,}8$ beschrieben werden (x und h(x) in m).

a) Was bedeutet h(0) im Anwendungskontext?

h(0) Abwurfpunkt → 1,8 m

b) Wie weit fliegt der Speer?

Antwort: 42,14 ; – 2,14

c) Wie hoch ist der Speer am höchsten Punkt seiner Flugbahn?

Antwort: ______

Kontrolliere mithilfe der folgenden Musterlösungen deine Lösungen der Testaufgaben. Führe dann eine erneute Selbsteinschätzung der wichtigsten Kompetenzen im Bereich „Quadratische Funktionen und Gleichungen“ durch.

1 Graphen mithilfe einer Wertetabelle skizzieren

Zunächst müssen für x sinnvolle Werte in f(x) eingesetzt werden, sodass der Scheitelpunkt der Parabel beim Zeichnen zu sehen ist.
Die Funktion in Aufgabenteil a) hat ihren Scheitelpunkt offensichtlich in (0 | 0), weshalb Werte um x = 0 sinnvoll sind (vgl. Wertetabelle). Wenn man Werte rechts von x = 0 in f(x) einsetzt, kann man aufgrund der Symmetrie einer Parabel auf die entsprechenden Werte links von x = 0 schließen, ohne zu rechnen.
Um herauszufinden, welche Werte in Aufgabenteil b) sinnvoll sind, setzt man zunächst einen beliebigen x-Wert in f(x) ein, z. B. x = 0.
f(0) = −3, also ist (0 | −3) ein Punkt des Graphen von f, der ins Koordinatensystem eingetragen werden kann. Jetzt wird ein x-Wert rechts oder links von x = 0 in f(x) eingesetzt, z. B. x = 1:
f(1) = −15. Da y = −15 nicht mehr im vorgegebenen Koordinatensystem zu sehen ist, ist dieser Punkt (1 | −15) nicht sehr sinnvoll.
Man setzt also z. B. x = −1 ein und erhält: f(−1) = 3. Da auch f(−2) = 3 und jede Parabel symmetrisch ist, kann man folgern, dass der Scheitelpunkt der Funktion genau zwischen x = −1 und x = −2 liegt, also bei x = −1,5.
f(−1,5) = 3,75, also ist S(−1,5 | 3,75) der Scheitelpunkt von f.

a) $f(x) = 0{,}75\,x^2$

x	−3	−2	−1	0	1	2	3
f(x)	6,75	3	0,75	0	0,75	3	6,75

b) $f(x) = -3x^2 - 9x - 3$

x	−3	−2	−1	0	1	2	3
f(x)	−3	3	3	−3	−15	−33	−57

Sinnvolle x-Werte durch Ausprobieren finden.

Symmetrie einer Parabel ausnutzen.

Graphen der Funktionen aus a) und b):

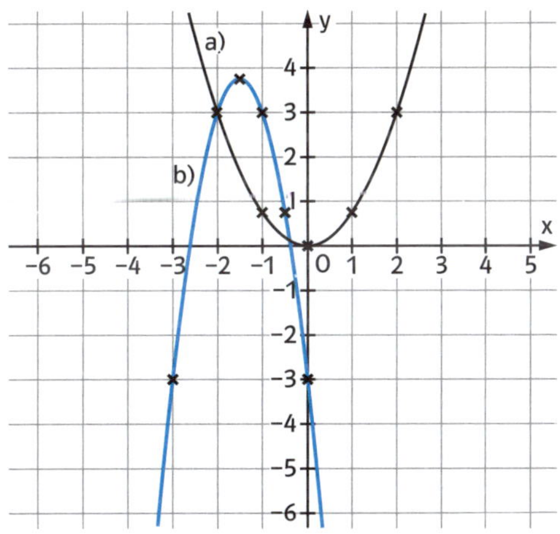

2 Graphen skizzieren ohne Wertetabelle

Im Folgenden wird das Vorgehen exemplarisch an Aufgabenteil c) erläutert.
Der Funktionsgleichung
$f(x) = 0{,}5\,(x-1)^2 - 2{,}5$ in Scheitelpunktform kann man die Koordinaten des Scheitelpunkts S(1 | −2,5) direkt entnehmen und ins Koordinatensystem einzeichnen (rechts).
Da der Streckfaktor (a = 0,5) vor der Klammer positiv ist, ist die Parabel nach oben geöffnet.
Um die Parabel zu skizzieren, kann man vom Scheitelpunkt aus eine Einheit nach rechts und 0,5 Einheiten nach oben gehen.

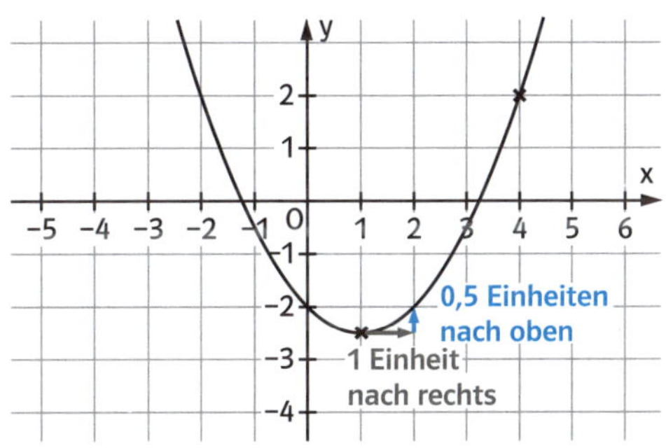

Damit die Skizze des Funktionsgraphen etwas genauer ist, kann ein weiterer beliebiger Punkt P(4 | 2) durch Einsetzen in f(x) bestimmt und anschließend ins Koordinatensystem eingetragen werden.

Scheitelpunktform
$f(x) = a(x - d)^2 + e$
S(d | e)
Streckfaktor a

a > 0 ⇒ Parabel nach oben geöffnet.
a < 0 ⇒ Parabel nach unten geöffnet.

Die Graphen zu den Funktionsgleichungen in a), b) und d) werden entsprechend skizziert (vgl. rechts). Handelt es sich um eine Normalparabel, geht man vom Scheitelpunkt aus immer eine Einheit nach rechts und eine Einheit nach oben bzw. unten.

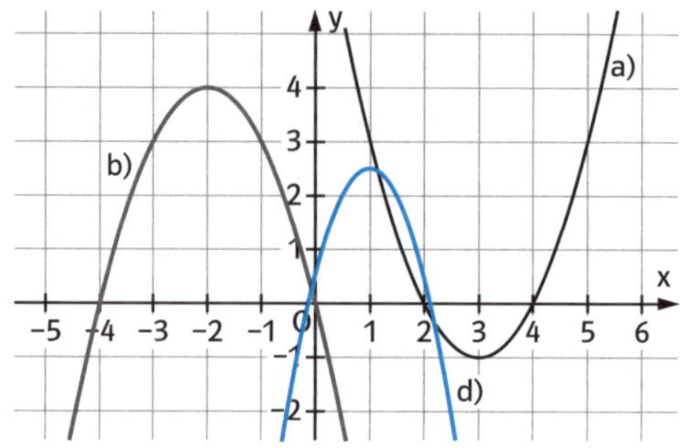

$d > 0 \Rightarrow$ Parabel ist um d Einheiten nach links verschoben.
$d < 0 \Rightarrow$ Parabel ist um d Einheiten nach rechts verschoben.
$e > 0 \Rightarrow$ Parabel ist um e Einheiten nach oben verschoben.
$e < 0 \Rightarrow$ Parabel ist um e Einheiten nach unten verschoben.

3 Funktionsgleichungen zu Graphen bestimmen

Im Folgenden wird das Vorgehen exemplarisch an Aufgabenteil c) erläutert. Zunächst liest man die Koordinaten des Scheitelpunkts $S(-1{,}5 \mid -3{,}5)$ im Koordinatensystem ab und setzt sie in die allgemeine Scheitelpunktform
$f(x) = a(x - d)^2 + e$ für d bzw. e ein:
$f(x) = a(x - (-1{,}5))^2 - 3{,}5 = a(x + 1{,}5)^2 - 3{,}5$.
Nun muss der Faktor a bestimmt werden.
Diesen kann man entweder direkt aus dem Koordinatensystem ablesen oder mithilfe eines beliebigen Punktes P der Parabel durch Einsetzen der Koordinaten für x und y berechnen.
Zum Ablesen des Streckfaktors a geht man vom Scheitelpunkt $S(-1{,}5 \mid -3{,}5)$ aus eine Einheit nach rechts und anschließend nach oben, bis man wieder auf den Graphen trifft. Die Einheiten, die man nach oben geht, entsprechen dem Streckfaktor a. Der Streckfaktor a ist also 3, da man vom Scheitelpunkt S aus eine Einheit nach rechts und drei Einheiten nach oben geht, um wieder auf die Parabel zu treffen.
Die Funktionsgleichung lautet also $f(x) = 3(x + 1{,}5)^2 - 3{,}5$.

1. Scheitelpunkt $S(d \mid e)$ ablesen und einsetzen in die allgemeine Scheitelpunktform $f(x) = a(x - d)^2 + e$.
2. Streckfaktor a durch Ablesen aus dem Graphen oder rechnerisch durch Einsetzen eines Punktes des Graphen in die Funktionsgleichung für x und y bestimmen.

Auf den Streckfaktor a = 3 kommt man ebenfalls rechnerisch, wenn man z. B. den Punkt $P(-2{,}5 \mid -0{,}5)$ in f(x) einsetzt und anschließend die Gleichung nach a auflöst:
$-0{,}5 = a(-2{,}5 + 1{,}5)^2 - 3{,}5$
$-0{,}5 = a \cdot 1 - 3{,}5 \quad \mid +3{,}5$
$3 = a$
Die Funktionsgleichungen zu den Aufgabenteilen a), b) und d) erhält man entsprechend:
a) $f(x) = (x - 1)^2 - 3$ b) $f(x) = -2(x - 2)^2 + 4$ d) $f(x) = -0{,}5x^2 + 3$

4 Funktionsgleichung in SP-Form bestimmen

Gegeben sind ein Punkt und der Scheitelpunkt der Parabel. Als allgemeiner Ansatz wird also die Scheitelpunktform gewählt.
Allgemeiner Ansatz: $f(x) = a(x - d)^2 + e$
$S(1 \mid 2)$ in f(x) einsetzen: $f(x) = a(x - 1)^2 + 2$
Um den Streckfaktor a zu bestimmen, wird der Punkt $A(3 \mid 0)$ in die Gleichung eingesetzt:
$0 = a(3 - 1)^2 + 2 \quad \mid$ Vereinfachen
$0 = a \cdot 2^2 + 2 \quad \mid$ Vereinfachen
$0 = 4a + 2 \quad \mid -2$
$-2 = 4a \quad \mid :4$
$a = -\frac{1}{2}$
Die gesuchte Funktionsgleichung der Funktion f ist also $f(x) = -\frac{1}{2}(x - 1)^2 + 2$.

Scheitelpunktform
$f(x) = a(x - d)^2 + e$
$S(d \mid e)$
Streckfaktor a

5 Funktionsgleichung in Normalform bestimmen

a) Aus den Koordinaten von $A(0\,|\,3)$ kann man den y-Achsenabschnitt $c = 3$ entnehmen. Durch Einsetzen von B und C lässt sich die Normalform bestimmen.

Allgemeiner Ansatz: $f(x) = ax^2 + bx + c$

y-Achsenabschnitt $c = 3$ einsetzen: $f(x) = ax^2 + bx + 3$

$B(-1\,|\,6)$ einsetzen:	$6 = a \cdot (-1)^2 + b \cdot (-1) + 3$		| vereinfachen
	$6 = a - b + 3$		| $-3 + b$
	$a = 3 + b$	(I)	
$C(2\,|\,3)$ einsetzen:	$3 = a \cdot (2)^2 + b \cdot (2) + 3$		| vereinfachen
	$3 = 4a + 2b \cdot + 3$		| -3
	$0 = 4a + 2b$	(II)	

Nach obigen Umformungen bietet sich das **Einsetzungsverfahren** an, $a = 3 + b$ wird in Gleichung II eingesetzt:

$$0 = 4 \cdot (3 + b) + 2b = 12 + 4b + 2b = 12 + 6b \quad | -12$$
$$-12 = 6b \quad | :6$$
$$b = -2$$

Es wird $b = -2$ in Gleichung I eingesetzt, um a zu erhalten: $a = 3 + (-2) = 1$.

a und b werden in die allgemeine Gleichung eingesetzt:

Die gesuchte Funktionsgleichung der Funktion f ist also $f(x) = x^2 - 2x + 3$.

b) Aus den Koordinaten von $B(0\,|\,-9)$ kann man den y-Achsenabschnitt $c = -9$ entnehmen. Durch Einsetzen von A und C lässt sich die Normalform bestimmen.

Allgemeiner Ansatz: $f(x) = ax^2 + bx + c$

y-Achsenabschnitt ist $c = -9$ einsetzen: $f(x) = ax^2 + bx - 9$

$A(6\,|\,3)$ einsetzen:	$3 = a \cdot (6)^2 + b \cdot (6) - 9$		| vereinfachen
	$3 = 36a + 6b - 9$		| $+9$
	$12 = 36a + 6b$		| $:(-6)$
	$-2 = -6a - b$	(I)	
$C(1\,|\,3)$ einsetzen:	$3 = a \cdot (1)^2 + b \cdot (1) - 9$		| vereinfachen
	$3 = a + b - 9$		| $+9$
	$12 = a + b$	(II)	

Nach obigen Umformungen bietet sich das **Additionsverfahren** an, Gleichung I und Gleichung II werden addiert:

I + II: $10 = -5a$, also $a = -2$

Jetzt wird $a = -2$ in Gleichung II. eingesetzt, um b zu erhalten:

$$12 = -2 + b, \text{ also } b = 14$$

a und b werden in die allgemeine Gleichung eingesetzt:

Die gesuchte Funktionsgleichung der Funktion f ist also $f(x) = -2x^2 + 14x - 9$.

Normalform
$f(x) = ax^2 + bx + c$
y-Achsenabschnitt c
Streckfaktor a

Lösungsverfahren für lineare Gleichungssysteme

Einsetzungsverfahren
- eine Gleichung nach einer Variablen auflösen
- diese Gleichung in die andere einsetzen

Gleichsetzungsverfahren
- beide Gleichungen besitzen denselben Term mit Variable auf einer Seite des Gleichheitszeichens (z. B. $y = \ldots$)
- die Gleichungen gleichsetzen und lösen

Additionsverfahren
- in beiden Gleichungen befindet sich ein identischer Summand mit Variable, aber gegensätzlichen Vorzeichen (z. B. $5a$ und $-5a$)
- die Gleichungen addieren und lösen

6 Binomischen Formeln/Ausmultiplizieren von Summen

a) Anwenden der 1. binomischen Formel ergibt: $(a + 9)^2 = a^2 + 18a + 81$

b) Anwenden der 2. binomischen Formel ergibt:

$$-(7 - 5b)^2 + 2b = -(49 - 70b + 25b^2) + 2b \quad | \text{ Klammer auflösen}$$
$$= -49 + 70b - 25b^2 + 2b = -49 + 72b - 25b^2$$

c) Anwenden der 3. binomischen Formel ergibt: $(6 + 5a)(6 - 5a) = 36 - 25a^2$

d) Ausmultiplizieren der Summen ergibt:

$$(1{,}5 + 3z)(-2z - 8) = -3z - 12 - 6z^2 - 24z \quad | \text{ zusammenfassen}$$
$$= -6z^2 - 27z - 12$$

Binomische Formeln (BF)
1. $(a + b)^2 = a^2 + 2ab + b^2$
2. $(a - b)^2 = a^2 - 2ab + b^2$
3. $(a + b)(a - b) = a^2 - b^2$

Ausmulitplizieren von Summen

$(a + b)\,(c + d) =$

$ac + ad + bc + bd$

7 Funktionsgleichung in Normalform umformen

a) $f(x) = (x - 3)^2 + 6 \quad |$ 2. BF
$= x^2 - 6x + 9 + 6$
$= x^2 - 6x + 15$

b) $f(x) = -2(x + 5)^2 - 7 \quad |$ 1. BF
$= -2(x^2 + 10x + 25) - 7$
$= -2x^2 - 20x - 50 - 7$
$= -2x^2 - 20x - 57$

8 Funktionsgleichungen von Normalform in Scheitelpunktform

a) $f(x) = x^2 + 6x - 3$
$= x^2 + 6x + 3^2 - 3^2 - 3$
$= (x + 3)^2 - 3^2 - 3$
$= (x + 3)^2 - 12$

b) $f(x) = -3x^2 + 6x + 7$
$= -3(x^2 - 2x) + 7$
$= -3(x^2 - 2x + 1^2 - 1^2) + 7$
$= -3((x - 1)^2 - 1) + 7$
$= -3(x - 1)^2 + 3 + 7$
$= -3(x - 1)^2 + 10$

c) $f(x) = 4x + 0{,}4x^2 - 8$ | Faktor „0,4" vor x^2 ausklammern
$= 0{,}4(x^2 + 10x) - 8$ | mit $\left(\frac{10}{2}\right)^2$ quadratisch ergänzen
$= 0{,}4(x^2 + 10x + 5^2 - 5^2) - 8$ | 1. BF anwenden
$= 0{,}4((x + 5)^2 - 25) - 8$ | äußere Klammer auflösen
$= 0{,}4(x + 5)^2 - 10 - 8$
$= 0{,}4(x + 5)^2 - 18$

Quadratische Ergänzung
1. Faktor vor dem x^2 ausklammern.
2. Faktor vor dem x erst halbieren, dann quadrieren und anschließend „ergänzen".

9 Lösen einfacher quadratischer Gleichungen

a) $x^2 - 49 = 0$ | + 49
$x^2 = 49$ | Wurzelziehen
$x_1 = 7;\ x_2 = -7$

b) $-91 + 4x^2 = -3x^2$ | $- 4x^2$
$-91 = -7x^2$ | : (−7)
$13 = x^2$ | Wurzelziehen
$x_1 = \sqrt{13};\ x_2 = -\sqrt{13}$

c) $6x^2 - 72x = 0$ | Ausklammern
$x(6x - 72) = 0$
$x_1 = 0$ oder $6x - 72 = 0$ | + 72
$6x = 72$ | : 6
$x_2 = 12$

d) $28x^2 - 4x = 6(5x^2 + 2x)$ | Umformung
$28x^2 - 4x = 30x^2 + 12x$ | $-28x^2 + 4x$
$0 = 2x^2 + 16x$ | Ausklammern
$0 = 2x(x + 8)$
$x_1 = 0$ oder $x + 8 = 0$ | − 8
$x_2 = -8$

Gleichungen vom Typ $ax^2 + c = 0$
1. x^2 alleine auf eine Seite bringen.
2. Wurzelziehen (die negative Lösung nicht vergessen!).

Gleichungen vom Typ $ax^2 + bx = 0$
1. x ausklammern.
2. Da ein Produkt dann gleich null ist, wenn einer der Faktoren gleich Null ist, werden beide Faktoren gleich 0 gesetzt und die entstehenden Gleichungen gelöst.

10 Lösen allgemein quadratischer Gleichungen

a) $x^2 + 6x + 8 = 0;\ p = 6$ und $q = 8$
$x_{1,2} = -3 \pm \sqrt{(-3)^2 - 8}$
$x_{1,2} = -3 \pm \sqrt{1} = -3 \pm 1$
$x_1 = -2;\ x_2 = -4$

b) Die Gleichung wird zunächst in die Form $x^2 + px + q = 0$ gebracht, um anschließend die pq-Formel anzuwenden:
$79 - 3x^2 - 8x = 5$ | − 5
$-3x^2 - 8x + 74 = 0$ | : (−3)
$x^2 + \frac{8}{3}x - \frac{74}{3} = 0;\ p = \frac{8}{3}$ und $q = -\frac{74}{3}$
$x_{1,2} = -\frac{4}{3} \pm \sqrt{\left(-\frac{4}{3}\right)^2 + \frac{74}{3}}$
$x_{1,2} = -\frac{4}{3} \pm \sqrt{\frac{238}{9}} = -\frac{4}{3} \pm \frac{\sqrt{238}}{3}$
$x_1 \approx 3{,}809;\ x_2 \approx -6{,}476$

c) Die Gleichung wird zunächst in die Form $x^2 + bx = c$ gebracht und anschließend mit quadratischer Ergänzung gelöst.
$-11x - 2 + 2x^2 = 4$ | Summanden vertauschen
$2x^2 - 11x - 2 = 4$ | : 2
$x^2 - 5{,}5x - 1 = 2$ | + 1
$x^2 - 5{,}5x = 3$ | $+ 2{,}75^2$ (quadratische Ergänzung)
$x^2 - 5{,}5x + 2{,}75^2 = 10{,}5625$ | 2. BF anwenden
$(x - 2{,}75)^2 = 10{,}5625$ | Wurzelziehen
$x - 2{,}75 = 3{,}25$ oder $x - 2{,}75 = -3{,}25$
$x = 6$ oder $x = -0{,}5$

1. Möglichkeit
1. Gleichung in die Form $x^2 + px + q = 0$ bringen.
2. p und q ablesen und in pq-Formel $x_{1,2} = -\frac{p}{2} \pm \sqrt{\left(-\frac{p}{2}\right)^2 - q}$ einsetzen.
3. Vereinfachen.

2. Möglichkeit
1. Auf einer Seite der Gleichung die 1. oder 2. BF erzeugen.
2. BF als Klammerterm schreiben.
3. Wurzelziehen.

11 Nullstellen und Schnittpunkte

$f(x) = x^2 + 5x + 4$; $g(x) = 0{,}5x + 1$

Nullstellen von f:

$x^2 + 5x + 4 = 0$; $p = 5$ und $q = 4$

$$x_{1,2} = -\frac{5}{2} \pm \sqrt{\left(-\frac{5}{2}\right)^2 - 4}$$

$$x_{1,2} = -\frac{5}{2} \pm \sqrt{\frac{9}{4}} = -\frac{5}{2} \pm \frac{3}{2}$$

$$x_1 = -1;\ x_2 = -4$$

Nullstelle von g:

$0{,}5x + 1 = 0 \quad | -1$

$0{,}5x = -1 \quad | : 0{,}5$

$x = -2$

Nullstellen von f
Gleichung $f(x) = 0$ lösen.

Schnittpunkte von f und g:

$x^2 + 5x + 4 = 0{,}5x + 1 \quad | - 0{,}5x - 1$

$x^2 + 4{,}5x + 3 = 0;$ $p = 4{,}5$ und $q = 3$

$$x_{1,2} = -\frac{9}{4} \pm \sqrt{\left(-\frac{9}{4}\right)^2 - 3}$$

$$x_{1,2} = -\frac{9}{4} \pm \sqrt{\frac{33}{16}} = -\frac{9}{4} \pm \frac{\sqrt{33}}{4}$$

$$x_1 \approx -0{,}814;\ x_2 \approx -3{,}686$$

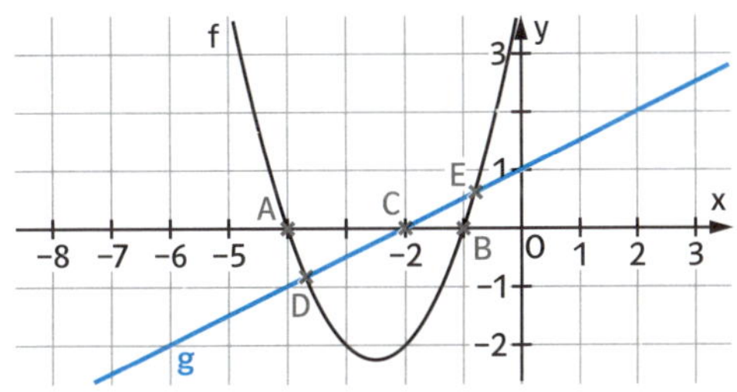

Schnittpunkte von f und g
1. Gleichung $f(x) = g(x)$ lösen.
2. Lösungen der Gleichung in $f(x)$ oder $g(x)$ einsetzen (es muss dasselbe herauskommen).

Um die y-Werte der Schnittpunkte zu erhalten, setzt man die x-Werte in f(x) oder g(x) ein:

$g(-0{,}814) \approx 0{,}593$; $g(-3{,}686) \approx -0{,}843$.

Also $S_1(\approx -0{,}814 \mid \approx 0{,}593)$ und $S_2(\approx -3{,}686 \mid \approx -0{,}843)$.

Die Überprüfung am Graphen bestätigt die berechneten Werte.

12 Anwendung quadratischer Funktionen

a) $h(0) = 1{,}8$ entspricht der Höhe des Speers bei einer Entfernung von 0 m vom Abwurfpunkt. Also entsprechen 1,8 m der Abwurfhöhe, die beim Speerwurf etwa der Kopfhöhe des Werfers entspricht.

b) Um die Weite des Speers zu bestimmen, werden die Nullstellen von h bestimmt, denn eine Nullstelle entspricht der Höhe $h = 0$ und damit der Bodenhöhe beim Aufprall.

Also gilt $-0{,}02x^2 + 0{,}8x + 1{,}8 = 0 \quad | : (-0{,}02)$

$x^2 - 40x - 90 = 0;$ $p = -40$ und $q = -90$

$$x_{1,2} = 20 \pm \sqrt{(20)^2 + 90} = 20 \pm \sqrt{490}$$

$$x_1 \approx 42{,}14;\ x_2 \approx -2{,}14$$

Für den Speerwurf ist nur die Nullstelle x_1 interessant, der Speer wird also etwa 42,14 m weit geworfen.

Lösungsstrategie
1. Anwendungskontext in mathematischen Term oder Gleichung übersetzen (y-Achsenabschnitt, Punkt des Graphen, Nullstellen, Scheitelpunkt gesucht?)
2. Ggf. Gleichung lösen.
3. Lösung im Kontext interpretieren.

c) Die Höhe am höchsten Punkt entspricht dem y-Wert des Scheitelpunktes von h. Um den Scheitelpunkt von h zu bestimmen, kann man die Funktionsgleichung von der Normalform mithilfe der quadratischen Ergänzung in die Scheitelpunktform überführen (vgl. Lösungen zu Aufgabe 8).

Hat man aber die Nullstellen der Funktion bereits gegeben, lässt sich der Scheitelpunkt auch mithilfe der Nullstellen und der Symmetrieeigenschaften einer Parabel bestimmen.

Der x-Wert des Scheitelpunktes muss genau zwischen den beiden Nullstellen, also bei $x = \frac{42{,}14 + (-2{,}14)}{2} = 20$, liegen. $x = 20$ wird nun in $h(x)$ eingesetzt, um den y-Wert zu erhalten:

$h(20) = -0{,}02 \cdot 20^2 + 0{,}8 \cdot 20 + 1{,}8 = 9{,}8$.

Der Speer ist an seinem höchsten Punkt also 9,8 m hoch.

Die Standardaufgaben ähneln den Testaufgaben mit der jeweiligen Aufgabennummer auf Seite 17 – 18. Daher kannst du die Musterlösungen der Testaufgaben auf Seite 19 – 23 verwenden, wenn du nicht weißt, wie man bei der Lösung der Aufgabe vorgehen soll.

1 Graphen mithilfe einer Wertetabelle skizzieren

Skizziere die Graphen zu den folgenden Funktionen mithilfe einer Wertetabelle in das nebenstehende Koordinatensystem.

a) $f(x) = 1{,}25x^2 - 2$

x							
f(x)							

b) $f(x) = x^2 + 4x + 1$

x							
f(x)							

c) $f(x) = -0{,}5x^2 + 2x - 2$

x							
f(x)							

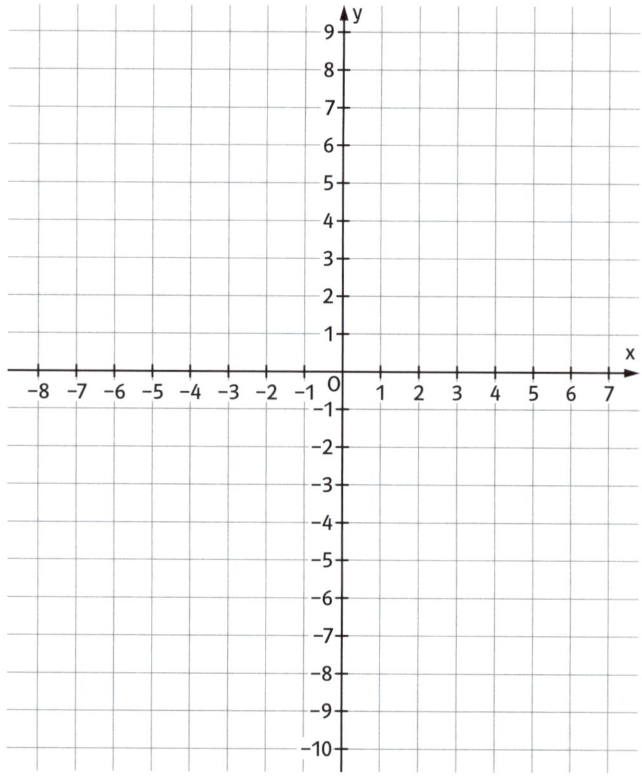

2 Graphen skizzieren ohne Wertetabelle

Skizziere die Graphen der folgenden quadratischen Funktionen ohne Wertetabelle.

a) $f(x) = (x - 2)^2 - 3$
b) $f(x) = -(x + 3)^2 + 1$
c) $f(x) = -3x^2 - 3{,}5$
d) $f(x) = 0{,}5(x + 5)^2 - 4$

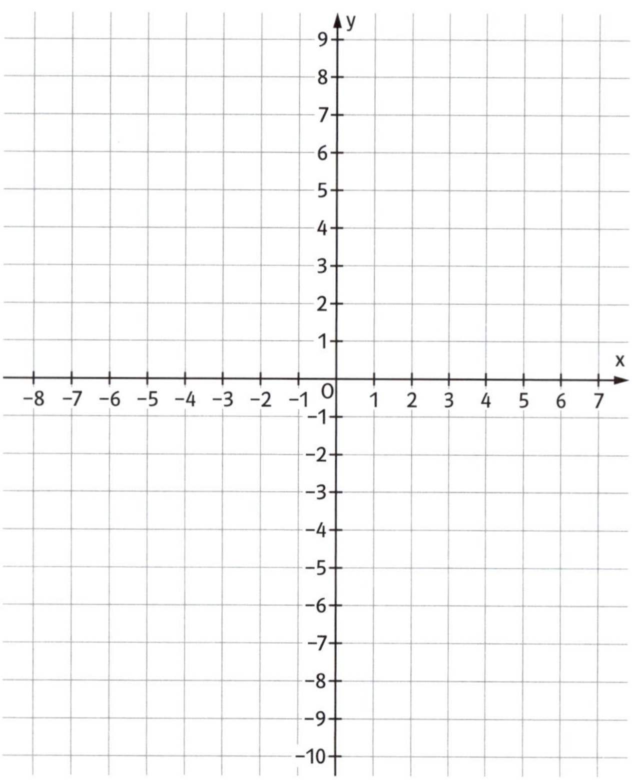

3 Funktionsgleichungen zu Graphen bestimmen

Bestimme die Funktionsgleichungen in Scheitelpunktform zu den folgenden Graphen.

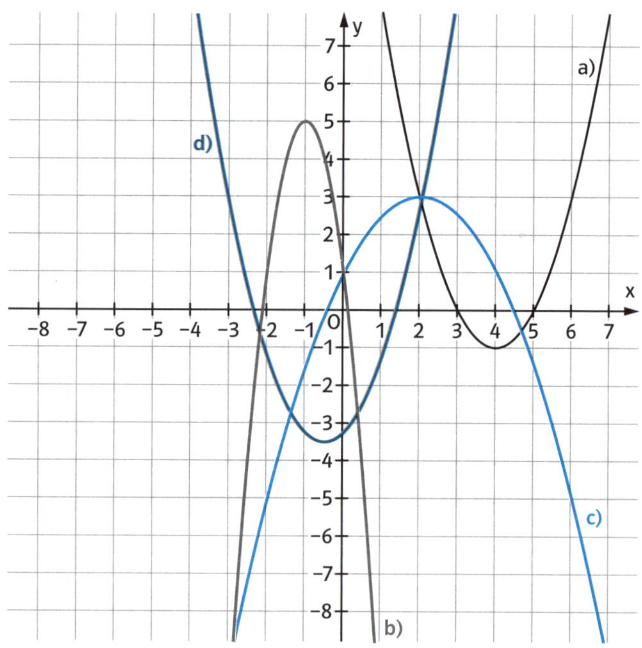

a) f(x) = ______________ b) f(x) = ______________

c) f(x) = ______________ d) f(x) = ______________

4 Funktionsgleichung in SP-Form bestimmen

Bestimme jeweils eine Funktionsgleichung der quadratischen Funktion f.

a) Der Graph von f verläuft durch A(3 | 11) und der Scheitelpunkt der Parabel liegt in S(−1 | −5).

f(x) = ______________________

b) Der Graph von f verläuft durch A(9 | 2) und der Scheitelpunkt der Parabel liegt in S(10 | −1).

f(x) = ______________________

c) Der Graph von f verläuft durch A(−3 | 9,5) und der Scheitelpunkt der Parabel liegt in S(−2,5 | 12).

f(x) = ______________________

d) Der Graph von f verläuft durch $A\left(-\frac{7}{2}\middle|\frac{10}{3}\right)$ und der Scheitelpunkt der Parabel liegt in $S\left(\frac{5}{8}\middle|-\frac{9}{2}\right)$.

f(x) = ______________________

e) Der Graph von f verläuft durch $A\left(2\middle|-\frac{5}{4}\right)$ und der Scheitelpunkt der Parabel liegt in $S\left(-\frac{8}{3}\middle|6\right)$.

f(x) = ______________________

f) Der Graph von f verläuft durch $A\left(\frac{13}{4}\middle|0{,}6\right)$ und der Scheitelpunkt der Parabel liegt in $S\left(5{,}2\middle|\frac{16}{5}\right)$.

f(x) = ______________________

5 Funktionsgleichung in Normalform bestimmen

Bestimme jeweils eine Funktionsgleichung der quadratischen Funktion f.

a) Der Graph von f verläuft durch die Punkte A(0 | 4), B(−1 | 2) und C(1 | 2).

f(x) = ______________________

b) Der Graph von f verläuft durch die Punkte A(1 | −9), B(0 | −16) und C(−3 | −49).

f(x) = ______________________

c) Der Graph von f verläuft durch die Punkte A(−2 | 1), B(−4 | −2) und C(0 | −4).

f(x) = ______________________

d) Der Graph von f verläuft durch die Punkte A(1 | 32), B(0 | 18) und C(−3,5 | 0,5).

f(x) = ______________________

e) Der Graph von f verläuft durch die Punkte A(0 | −2,5), B(−3 | 10,7) und C(1,5 | −0,1).

f(x) = ______________________

f) Der Graph von f verläuft durch die Punkte $A\left(-\frac{1}{2}\middle|-\frac{3}{2}\right)$, $B\left(0\middle|-\frac{1}{2}\right)$ und $C\left(1\middle|-\frac{9}{4}\right)$.

f(x) = ______________________

6 Binomische Formeln/Ausmultiplizieren von Summen

Vereinfache die Terme mithilfe der binomischen Formeln und dem Ausmultiplizieren von Summen.

a) $(a + 7)^2 =$ ______________________

b) $(12 + 3x)^2 =$ ______________________

c) $(7 - 5b)^2 =$ ______________________

d) $\left(3{,}4x - \frac{1}{2}y\right)^2 =$ ______________________

e) $(8 + 2c)(8 - 2c) =$ ______________________

f) $\left(\frac{5}{3}x + 6z\right)\left(\frac{5}{3}x - 6z\right) =$ ______________________

g) $(-6 + 1{,}5z)(9z - 12) =$ ______________________

h) $\left(\frac{1}{4}u + 2v\right)\left(\frac{3}{5}u - 3{,}2v\right) =$ ______________________

7 Funktionsgleichung in Normalform umformen

Führe die Funktionsgleichung in die Normalform über.

a) $f(x) = (x + 7)^2 =$ ______________________

b) $f(x) = (1{,}5 - 7x)^2 =$ ______________________

c) $f(x) = -(x - 2{,}5)^2 - 5{,}5 =$ ______________________

d) $f(x) = \frac{2}{3}\left(x + \frac{3}{4}\right)^2 - 6 =$ ______________________

e) $f(x) = -4\left(\frac{14}{5}x - 6{,}75\right)^2 - 7x + \frac{9}{5} =$

____

f) $f(x) = (1{,}5 + 7x)\left(\frac{5}{2} - x\right) - (x + 7{,}5)^2 =$

____

8 Funktionsgleichungen von Normalform in Scheitelpunktform

Überführe in die Scheitelpunktform.

a) $f(x) = x^2 + 2x + 6$

= ______

b) $f(x) = x^2 - 10x + 21$

= ______

c) $f(x) = -x^2 + 8x - 16$

= ______

d) $f(x) = 3x^2 + 12x - 30$

= ______

e) $f(x) = -8x^2 + 2x - 12$

= ______

f) $f(x) = 10x^2 + 40x$

= ______

g) $f(x) = 9x^2 - 12x - 5$

= ______

h) $f(x) = 4 - 10x + 5x^2$

= ______

i) $f(x) = 0{,}2x^2 + 1{,}2x - 1{,}6$

= ______

j) $f(x) = -0{,}5x^2 - 8{,}5 - 4x$

= ______

k) $f(x) = 1{,}5x + 6 + 4x^2$

= ______

l) $f(x) = 3x - \frac{1}{2}x^2 - \frac{9}{2}$

= ______

m) Mina hat den Scheitelpunkt der Funktion f falsch bestimmt. Finde ihre Fehler und korrigiere sie. Beschreibe den Graphen der Funktion f.

$$\begin{aligned} f(x) &= -\tfrac{1}{4}x^2 + \tfrac{5}{2}x - 3 \\ &= -\tfrac{1}{4}\left(x^2 + \tfrac{5}{2}x\right) - 3 \\ &= -\tfrac{1}{4}\left(x^2 + \tfrac{5}{2}x + 5^2 - 5^2\right) - 3 \\ &= -\tfrac{1}{4}((x-5)^2 - 25) - 3 \\ &= -\tfrac{1}{4}(x-5)^2 - \tfrac{25}{4} - 3 \\ &= -\tfrac{1}{4}(x-5)^2 - \tfrac{22}{4} \\ &= -\tfrac{1}{4}(x-5)^2 - \tfrac{11}{2} \end{aligned}$$

______
______
______
______
______
______
______

Der Scheitelpunkt der Parabel liegt bei $S\left(-5 \middle| -\frac{11}{2}\right)$ und die Parabel ist nach unten geöffnet und gestreckt.

9 Lösen einfacher quadratischer Gleichungen

Gib die Lösungen der quadratischen Gleichung an.

a) $x^2 - 169 = 0$
$x_1 =$ 13; $x_2 =$ −13

b) $5 - 3x^2 = -22$
$x_1 =$ 3; $x_2 =$ −3

c) $16 + 7x^2 = 9x^2$
$x_1 =$ 2√2; $x_2 =$ −2√2

d) $3x^2 - 18x = 0$
$x_1 =$ ______; $x_2 =$ ______

e) $\frac{3}{4}x^2 - \frac{6}{27} = \frac{1}{9}$
$x_1 =$ ______; $x_2 =$ ______

f) $-1{,}2x^2 + 6x = 0$
$x_1 =$ ______; $x_2 =$ ______

g) $\frac{1}{5}x^2 - 0{,}6x = 0$
$x_1 =$ ______; $x_2 =$ ______

h) $\frac{1}{4}x^2 - 39 = 3$
$x_1 =$ ______; $x_2 =$ ______

i) $(2x - 11)(2x + 11) = 23$
$x_1 =$ ______; $x_2 =$ ______

j) $(x + 5)^2 = 10x + 146$
$x_1 =$ ______; $x_2 =$ ______

k) $\left(\frac{3}{7}x - 0{,}3\right)\left(\frac{3}{7}x + 0{,}3\right) = 9$
$x_1 =$ ______; $x_2 =$ ______

l) $(x + 5)^2 - 25 = 15x$
$x_1 =$ ______; $x_2 =$ ______

m) $5(x^2 + 2x) = 7x^2 + 4x$
$x_1 =$ ______; $x_2 =$ ______

n) $-91 + 4x^2 = -3x^2$
$x_1 =$ ______; $x_2 =$ ______

o) $(x + 1)(x + 7) = (5x - 4)^2 - (x + 3)^2 + x$
$x_1 =$ ______; $x_2 =$ ______

p) $(4 - 5u)^2 + 45u = 80 + 5u$
$x_1 =$ ______; $x_2 =$ ______

q) $(1{,}5x + 4)(4x + 1{,}5) = (x - 2)^2 + 2 - 11x$
$x_1 =$ ______; $x_2 =$ ______

10 Lösen allgemein quadratischer Gleichungen

Löse die quadratischen Gleichungen.

a) $x^2 + 6x - 4 = 0$

x_1 = 0,606 ; x_2 = -6,606

b) $x^2 - 7x - 12 = 0$

x_1 = ________ ; x_2 = ________

c) $x^2 + 8x + 17 = 1$

x_1 = ________ ; x_2 = ________

d) $x^2 - 8x + 20 = 4$

x_1 = ________ ; x_2 = ________

e) $x^2 - 5x + 10 = 4$

x_1 = ________ ; x_2 = ________

f) $3x^2 - 15x + \frac{89}{8} = -\frac{7}{8}$

x_1 = ________ ; x_2 = ________

g) $\frac{5}{2}x^2 - 2x + \frac{3}{10} = 0$

x_1 = ________ ; x_2 = ________

h) $79 - 3x^2 - 9x = 5$

x_1 = ________ ; x_2 = ________

i) $\frac{11}{4}x^2 - \frac{7}{4}x = 2x^2 + x + 5$

x_1 = ________ ; x_2 = ________

j) $-10x + 2 + 2x^2 = -8x + 42$

x_1 = ________ ; x_2 = ________

k) $(5x + 3)^2 + 100x^2 - 7 = (4 - 15x)^2$

x_1 = ________ ; x_2 = ________

l) $(6x - 1)(5x + 3) = 3(x - 1)$

x_1 = ________ ; x_2 = ________

11 Nullstellen und Schnittpunkte

Bestimme die Nullstellen und Schnittpunkte der Funktionen f und g. Überprüfe deine Ergebnisse an den Graphen.

a) $f(x) = x^2 - 5$; $g(x) = 2x - 2$

Nullstellen: f: x_1 = _____ ; x_2 = _____ ; g: x = _____

Schnittpunkte von f und g:

S_1(______|______); S_2(______|______).

b) $f(x) = -0{,}5x^2 - 1{,}5x + 2$; $g(x) = -0{,}5x - 2$

Nullstellen: f: x_1 = _____ ; x_2 = _____ ; g: x = _____

Schnittpunkte von f und g:

S_1(______|______); S_2(______|______).

Graphen der Funktionen:

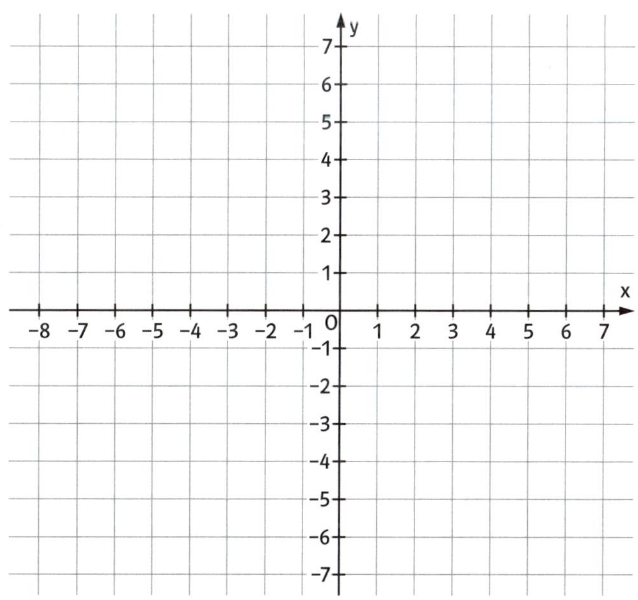

12 Anwendung quadratischer Funktionen

a) Die Flugbahn eines Golfballes kann näherungsweise durch eine Parabel beschrieben werden, wobei x der horizontalen Entfernung vom Abschlagspunkt in Metern und f(x) der Höhe des Balles in Metern entspricht. Eine spezielle Flugbahn kann durch die Gleichung $f(x) = -0{,}006x^2 + 0{,}9x$ beschrieben werden.

(1) Wie weit ist der Ball über der 100-m-Markierung (100 m horizontale Entfernung vom Abschlagspunkt) von der Erde entfernt?

(2) Wie weit fliegt der Ball?

(3) Wie hoch ist der Ball in seinem höchsten Punkt?

(1) Antwort: ______________________________

____

(2) Weite des Balles: w = ______________.

(3) Höchster Punkt: S(________|________).

b) Theo übt Schlagballwürfe für die Bundesjugendspiele. Die Flugbahn seines weitesten Wurfes kann mithilfe der Funktion f mit $f(x) = -0{,}01x^2 + 0{,}594x + 1{,}612$ beschrieben werden. Hierbei entspricht x der horizontalen Entfernung des Balls vom Abwurfpunkt in m und f(x) der Höhe des Balls in m.
(1) Wie groß ist Theo etwa?

Antwort: ____________________

(2) Wie weit war Theos weitester Wurf? Weite des Wurfes: w = ____________.

(3) Wie hoch war der Ball in seinem höchsten Punkt? Höchster Punkt: S(______|______).

c) Die Spannweite der unteren Hängebrücke beträgt 50 m, die Höhe der oberen Befestigungspunkte A und B über der Fahrbahn beträgt 14 m. Die Fahrbahn ist an zwei Haupttrageseilen aufgehängt.

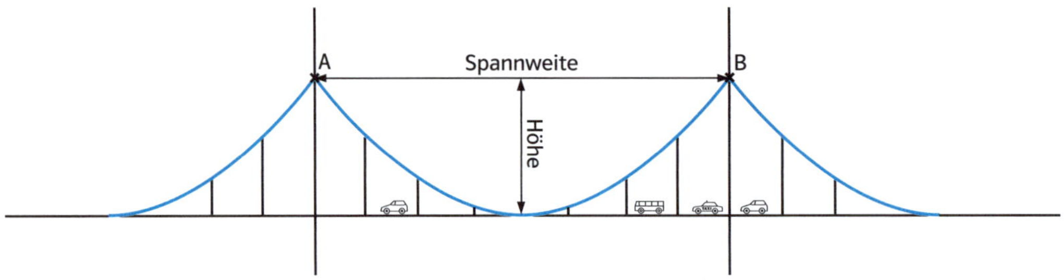

(1) Die Hauptseile im mittleren Abschnitt haben annähernd die Form einer Parabel. Zeichne die Längenangaben in das rechte Koordinatensystem ein und gib dann die Koordinaten der Punkte A und B an.

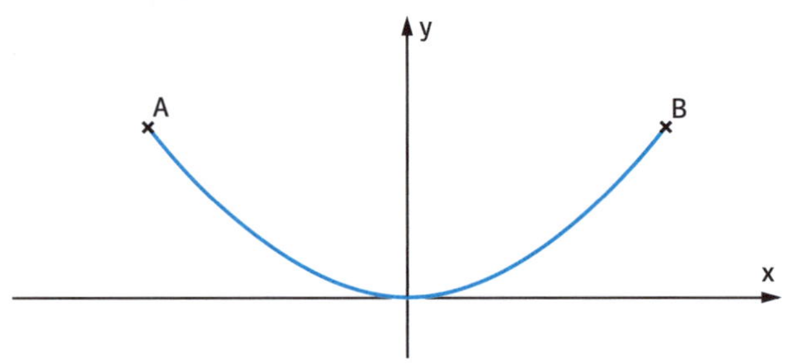

A(______|______); B(______|______)

(2) Welche der folgenden vier Funktionsgleichungen gehört zu der abgebildeten Parabel? Begründe.

(A) $f(x) = -0{,}0224x^2$ (B) $f(x) = 50x + 14$ (C) $f(x) = 0{,}0224x^2$ (D) $f(x) = 0{,}0224x^2 + 14$

Antwort: ____________ Begründung: ____________________

(3) In der obigen Abbildung kann man erkennen, dass die Fahrbahn in regelmäßigen Abständen mit senkrechten Stahltrageseilen an den Hauptseilen befestigt ist. Im mittleren Bereich der Brücke befinden sich auf jeder Fahrbahnseite 6 Trageseile. Bestimme rechnerisch die Gesamtlänge der Stahltrageseile, die für den mittleren Brückenabschnitt für beide Fahrbahnseiten benötigt werden.

Gesamtlänge der Stahltrageseile: ____________________

(4) Ein Unternehmen bietet Snowboardhelme für 39 € das Stück an. Eine Marktanalyse ergab, dass sich der tägliche Gewinn G (in €) bei einem Verkaufspreis x (in €) mit folgender Formel berechnen lässt: $G = -x^2 + 70x - 1000$.
Zu welchem Verkaufspreis sollte das Unternehmen die Snowboardhelme anbieten?
Wie groß wäre dann der tägliche Gewinn?

Gesuchter Verkaufspreis: x = ____________

Max. täglicher Gewinn: G = ____________

1 Zahlenrätsel

a) Multipliziert man eine Zahl mit der Hälfte dieser Zahl, so erhält man 162.

Gesuchte Zahl: ______

b) Das Produkt zweier aufeinander folgender ganzer Zahlen ist um 55 größer als ihre Summe. Wie heißen die Zahlen?

Gesuchte Zahlen: ______

c) Die Quadrate dreier aufeinander folgender Zahlen ergeben zusammen 1202. Wie heißen die Zahlen?

Gesuchte Zahlen: ______

d) Verändere die Aufgabe 1c) so, dass sie unlösbar wird.

Neue Aufgabe 1c): ______

______

______

______

e) Multipliziert man das Dreifache einer Zahl mit einem Viertel dieser Zahl, so erhält man 108. Wie heißt die Zahl?

Gesuchte Zahlen: ______

2 Flächen und Seiten

a) Gegeben ist ein Rechteck mit den Seitenlängen 6 cm und 5 cm. Verkürze alle Seiten um jeweils dieselbe Länge, sodass der Flächeninhalt $\frac{2}{3}$ des ursprünglichen Inhalts beträgt. Bestimme die neuen Seitenlängen.

Neue Seitenlängen: ______

b) Von einem Rechteck ist bekannt: Der Umfang beträgt 23 cm, der Flächeninhalt beträgt 30 cm^2. Bestimme die Seitenlängen des Rechtecks.

Neue Seitenlängen: ______

c) Die Hypothenuse eines rechtwinkligen Dreiecks ist 65 cm lang, der Umfang beträgt 150 cm. Wie lang ist jede der beiden Katheten?

Kathetenlängen: ______

d) Eine Rechtecksseite ist 17 cm länger als die andere. Die Diagonale beträgt 25 cm.
Welchen Umfang hat das Rechteck?

Seiten: ______ Umfang: ______

3

Die Funktion f besitzt die Gleichung $f(x) = (x - 698)^2 + 1543$. Sie wird an der Achse $y = 56$ gespiegelt und anschließend um 278 Einheiten nach rechts verschoben. Welche Gleichung hat die entstehende Funktion g? Begründe mithilfe einer Skizze.

$g(x) =$ ______.

Begründung:

4 Für welche Werte von a hat die Gleichung $x^2 + 12x + a = 0$

a) zwei Lösungen a = ______________________________,

b) die Zahl 4 und eine weitere Zahl als Lösung a = ______________________________,

c) zwei negative Zahlen als Lösung a = ______________________________,

d) eine negative und eine positive Zahl als Lösung a = ______________________________?

5 Ordne die folgenden Funktionsgleichungen den unteren Funktionsgraphen zu. Forme die Gleichungen hierzu ggf. zunächst in Scheitelpunktform um. Es gibt einige Gleichungen und Graphen ohne „Partner". Finde zu den entsprechenden Graphen die Funktionsgleichung in Normalform und zeichne die Graphen zu den entsprechenden Funktionsgleichungen in das untere Koordinatensystem.

a) $f(x) = 2(x - 3)^2 - 4$ b) $f(x) = 0{,}5x^2 + 3x + 0{,}5$ c) $f(x) = 0{,}75(x - 2)^2 - 3$ d) $f(x) = -2x^2 + 12x - 22$
e) $f(x) = -0{,}25x^2 + 3$ f) $f(x) = -0{,}5(x + 3)^2 + 4$ g) $f(x) = -0{,}5x^2 + 3$ h) $f(x) = 3x^2 + 18x + 25$

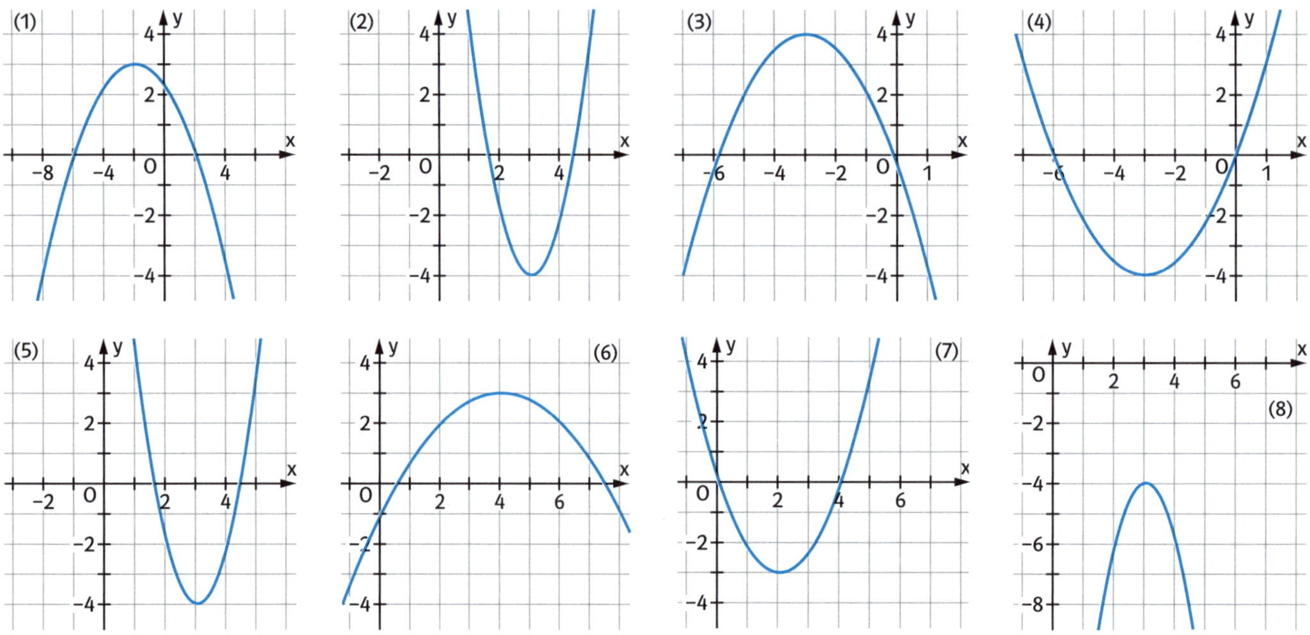

Zuordnungen:

(1) → ______________; (2) → ______________;

(3) → ______________; (4) → ______________;

(5) → ______________; (6) → ______________;

(7) → ______________; (8) → ______________

Zusätzliche Funktionsgleichungen:

____

____

____

Zusätzliche Graphen:

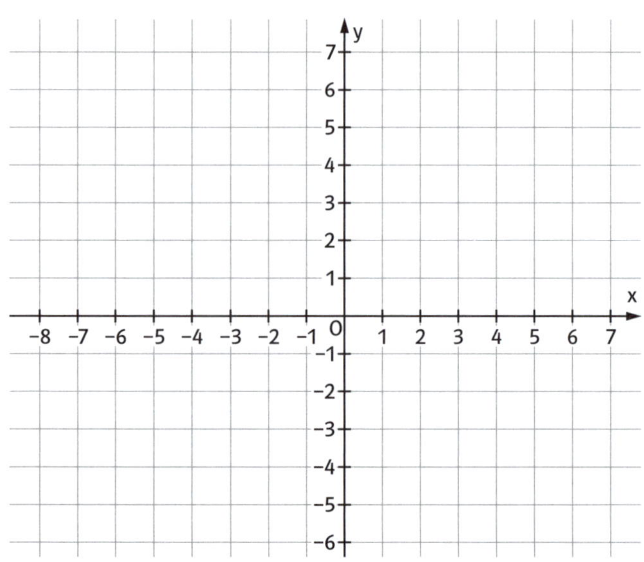

6 Gegeben sind die Graphen der Funktionen f, g und a.

a) Bestimme die Funktionsgleichungen der Funktionen f, g und a.

f (x) = ____________ g (x) = ____________ a (x) = ____________

b) Bestimme rechnerisch die Nullstellen und die Schnittpunkte der Funktionen f, g und a.

Nullstellen von f: ____________

Nullstellen von g: ____________

Nullstelle von a: ____________

Schnittpunkte von f und g:

S_1(____|____); S_2(____|____)

Schnittpunkte von f und a:

S_1(____|____); S_2(____|____)

Schnittpunkte von g und a:

S_1(____|____); S_2(____|____)

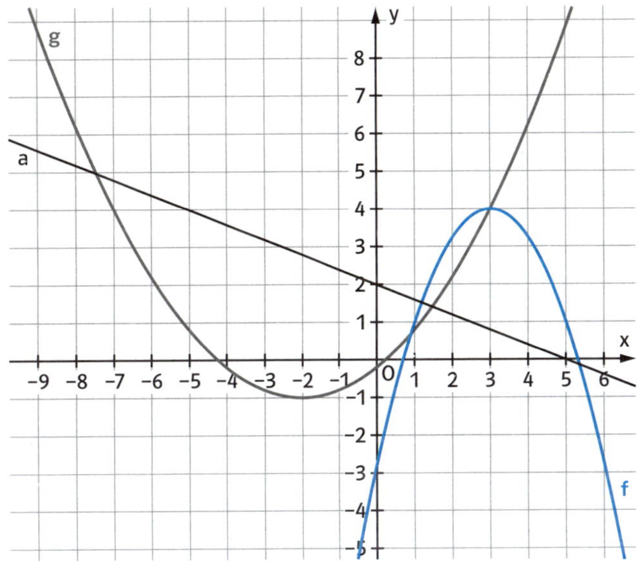

7 Zeichne mithilfe eines Funktionsplotters das Bild der Parabelfische exakt nach. Nur die Kreise müssen nicht exakt sein. Stelle hierzu zunächst die Funktionsgleichungen der quadratischen Funktionen auf.
Hinweis: Die nach unten geöffnete Parabel des kleinen Fisches hat den Streckfaktor a = −0,75 und die nach oben geöffnete Parabel des kleinen Fisches hat den Streckfaktor a = 0,4.

Großer Fisch: obere Parabel: f (x) = ____________; untere Parabel: g (x) = ____________

Kleiner Fisch: obere Parabel: f (x) = ____________; untere Parabel: g (x) = ____________

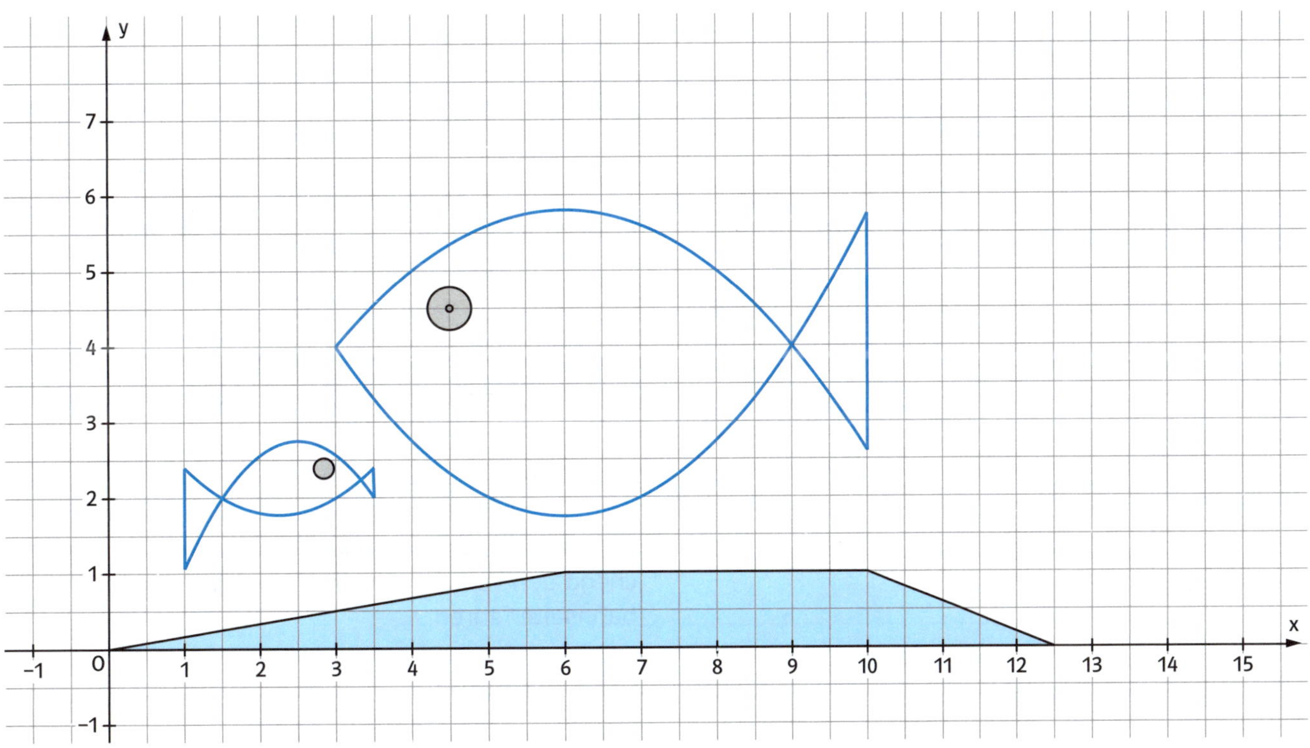

8 a) Löse die folgenden Gleichungen zeichnerisch. Forme die Gleichung ggf. zuvor sinnvoll um.

1) $x^2 - 2x + 1 = 0$ 2) $x^2 + 5x = -4$

x_1 = ______; x_2 = ______ x_1 = ______; x_2 = ______

3) $x^2 + 7x = -12$ 4) $4x^2 = 4x - 2$

x_1 = ______; x_2 = ______ x_1 = ______; x_2 = ______

b) Überprüfe die zeichnerischen Lösungen aus a) rechnerisch. Wovon hängt die Anzahl der Lösungen einer quadratischen Gleichung beim rechnerischen bzw. beim zeichnerischen Lösen ab?

Antwort: ______

Zeichnerische Lösung:

9 Emmi und Luise stehen auf einer Klippe in Australien. Beide schätzen die Höhe der Klippe. Emmi erinnert sich, dass sich die Höhe h bestimmen lässt, indem man einen Stein fallen lässt und die Fallzeit t misst. Die Fallhöhe des Steins in m entspricht dann etwa fünfmal der Fallzeit in s zum Quadrat.

a) Stelle eine Funktionsgleichung auf, mit der man die Höhe der Klippe bestimmen kann.

Funktionsgleichung: h(t) = ______

b) Luise lässt einen Stein fallen und Emmi misst eine Fallzeit von 2 Sekunden.
Wie hoch ist die Klippe ungefähr?

Höhe der Klippe: h = ______

c) Eine andere Klippe soll laut Reiseführer 32 m hoch sein. Wie lange müsste ein fallengelassener Stein fliegen?

Fallzeit des Steins: t = ______

10 In der rechten Abbildung ist eine Eisenbahnbrücke dargestellt, die über eine Straße führt. Der Bogen der Brücke bildet eine Parabel mit der Gleichung $f(x) = -0{,}16\,x^2$.

a) Begründe mithilfe einer Rechnung, dass die maximale Höhe der Durchfahrt 4 m beträgt.

Rechnung/Begründung: ______

______

______

______

______

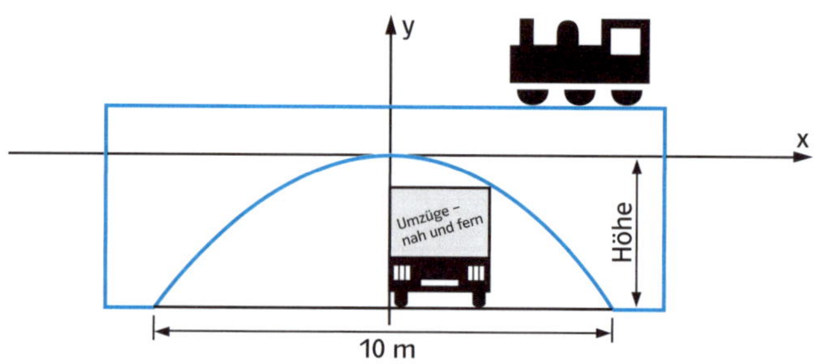

b) Bestimme rechnerisch, wie breit ein 3,19 m hoher LKW sein darf, damit er gerade noch unter der Brücke hindurch fahren kann. Dabei darf er entsprechend den Verkehrsregeln nur auf der rechten Fahrbahnseite fahren.

Gesuchte Breite: b = ______

Lambacher Schweizer

Mathematik für Gymnasien

Nordrhein-Westfalen

Oberstufe

Einführungsphase Vertiefungskurs 1

Lösungen

I Lineare Funktionen und Gleichungen

Standardaufgaben, Seite 7

1

a) f: $y = x + 1$ g: $y = -3x + 2$ h: $y = \frac{1}{4}x - 2$

b) f: $y = -\frac{2}{3}x + 1$ g: $y = \frac{3}{4}x - \frac{5}{2}$ h: $y = -\frac{1}{5}x + 4$

c) f: $y = -\frac{1}{2}x + 4$ g: $y = \frac{2}{3}x - 3$ h: $y = -\frac{3}{4}x$

d) f: $y = -\frac{1}{2}x + \frac{3}{2}$ g: $y = \frac{7}{2}x - 1$ h: $y = \frac{2}{7}x + \frac{1}{2}$

2

a) Mit $m = 4$ erhält man $y = 4x + n$
Mit $P(0\,|\,0)$ erhält man:
$0 = 4 \cdot 0 + n$
$0 = n$
Also $y = 4x$.

b) Mit $m = 7$ erhält man $y = 7x + n$.
Mit $P(1\,|\,-4)$ erhält man:
$-4 = 7 \cdot 1 + n \quad | -7$
$-11 = n$
Also $y = 7x - 11$.

c) Mit $m = -3$ erhält man $y = -3x + n$.
Mit $P(4\,|\,1)$ erhält man:
$1 = -3 \cdot 4 + n \quad | +12$
$13 = n$
Also $y = -3x + 13$.

d) Mit $m = 2{,}5$ erhält man $y = 2{,}5x + n$.
Mit $P(1{,}5\,|\,-4{,}5)$ erhält man:
$-4{,}5 = 2{,}5 \cdot 1{,}5 + n \quad | -3{,}75$
$-8{,}25 = n$
Also $y = 2{,}5x - 8{,}25$.

e) Mit $n = \frac{1}{3}$ erhält man $y = \frac{1}{3}x + n$.
Mit $P\left(\frac{2}{3}\,\middle|\,\frac{1}{2}\right)$ erhält man:
$\frac{1}{2} = \frac{1}{3} \cdot \frac{2}{3} + n \quad | -\frac{2}{9}$
$\frac{1}{2} - \frac{2}{9} = n$
$n = \frac{9}{18} - \frac{4}{18} = \frac{5}{18}$
Also $y = \frac{1}{3}x + \frac{5}{18}$.

f) Mit $m = -\frac{2}{7}$ erhält man $y = -\frac{2}{7}x + n$.
Mit $P(0{,}7\,|\,1{,}2)$ erhält man:
$1{,}2 = -\frac{2}{7} \cdot 0{,}7 + n$
$\frac{12}{10} = -\frac{2}{7} \cdot \frac{7}{10} + n$
$\frac{12}{10} = -\frac{2}{10} + n \quad | +\frac{2}{10}$
$\frac{14}{10} = n$
$n = \frac{7}{5} = 1{,}4$
Also $y = -\frac{2}{7}x + \frac{7}{5}$.

Seite 8

3

a) $m = \frac{4-2}{5-1} = \frac{2}{4} = \frac{1}{2}$ Also $y = \frac{1}{2}x + n$.
Einsetzen der Koordinaten von $A(1\,|\,2)$ in $y = \frac{1}{2}x + n$ ergibt:
$2 = \frac{1}{2} \cdot 1 + n \quad | -\frac{1}{2}$
$\frac{3}{2} = n$
Somit $y - \frac{1}{2}x + \frac{3}{2}$.

b) $m = \frac{-2-3}{3-(-2)} = \frac{-5}{5} = -1$ Also $y = -x + n$.
Einsetzen der Koordinaten von $A(-2\,|\,3)$ in $y = -x + n$ ergibt:
$3 = -(-2) + n \quad | -2$
$1 = n$
Somit $y = -x + 1$.

c) $m = \frac{4{,}5-3}{4-(-1{,}5)} = \frac{1{,}5}{5{,}5} = \frac{3}{11}$ Also $y = \frac{3}{11}x + n$.
Einsetzen der Koordinaten von $A(-1{,}5\,|\,3)$ in $y = \frac{3}{11}x + n$ ergibt:
$3 = \frac{3}{11} \cdot (-1{,}5) + n$
$3 = \frac{3}{11} \cdot \left(-\frac{3}{2}\right) \quad | +\frac{9}{22}$
$\frac{66}{22} + \frac{9}{22} = n$
$n = \frac{75}{22}$
Somit $y = \frac{3}{11}x + \frac{75}{22}$.

d) $m = \frac{\sqrt{5}-\sqrt{5}}{7-(-1)} = \frac{0}{8} = 0$ Also $y = n$.
Einsetzen der Koordinaten von $A(-1\,|\,\sqrt{5})$ in $y = n$ ergibt:
$n = \sqrt{5}$
Somit $y = \sqrt{5}$.

e) $m = \frac{\frac{1}{8}-\frac{3}{4}}{\frac{1}{4}-\frac{1}{2}} = \frac{\frac{1}{8}-\frac{6}{8}}{\frac{1}{4}-\frac{2}{4}} = \frac{-\frac{5}{8}}{-\frac{1}{4}} = -\frac{5}{8} \cdot \left(-\frac{4}{1}\right) = \frac{5}{2}$ Also $y = \frac{5}{2}x + n$.
Einsetzen der Koordinaten von $A\left(\frac{1}{2}\,\middle|\,\frac{3}{4}\right)$ in $y = \frac{5}{2}x + n$ ergibt:
$\frac{3}{4} = \frac{5}{2} \cdot \frac{1}{2} + n$
$\frac{3}{4} = \frac{5}{4} + n \quad | -\frac{5}{4}$
$\frac{3}{4} - \frac{5}{4} = n$
$n = -\frac{2}{4} = -\frac{1}{2}$
Somit $y = \frac{5}{2}x - \frac{1}{2}$.

f) $m = \frac{\frac{1}{14}-\frac{2}{7}}{\frac{1}{10}-\frac{1}{5}} = \frac{\frac{1}{14}-\frac{4}{14}}{\frac{1}{10}-\frac{2}{10}} = \frac{-\frac{3}{14}}{-\frac{1}{10}} = -\frac{3}{14} \cdot \left(-\frac{10}{1}\right) = \frac{30}{14} = \frac{15}{7}$ Also $y = \frac{15}{7}x + n$.
Einsetzen der Koordinaten von $A\left(\frac{1}{5}\,\middle|\,\frac{2}{7}\right)$ in $y = \frac{15}{7}x + n$ ergibt:
$\frac{2}{7} = \frac{15}{7} \cdot \frac{1}{5} + n$
$\frac{2}{7} = \frac{3}{7} + n \quad | -\frac{3}{7}$
$\frac{2}{7} - \frac{3}{7} = n$
$n = -\frac{1}{7}$
Somit $y = \frac{15}{7}x - \frac{1}{7}$.

g) $m = \frac{b-0}{0-a} = \frac{b}{-a} = -\frac{b}{a}$ Also $y = -\frac{b}{a}x + n$.

Einsetzen der Koordinaten von A(a | 0) in $y = -\frac{b}{a}x + n$ ergibt:

$0 = -\frac{b}{a} \cdot a + n$

$0 = -b + n \quad | + b$

$b = n$

Somit $y = -\frac{b}{a}x + n$.

h) $m = \frac{2-0}{1-u}$ Also $y = \frac{2}{1-u}x + n$.

Einsetzen der Koordinaten von B(1 | 2) in $y = \frac{2}{1-u}x + n$ ergibt:

$2 = \frac{2}{1-u} \cdot 1 + n$

$2 - \frac{2}{1-u} = n$

Somit $y = \frac{2}{1-u}x + 2 - \frac{2}{1-u}$.

i) Steigung der Geraden durch B und C: $m = \frac{-2-1}{0-(-3)} = \frac{-3}{3} = -1$.

Für jede parallele Gerade zu BC gilt somit: $y = -x + n$.

Einsetzen der Koordinaten von A(3 | 3) in $y = -x + n$:

$3 = -3 + n \quad | + 3$

$6 = n$

Parallele zu BC durch A: $y = -x + 6$.

Steigung der Geraden durch A und C: $m = \frac{-2-3}{0-3} = \frac{-5}{3} = -\frac{5}{3}$.

Für jede parallele Gerade zu AC gilt somit: $y = -\frac{5}{3}x + n$.

Einsetzen der Koordinaten von B(−3 | 1) in $y = -\frac{5}{3}x + n$:

$1 = \frac{5}{3} \cdot (-3) + n \quad | + 5$

$6 = n$

Parallele zu AC durch B: $y = -\frac{5}{3}x + 6$.

Steigung der Geraden durch A und B: $m = \frac{1-3}{-3-3} = \frac{-2}{-6} = \frac{1}{3}$.

Für jede parallele Gerade zu AB gilt somit: $y = \frac{1}{3}x + n$.

Einsetzen der Koordinaten von C(0 | −2) in $y = \frac{1}{3}x + n$:

$-2 = \frac{1}{3} \cdot 0 + n$

$-2 = n$

Parallele zu AB durch C: $y = \frac{1}{3}x - 2$.

4

a)

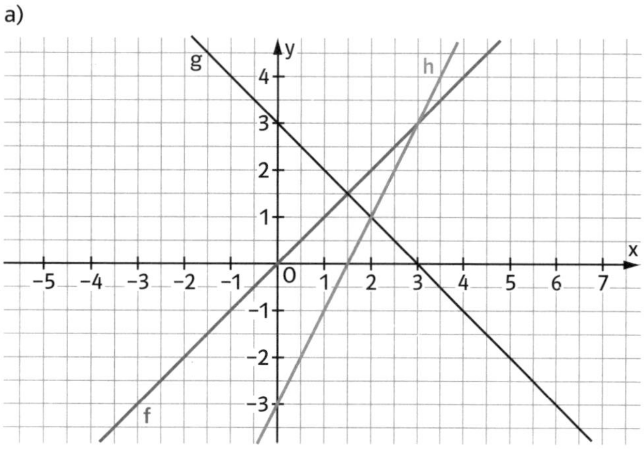

b)

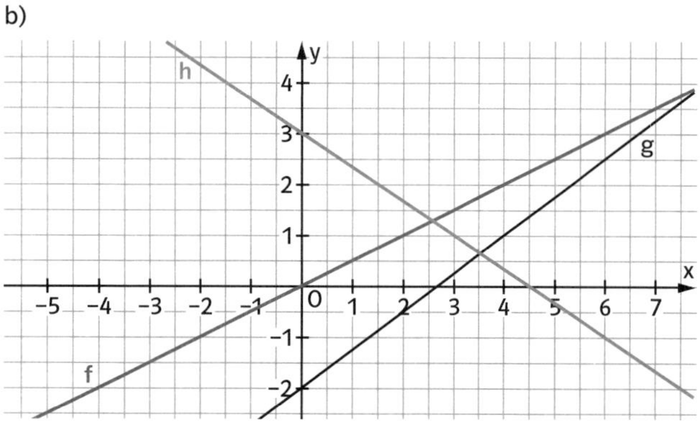

c)

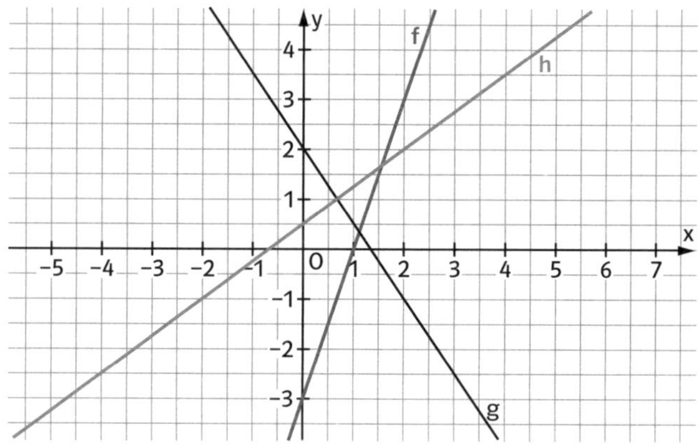

d)

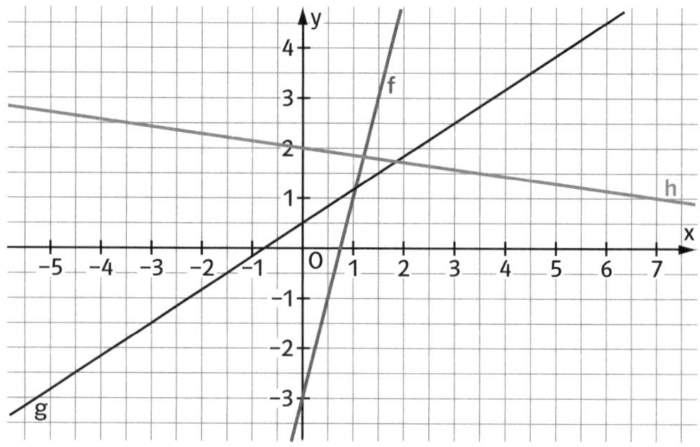

Seite 9

5

a) (I) $m = \tan(70°) \approx 2{,}75$

(II) $m = \tan(0°) = 0$

(III) $m = \tan(-22°) \approx -0{,}40$

(IV) $m = \tan(158°) \approx -0{,}40$

b) Fig. 1:

(I) $m_f = \tan(45°) = 1$ $f(x) = x + 1$

(II) $m_g = \tan(117°) \approx -1{,}96$

$g(x) = \tan(117°) \cdot x - 2 \approx -1{,}96x - 2$

(III) $m_h = \tan(-22°) \approx -0{,}40$

$h(x) = \tan(-22°) \cdot x - 2 \approx -0{,}4x - 2$

Fig. 2:

(I) $m_f = \tan(26{,}6°) \approx 0{,}5$

$f(x) = \tan(26{,}6°) \cdot x + 0{,}5 \approx -0{,}5x - 2$

(II) $m_g = \tan(123{,}7°) \approx -1{,}50$

$g(x) = \tan(123{,}7°) \cdot x - 2 \approx -1{,}5x - 2$

(III) $m_h = \tan(-38{,}7°) \approx -0{,}80$

$h(x) = \tan(-38{,}7°) \cdot x - 2 \approx -0{,}8x - 2$

c) (I) $\alpha = \tan^{-1}(1) = 45°$

(II) $\alpha = \tan^{-1}(-1) = -45°$ oder $\alpha = 180° - 45° = 135°$

(III) $\alpha = \tan^{-1}(7) \approx 81{,}87°$

(IV) $\alpha = \tan^{-1}\left(\frac{1}{3}\right) \approx 18{,}43°$

d) (I) $m = \frac{4-1}{5-(-1)} = \frac{3}{6} = \frac{1}{2}$ $\alpha = \tan^{-1}\left(\frac{1}{2}\right) \approx 26{,}57°$

(II) $m = \frac{4-5}{5-(-1)} = \frac{-1}{6} = -\frac{1}{6}$ $\alpha = \tan^{-1}\left(\frac{1}{6}\right) \approx 9{,}46°$

(III) $m = \frac{1{,}35-1{,}1}{5-2{,}5} = \frac{0{,}25}{2{,}5} = \frac{1}{10}$ $\alpha = \tan^{-1}\left(\frac{1}{10}\right) \approx 5{,}71$

(IV) $m = \frac{-\frac{3}{4} - \left(-\frac{1}{2}\right)}{2 - \frac{1}{2}} = \frac{-\frac{3}{4} + \frac{2}{4}}{\frac{4}{2} - \frac{1}{2}} = \frac{-\frac{1}{4}}{\frac{3}{2}} = -\frac{1}{4} \cdot \frac{2}{3} = -\frac{1}{6}$

$\alpha = \tan^{-1}\left(-\frac{1}{6}\right) \approx -9{,}46°$

e) $m = \tan(10°) \approx 0{,}18 = 18\,\%$

f) $m = 10\,\% = \frac{10}{100} = 0{,}1$ $\alpha = \tan^{-1}(0{,}1) \approx 5{,}71°$

6

a) $4x + 7 = 9x - 3 \quad | -7$
$4x = 9x - 10 \quad | -9x$
$-5x = -10 \quad | :(-5)$
$x = 2$

b) $10x + 11 = 7x + 17 \quad | -11$
$10x = 7x + 6 \quad | -7x$
$3x = 6 \quad | :3$
$x = 2$

c) $-33a + 4 = -36a - 8 \quad | -4$
$-33a = -36a - 12 \quad | +36a$
$3a = -12 \quad | :3$
$a = -4$

d) $b + 3 = 77b - 11 \quad | -3$
$b = 77b - 14 \quad | -77b$
$-76b = -14 \quad | :(-76)$
$b = \frac{14}{76} = \frac{7}{38}$

e) $3(x + 2) = 4(x + 7)$
$3x + 6 = 4x + 28 \quad | -6$
$3x = 4x + 22 \quad | -4x$
$-x = 22 \quad | :(-1)$
$x = -22$

f) $0{,}5(2a + 0{,}5) = \frac{1}{4}(4a + 8)$
$a + 0{,}25 = a + 2 \quad | -0{,}25$
$a = a + 0{,}75 \quad | -a$
$0 = 0{,}75$

Die Umformungen führen zu einem Widerspruch. Die Gleichung hat keine Lösung.

g) $\frac{1}{2}x + 4 = \frac{3}{4}x + \frac{31}{8} \quad | -4$
$\frac{1}{2}x = \frac{3}{4}x + \frac{31}{8} - 4 \quad | -\frac{3}{4}x$
$\frac{1}{2}x - \frac{3}{4}x = \frac{31}{8} - \frac{32}{8}$
$\frac{2}{4}x - \frac{3}{4}x = -\frac{1}{8}$
$-\frac{1}{4}x = -\frac{1}{8} \quad | \cdot(-4)$
$x = \frac{1}{2}$

h) $-\frac{2}{3}x - 2 = \frac{1}{6}x - \frac{1}{6} \quad | +2$
$-\frac{2}{3}x = \frac{1}{6}x - \frac{1}{6} + 2 \quad | -\frac{1}{6}x$
$-\frac{2}{3}x - \frac{1}{6}x = -\frac{1}{6} + \frac{12}{6}$
$-\frac{4}{6}x - \frac{1}{6}x = \frac{11}{6}$
$-\frac{5}{6}x = \frac{11}{6} \quad | :\left(-\frac{5}{6}\right)$
$x = \frac{11}{6} \cdot \left(-\frac{6}{5}\right) = -\frac{11}{5}$

Seite 10

7

a) (I)

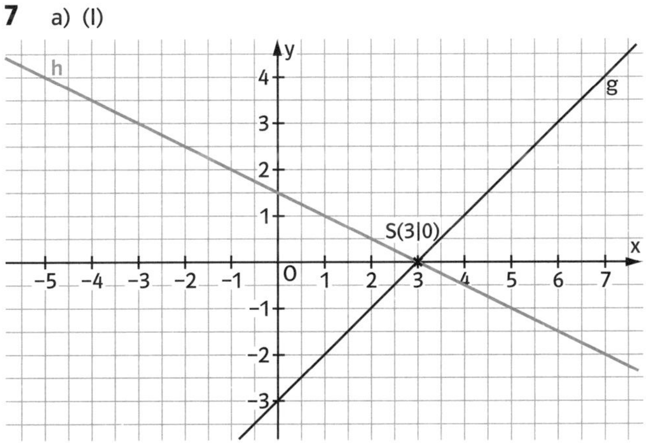

(II)

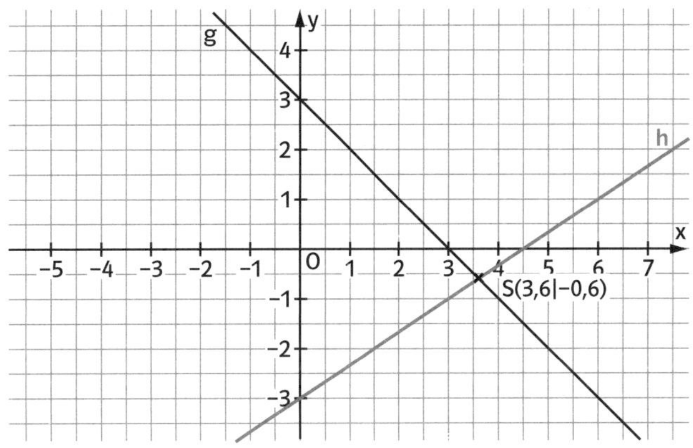

(III)

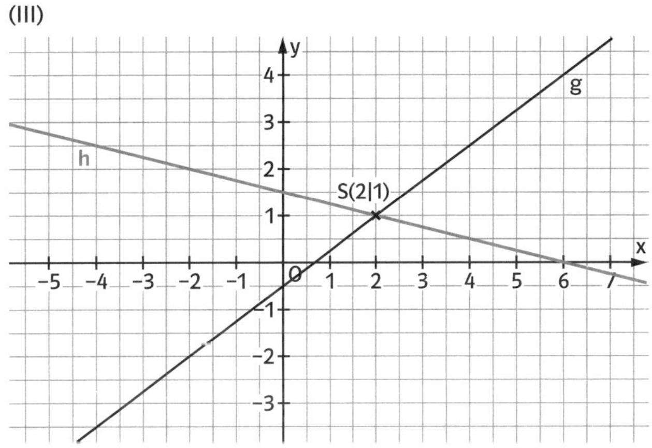

(IV)

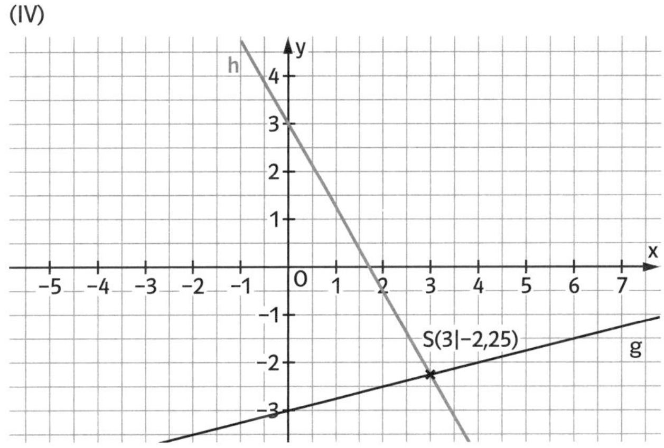

b) (I) Gleichsetzen der Funktionsterme:
$2x - 3 = 3 - x \quad | +3$
$2x = 6 - x \quad | +x$
$3x = 6 \quad | :3$
$x = 2$
Einsetzen in g(x):
$g(2) = 2 \cdot 2 - 3 = 1$
Also S(2|1).

(II) Gleichsetzen der Funktionsterme:
$0{,}75x - 6{,}75 = x - 8 \quad | +6{,}75$
$0{,}75x = x - 1{,}25 \quad | -x$
$-0{,}25x = -1{,}25 \quad | :(-0{,}25)$
$x = 5$
Einsetzen in g(x):
$g(5) = 0{,}75 \cdot 5 - 6{,}75 = -3$
Also S(5|−3).

(III)
$7x - 8 = 8x - 7 \quad | +8$
$7x = 8x + 1 \quad | -8x$
$-x = 1 \quad | :(-1)$
$x = -1$

Einsetzen in g(x):
$g(-1) = 73(-1) - 8 = -15$
Also $S(-1\,|\,-15)$.
(IV)
$-3x + 7 = -4x + 7 \quad | -7$
$-3x = -4x \quad | +4x$
$x = 0$
Einsetzen in g(x):
$g(0) = -3 \cdot 0 + 7 = 7$
Also $S(0\,|\,7)$.
(V)
$0{,}8x - 1{,}6 = -1{,}25x - 7{,}75 \quad | +1{,}6$
$0{,}8x = -1{,}25x - 6{,}15 \quad | +1{,}25x$
$2{,}05x = -6{,}15 \quad | :2{,}05$
$x = -3$
Einsetzen in g(x):
$g(-3) = 0{,}8 \cdot (-3) - 1{,}6 = 4$
Also $S(-3\,|\,-4)$.
(VI)
$\frac{1}{2}x - 2 = \frac{1}{4}x + 2 \quad | +2$
$\frac{1}{2}x = \frac{1}{4}x + 4 \quad | -\frac{1}{4}x$
$\frac{2}{4}x - \frac{1}{4}x = 4$
$\frac{1}{4}x = 4 \quad | \cdot 4$
$x = 16$
Einsetzen in g(x):
$g(16) = \frac{1}{2} \cdot 16 - 2 = 6$
Also $S(16\,|\,6)$.
(VII)
$\frac{1}{3}x = -\frac{1}{6}x - \frac{3}{4} \quad | +\frac{1}{6}x$
$\frac{2}{6}x + \frac{1}{6}x = -\frac{3}{4}$
$\frac{3}{6}x = -\frac{3}{4} \quad | :\frac{3}{6}$
$x = -\frac{3}{6} \cdot \frac{6}{3} = -\frac{3}{2}$
Einsetzen in g(x):
$g\left(-\frac{3}{2}\right) = \frac{1}{3} \cdot \left(-\frac{3}{2}\right) = -\frac{1}{2}$
Also $S(-1{,}5\,|\,-0{,}5)$.
(VIII)
$-\frac{3}{5}x - \frac{10}{3} = -\frac{2}{5}x + 2 \quad | +\frac{10}{3}$
$-\frac{3}{5}x = -\frac{2}{5}x + \frac{6}{3} + \frac{10}{3} \quad | +\frac{2}{5}x$
$-\frac{3}{5}x + \frac{2}{5}x = \frac{16}{3}$
$-\frac{1}{5}x = \frac{16}{3} \quad | :\left(-\frac{1}{5}\right)$
$x = \frac{16}{3} \cdot \left(-\frac{5}{1}\right) = -\frac{80}{3}$
Einsetzen in g(x):
$g\left(-\frac{80}{3}\right) = -\frac{3}{5} \cdot \left(-\frac{80}{3}\right) - \frac{10}{3} = 16 - \frac{10}{3} = \frac{48 - 10}{3} = \frac{38}{3}$
Also $S\left(-\frac{80}{3}\,\middle|\,\frac{38}{3}\right)$.

Seite 11

8

a) Firma A: $y = 0{,}39x + 69$ (x in km, y in Euro)
Firma B: $y = 0{,}34x + 79$ (x in km, y in Euro)
Gleichsetzen ergibt:
$0{,}39x + 69 = 0{,}34x + 79 \quad | -69$
$0{,}39x = 0{,}34x + 10 \quad | -0{,}34x$
$0{,}05x = 10 \quad | :0{,}05$
$x = 200$
Bei 200 km sind die Angebote gleich gut. Da der Preis pro km bei B günstiger ist, lohnt sich Angebot B gegenüber A, wenn man mehr als 200 km fährt.
b) SUPERNET: $y = 0{,}5x + 3{,}95$ (x: Anzahl der Kugelschreiber, y Preis in Euro)
KULIGUT: $y = 0{,}53x + 2{,}95$ (x: Anzahl der Kugelschreiber, y Preis in Euro)
Gleichsetzen ergibt:
$0{,}5x + 3{,}95 = 0{,}53x + 2{,}95 \quad | -3{,}95$
$0{,}5x = 0{,}53x - 1 \quad | -0{,}53x$
$-0{,}03x = -1 \quad | :0{,}03$
$x = 33{,}\overline{3}$
Wenn man mindestens 34 Kugelschreiber bestellt, ist SUPERNET günstiger.
c) Dünne Kerze: $y = 17 - 3x$ (x: Zeit in Stunden,
Dicke Kerze: $y = 13 - 2x$ y Höhe in cm)
(Die dicke Kerze wird in 3 Stunden 6 cm kürzer, das entspricht 2 cm pro Stunde.)
Gleichsetzen ergibt:
$17 - 3x = 13 - 2x \quad | -17$
$-3x = -4 - 2x \quad | +2x$
$-x = -4 \quad | \cdot(-1)$
$x = 4$
Nach 4 Stunden sind beide Kerzen gleich lang. Für die Höhe der beiden Kerzen erhält man dann jeweils 5 cm.
d) Gefäß 1: $y = 24 + 6x$ (x: Zeit in Minuten, y: Höhe in cm)
Gefäß 2: $y = 20 + 6{,}5x$ (x: Zeit in Minuten, y: Höhe in cm)
Gleichsetzen ergibt:
$24 + 6x = 20 + 6{,}5x \quad | -24$
$6x = -4 + 6{,}5x \quad | -6{,}5x$
$-0{,}5x = -4 \quad | \cdot(-0{,}5)$
$x = 8$
Nach 8 Minuten ist die Höhe gleich. Sie beträgt dann in beiden Gefäßen 72 cm, denn $24 + 6 \cdot 8 = 72$ und $20 + 6{,}5 \cdot 8 = 72$.

Vertiefende Aufgaben, Seite 12

1

a) Gerade durch A und B:
$m = \frac{2 - 0{,}5}{2 - (-1{,}5)} = \frac{1{,}5}{3{,}5} = \frac{3}{7}$ $\quad n = y - mx = 2 - \frac{3}{7} \cdot 2 = \frac{8}{7}$
Also $y = \frac{3}{7}x + \frac{8}{7}$.
Prüfe, ob $C(3{,}5\,|\,2{,}5)$ auf der Geraden durch A und B liegt.
$2{,}5 = \frac{3}{7} \cdot \frac{7}{2} + \frac{8}{7}$
$2{,}5 = \frac{3}{2} + \frac{8}{7}$
$\frac{5}{2} = \frac{21 + 16}{14}$
$\frac{35}{14} = \frac{37}{14}$
Da man durch Einsetzen der Koordinaten von C zu einer falschen Aussage kommt, liegt C nicht auf der Geraden durch A und B.
b) Gerade durch A und B:
$m = \frac{0 - 11}{11 - 0} = -1$ $\quad n = y - mx = 11 - 0 = 11$
Also $y = -x + 11$.
Prüfe, ob $C(3{,}5\,|\,2{,}5)$ auf der Geraden durch A und B liegt.
$5{,}6 = -1 \cdot 5{,}4 + 11$
$5{,}6 = 5{,}6$
Da man durch Einsetzen der Koordinaten von C zu einer allgemeingültigen Aussage kommt, liegt C auf der Geraden durch A und B.
c) Gerade durch A und B:
$m = \frac{\frac{32}{9} - 4}{\frac{1}{3} - 1} = \frac{-\frac{4}{9}}{-\frac{2}{3}} = \frac{4}{9} \cdot \frac{3}{2} = \frac{2}{3}$ $\quad n = y - mx = 4 - \frac{2}{3} \cdot 1 = \frac{10}{3}$
Also $y = \frac{2}{3}x + \frac{10}{3}$.

Prüfe, ob C auf der Geraden durch A und B liegt.

$\frac{7}{2} = \frac{2}{3} \cdot \frac{1}{4} + \frac{10}{3}$

$\frac{7}{2} = \frac{2}{12} + \frac{40}{12}$

$\frac{7}{2} = \frac{42}{12}$

$\frac{7}{2} = \frac{7}{2}$

Da man durch Einsetzen der Koordinaten von C zu einer richtigen Aussage kommt, liegt C auf der Geraden durch A und B.

2

a) $m_{AB} = \frac{-5-0}{5-0} = -1$ $\quad m_{CD} = \frac{2-(-3)}{5-7} = -2{,}5$

$m_{AB} \neq m_{CD}$ Also sind AB und CD nicht parallel.

$m_{BC} = \frac{-3-(-5)}{7-5} = 1$ $\quad m_{AD} = \frac{2-0}{5-0} = 0{,}4$

$m_{BC} \neq m_{AD}$ Also sind BC und AD nicht parallel.

Das Viereck ist weder ein Parallelogramm noch ein Trapez.

b) $m_{AB} = \frac{-2-0}{8-1} = -\frac{2}{7}$ $\quad m_{CD} = \frac{3-1}{-1-7} = -\frac{2}{8} = -\frac{1}{4}$

$m_{AB} \neq m_{CD}$ Also sind AB und CD nicht parallel.

$m_{BC} = \frac{1-(-2)}{7-8} = -3$ $\quad m_{AD} = \frac{3-0}{-1-1} = -\frac{3}{2}$

$m_{BC} \neq m_{AD}$ Also sind BC und AD nicht parallel.

Das Viereck ist weder ein Parallelogramm noch ein Trapez.

c) $m_{AB} = \frac{-3-(-4)}{3-0} = \frac{1}{3}$ $\quad m_{CD} = \frac{2-3}{-2-1} = -\frac{-1}{-3} = \frac{1}{3}$

$m_{AB} = m_{CD}$ Also sind AB und CD parallel.

$m_{BC} = \frac{3-(-3)}{1-3} = \frac{6}{-2} = -3$ $\quad m_{AD} = \frac{2-(-4)}{-2-0} = -\frac{6}{-2} = -3$

$m_{BC} = m_{AD}$ Also sind BC und AD parallel.

Das Viereck ist ein Parallelogramm, da die gegenüberliegenden Seiten jeweils parallel zueinander liegen.

d) $m_{AB} = \frac{7-4}{1-3} = -\frac{3}{2}$ $\quad m_{CD} = \frac{\frac{5}{2} - \frac{59}{8}}{\frac{7}{2} - \frac{1}{4}} = \frac{\frac{20-59}{8}}{\frac{14-1}{4}} = -\frac{39}{8} \cdot \frac{4}{13} = -\frac{3}{2}$

$m_{AB} = m_{CD}$ Also sind AB und CD parallel.

$m_{BC} = \frac{\frac{59}{8} - 7}{\frac{1}{4} - 1} = \frac{\frac{59-56}{8}}{\frac{1-4}{4}} = \frac{3}{8} \cdot \left(-\frac{4}{3}\right) = -\frac{1}{2}$ $\quad m_{AD} = \frac{\frac{5}{2} - 4}{\frac{7}{2} - 3} = \frac{\frac{5-8}{2}}{\frac{7-6}{2}} = -\frac{3}{2} \cdot 2 = -3$

$m_{BC} \neq m_{AD}$ Also sind BC und AD nicht parallel.

Das Viereck ist ein Trapez, aber kein Parallelogramm.

3

a) Linkes Bild: $m = 8\,\% = 0{,}08$ $\quad \alpha = \tan^{-1}(0{,}08) \approx 5{,}57°$

Rechtes Bild: $m = \frac{1}{4}$ $\quad \alpha = \tan^{-1}\left(\frac{1}{4}\right) \approx 14{,}04°$

b) Steilste Stelle: $\alpha = \tan^{-1}(0{,}28) \approx 15{,}64$

Flachste Stelle: $\alpha = \tan^{-1}(0{,}09) \approx 5{,}14$

4

Linkes Bild:

a)

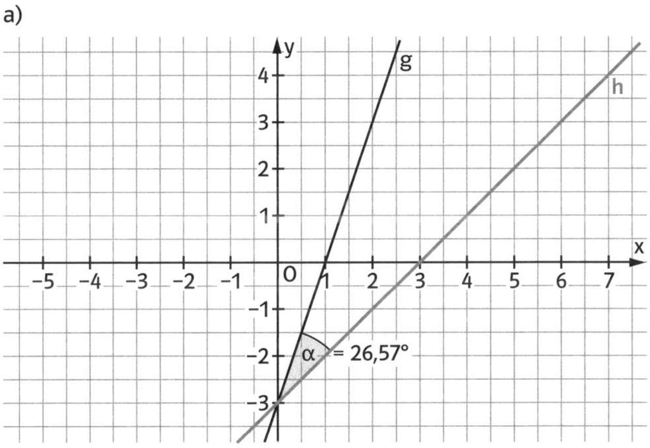

b) $\alpha_g = \tan^{-1}(3) \approx 71{,}57°$ $\quad \alpha_h = \tan^{-1}(1) = 45°$

c) Für den Schnittwinkel β gilt:

$\beta = \alpha_g - \alpha_h \approx 71{,}57° - 45° = 26{,}57°$.

Rechtes Bild:

a)

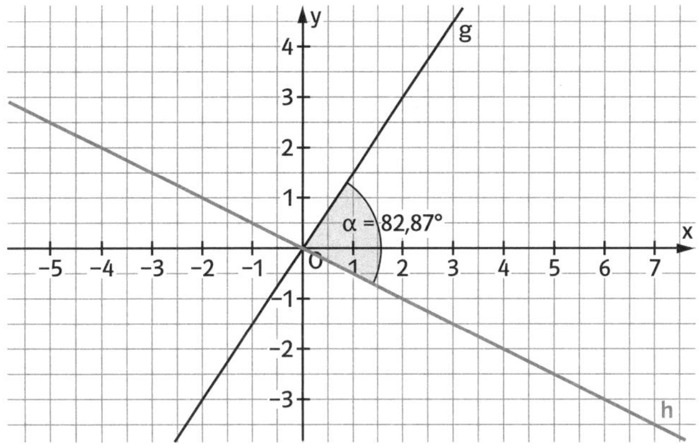

b) $\alpha_g = \tan^{-1}(1{,}5) \approx 56{,}30993°$ $\quad \alpha_h = \tan^{-1}(-0{,}5) = -26{,}56501°$

c) Für den Schnittwinkel β gilt:

$\beta = \alpha_g - \alpha_h \approx 56{,}30993° + 26{,}56501° = 82{,}87494° \approx 82{,}87°$.

Seite 13

5

a) $3x - 1 = 2x + 1 \quad | +1$

$3x = 2x + 2 \quad | -2x$

$x = 2$

$g(2) - 3 \cdot 2 - 1 - 5$ Also Schnittpunkt S(2 | 5).

Steigungswinkel von g: $\alpha_g = \tan^{-1}(3) \approx 71{,}56°$

Steigungswinkel von h: $\alpha_h = \tan^{-1}(2) \approx 63{,}43°$

Schnittwinkel: $\beta = \alpha_g - \alpha_h \approx 71{,}56° - 63{,}43° = 8{,}13°$

b) $-1{,}5x + 0{,}5 = -3x - 4{,}5 \quad | -0{,}5$

$-1{,}5x = -3x - 5 \quad | +3x$

$1{,}5x = -5 \quad | : 1{,}5$

$x = \frac{-5}{1{,}5} = -\frac{10}{3}$

$g\left(-\frac{10}{3}\right) = -1{,}5 \cdot \left(-\frac{10}{3}\right) + 0{,}5 = 5{,}5 = \frac{11}{2}$ Also Schnittpunkt $S\left(-\frac{10}{3} \middle| \frac{11}{2}\right)$.

Steigungswinkel von g: $\alpha_g = \tan^{-1}(-1{,}5) \approx -56{,}31°$

Steigungswinkel von h: $\alpha_h = \tan^{-1}(-3) \approx -71{,}57°$

Schnittwinkel: $\beta = \alpha_g - \alpha_h \approx -56{,}31° - (-71{,}57°) = 15{,}26°$

c) $\frac{1}{4}x - \frac{2}{3} = 2x - \frac{1}{8} \quad | +\frac{2}{3}$

$\frac{1}{4}x = 2x - \frac{1}{8} + \frac{2}{3} \quad | -2x$

$\frac{1}{4}x - \frac{8}{4}x = \frac{-3+16}{24}$

$-\frac{7}{4}x = \frac{13}{24} \quad | : -\frac{7}{4}$

$x = \frac{13}{24} \cdot \left(-\frac{4}{7}\right) = -\frac{13}{42}$

$g\left(-\frac{13}{42}\right) = \frac{1}{4} \cdot \left(-\frac{13}{42}\right) - \frac{2}{3} = -\frac{125}{168}$ Also Schnittpunkt $S\left(-\frac{13}{42} \middle| -\frac{125}{168}\right)$.

Steigungswinkel von g: $\alpha_g = \tan^{-1}(0{,}25) \approx 14{,}04°$

Steigungswinkel von h: $\alpha_h = \tan^{-1}(2) \approx 63{,}43°$

Schnittwinkel: $\beta = \alpha_h - \alpha_g \approx 63{,}43° - 14{,}04° = 49{,}39°$

6

a) Steigung der Geraden durch A und B: $m = \frac{-1-(-3)}{4-0} = \frac{1}{2}$

Steigung der Geraden durch B und C: $m = \frac{3-(-1)}{2-4} = -2$

Steigung der Geraden durch A und C: $m = \frac{3-(-3)}{2-0} = 3$

$a = \tan^{-1}(3) - \tan^{-1}\left(\frac{1}{2}\right) = 45°$

$b = \tan^{-1}\left(\frac{1}{2}\right) - \tan^{-1}(-2) = 90°$

$\tan^{-1}(3) - \tan^{-1}(-2) = 135°$

γ und 135° sind Nebenwinkel: Es gilt $\gamma = 180° - 135° = 45°$.

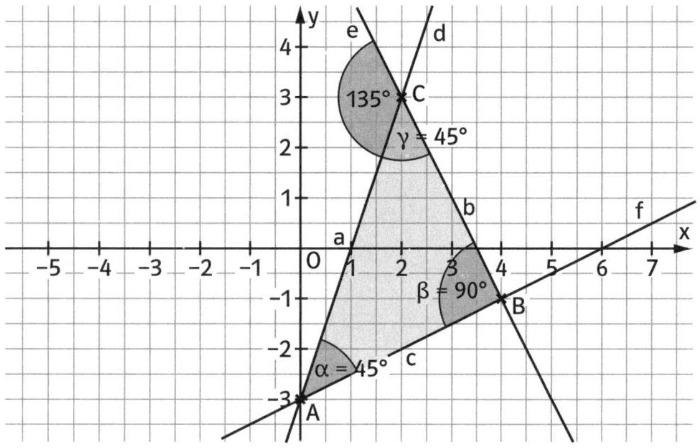

b) Steigung der Geraden durch A und B: $m = \frac{4-0}{1-2} = -4$

Steigung der Geraden durch B und C: $m = \frac{1-4}{-1-1} = \frac{3}{2}$

Steigung der Geraden durch A und C: $m = \frac{1-0}{-1-2} = -\frac{1}{3}$

$a = \tan^{-1}\left(-\frac{1}{3}\right) - \tan^{-1}(-4) \approx 57{,}53°$

$\tan^{-1}\left(\frac{3}{2}\right) - \tan^{-1}(-4) \approx 132{,}27°$

β und 132,27° sind Nebenwinkel.

Es gilt $\beta = 180° - 132{,}27° \approx 47{,}73°$.

$\gamma = \tan^{-1}\left(\frac{3}{2}\right) - \tan^{-1}\left(-\frac{1}{3}\right) = 74{,}74°$

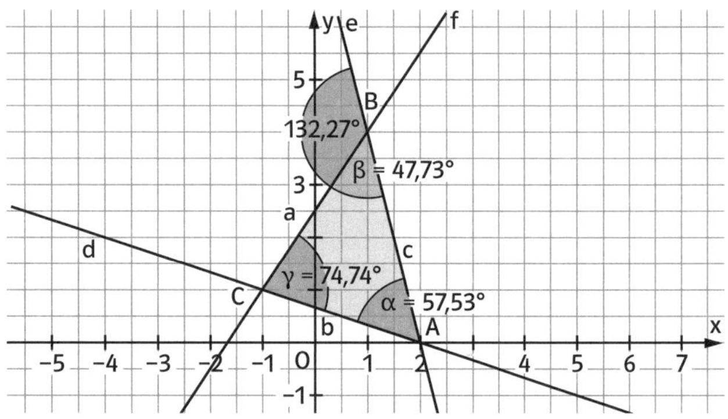

7

a) Erstes Auto (rechts): $f(t) = 110t + 180$

Zweites Auto (links): $g(t) = 140t + 170$

b) Durch Gleichsetzen der Terme findet man den Zeitpunkt, an dem die Autos an der gleichen Stelle sind:

$110t + 180 = 140t + 170 \quad | -180$

$110t = 140t - 10 \quad | -140t$

$-30t = -10 \quad | :(-30)$

$t = \frac{1}{3}$

Es gilt: $f\left(\frac{1}{3}\right) = 110 \cdot \frac{1}{3} + 180 = 216{,}\overline{6}$.

Nach etwa 20 Minuten ($\frac{1}{3}$h = 20 min) sind die Autos beide ungefähr bei Autobahnkilometer 217 und der schnellere Wagen überholt.

Seite 14

8

a) 1. Fahrer: $f(t) = 114 - 30t$

2. Fahrer: $g(t) = 107 + 25t$

b) Durch Gleichsetzen der Terme findet man den Zeitpunkt, an dem die Fahrradfahrer sich treffen:

$114 - 30t = 107 + 25t \quad | -114$

$-30t = -7 + 25t \quad | -25t$

$-55t = -7 \quad | :(-55)$

$t = \frac{7}{55} \approx 0{,}127$

Es gilt $f\left(\frac{7}{55}\right) = 114 - 30 \cdot \frac{7}{55} \approx 110{,}18$.

Die Fahrer treffen sich nach etwa 7,6 Minuten ($\frac{7}{55} \cdot 60 = 7{,}6\overline{3}$) bei Kilometer 110,2.

9

Peter: $y = 5t$ (t: Zeit in Stunden, y: Entfernung von der Schule)

Mutter: $y = -15t + 2$ (t: Zeit in Stunden, y: Entfernung von der Schule)

$5t = -15t + 2 \quad | +15t$

$20t = 2 \quad | :20$

$t = 0{,}1$

Nach 0,1 Stunden, d.h. nach 6 Minuten, treffen die beiden sich.

10

a) Aus dem Zusammenhang kann man die Koordinaten von zwei Punkten bestimmen, wobei die erste Koordinate jeweils die Zeit in Minuten und die zweite Koordinate die Höhe in cm angibt: A(2 | 25); B(5 | 33).

Mithilfe dieser Punkte kann man die Steigung und den y-Achsenabschnitt bestimmen:

$m = \frac{33-25}{5-2} = \frac{8}{3}$ Also $f(t) = \frac{8}{3}t + n$.

Mit A(2 | 25) erhält man:

$n = 25 - \frac{8}{3} \cdot 2 = \frac{75-16}{3} = \frac{59}{3}$ Also $f(t) = \frac{8}{3}t + \frac{59}{3}$.

b) Der Gleichung kann man entnehmen, dass das Wasser am Anfang ca. 19,7 cm hoch stand (denn $\frac{59}{3} = 19{,}\overline{6}$).

c) Die Tonne ist voll, wenn die Höhe 80 cm erreicht hat:

$\frac{8}{3}t + \frac{59}{3} = 80 \quad | -\frac{59}{3}$

$\frac{8}{3}t = \frac{240-59}{3} = \frac{181}{3} \quad | \cdot\frac{3}{8}$

$t = \frac{181}{3} \cdot \frac{3}{8} = 22{,}625$

Nach etwa 22,6 Minuten ist die Tonne voll.

11

a) Aus dem Zusammenhang kann man die Koordinaten von zwei Punkten bestimmen, wobei die erste Koordinate jeweils die Zeit in Stunden und die zweite Koordinate die Höhe in m angibt: A(2 | 0,42); B(3 | 0,58).

Mithilfe dieser Punkte kann man die Steigung und den y-Achsenabschnitt bestimmen:

$m = \frac{0{,}58-0{,}42}{3-2} = 0{,}16$ Also $f(t) = 0{,}16t + n$.

Mit A(2 | 0,42) erhält man:

$n = 0{,}42 - 0{,}16 \cdot 2 = 0{,}1$ Also $f(t) = 0{,}16t + 0{,}1$.

b) Die Höhe soll 1,8 m betragen:

$0{,}16t + 0{,}1 = 1{,}8 \quad | -0{,}1$

$0{,}16t = 1{,}7 \quad | :0{,}16$

$t = \frac{1{,}7}{0{,}16} = 10{,}625$

Nach etwa 10,6 Stunden steht das Wasser bis 20 cm unter dem oberen Beckenrand.

Seite 15

12

Mögliche Lösungen:

a) $h_1(x) = -\frac{1}{2}x + 20$ $h_2(x) = -\frac{1}{2}x - 3$

b) $h_1(x) = \frac{1}{4}x + 20$ $h_2(x) = \frac{1}{4}x - 3$

c) $h_1(x) = -\frac{7}{3}x + 20$ $h_2(x) = -\frac{7}{3}x - 3$

d) $h_1(x) = 3x + 20$ $h_2(x) = 3x - 3$

13

a) $y = 2x + n$

Mit P(1 | −6) erhält man:

$-6 = 2 + n \quad | -2$

$-8 = n$

Also $y = 2x - 8$.

b) $m = -\frac{1}{m_h} = -\frac{1}{1} = -1$ Also $y = -x + n$.

Mit A(4 | 0) erhält man:

$0 = -4 + n$

$4 = n$

Also $y = -x + 4$.

c) $m = -\frac{1}{m_h} = -\frac{1}{-0{,}5} = 2$ Also $y = 2x + n$.

Weil die Gerade durch den Ursprung verläuft, gilt n = 0 und somit y = 2x.

14

a) $m_{AB} = \frac{5-1}{5-1} = 1$ $m_{BC} = \frac{7-5}{3-5} = -1$ $m_{AC} = \frac{7-1}{3-1} = 3$

Wegen $m_{AB} \cdot m_{BC} = -1$ hat das Dreieck bei B einen rechten Winkel.

b) $m_{AB} = \frac{5-1}{5-2} = \frac{4}{3}$ $m_{BC} = \frac{2-5}{-4-5} = \frac{-3}{-9} = \frac{1}{3}$ $m_{AC} = \frac{2-1}{-4-2} = \frac{1}{-6} = -\frac{1}{6}$

Das Dreieck ist nicht rechtwinklig.

c) $m_{AB} = \frac{6-2}{-5-1} = \frac{4}{-6} = -\frac{2}{3}$ $m_{BC} = \frac{3-6}{-3-(-5)} = \frac{-3}{2} = -\frac{3}{2}$

$m_{AC} = \frac{3-2}{-3-1} = -\frac{1}{4}$

Das Dreieck ist nicht rechtwinklig.

15

a)

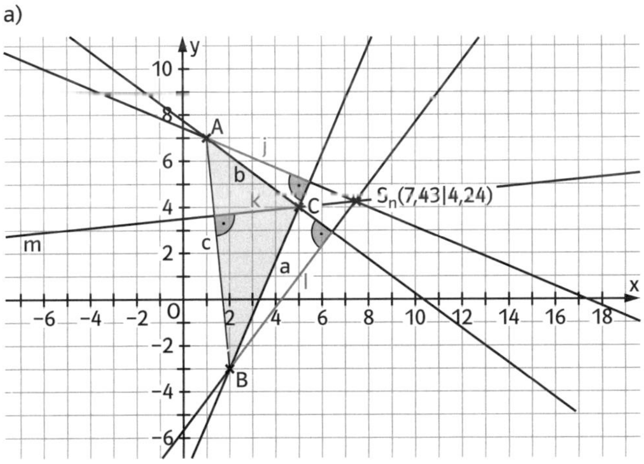

b) $m_{AB} = \frac{-3-7}{2-1} = -10$ Also $m_{h_c} = \frac{1}{10}$.

Mit C(5 | 4) erhält man:

$n = 4 - 5 \cdot \frac{1}{10} = 3{,}5$ Also h_c: $y = \frac{1}{10}x + 3{,}5$.

$m_{AC} = \frac{4-7}{5-1} = -\frac{3}{4}$ Also $m_{h_b} = \frac{4}{3}$.

Mit B(2 | −3) erhält man:

$n = -3 - 2 \cdot \frac{4}{3} = -\frac{17}{3}$ Also h_b: $y = \frac{4}{3}x - \frac{17}{3}$.

$m_{BC} = \frac{4-(-3)}{5-2} = \frac{7}{3}$ Also $m_{h_a} = -\frac{3}{7}$.

Mit A(1 | 7) erhält man:

$n = 7 - 1 \cdot \left(-\frac{3}{7}\right) = \frac{52}{7}$ Also h_a: $y = -\frac{3}{7}x + \frac{52}{7}$.

c) Es reicht, den Schnittpunkt zwischen zwei Höhen zu berechnen, z. B. zwischen h_c und h_b.

$\frac{1}{10}x + 3{,}5 = \frac{4}{3}x - \frac{17}{3}$ $\quad | -3{,}5$

$\frac{1}{10}x = \frac{4}{3}x - \frac{17}{3} - 3{,}5$ $\quad | -\frac{4}{3}x$

$\frac{1}{10}x - \frac{4}{3}x = \frac{-34-21}{6}$

$\frac{3-40}{30}x = \frac{-55}{6}$ $\quad | :\left(-\frac{37}{30}\right)$

$x = -\frac{55}{6} \cdot \left(-\frac{30}{37}\right) = \frac{275}{37} \approx 7{,}43$

Berechnung des y-Wertes mit h_c:

$y = \frac{1}{10} \cdot \frac{275}{37} + 3{,}5 = \frac{157}{37} \approx 4{,}24$

Somit erhält man $S_h(7{,}43 | 4{,}24)$.

d) $m_{AB} = -10$

Steigungswinkel der Seite c: $\alpha_c = \tan^{-1}(-10) \approx -84{,}289°$

$m_{AC} = -\frac{3}{4}$

Steigungswinkel der Seite b: $\alpha_b = \tan^{-1}\left(-\frac{3}{4}\right) \approx -36{,}87°$

$m_{BC} = \frac{7}{3}$

Steigungswinkel der Seite a: $\alpha_b = \tan^{-1}\left(\frac{7}{3}\right) \approx 66{,}801°$

Steigungswinkel der Winkelhalbierenden von α:

$\frac{-84{,}289° - 36{,}87°}{2} \approx -60{,}58°$

Dies ist die Winkelhalbierende der Geraden, die durch das Dreieck verläuft.

Also $m_{w_\alpha} = \tan(-60{,}58°) \approx -1{,}77$. w_α: $y = -1{,}77x + n$

Mit A(1 | 7) ergibt sich $n = 7 + 1{,}77 = 8{,}77$. w_α: $y = -1{,}77x + 8{,}77$

Steigungswinkel der Winkelhalbierenden von β:

$\frac{-84{,}289° + 66{,}801°}{2} \approx -8{,}744°$

Für die Winkelhalbierende, die im Dreieck liegt, beträgt der Steigungswinkel $90° + (-8{,}744°) = 81{,}256°$.

Also $m_{w_\beta} = \tan(81{,}256°) \approx 6{,}5$. w_β: $y = 6{,}5x + n$

Mit B(2 | −3) ergibt sich $n = -3 - 2 \cdot 6{,}5 = -16$. w_β: $y = 6{,}5x + -16$

Schnittpunkt der Winkelhalbierenden:

$6{,}5x - 16 = -1{,}77x + 8{,}77$ $\quad | +16$

$6{,}5x = -1{,}77x + 24{,}77$ $\quad | +1{,}77x$

$8{,}27x = 24{,}77$ $\quad | :8{,}27$

$x \approx 2{,}99$

$y = 6{,}5 \cdot 2{,}995 - 16 = 3{,}47$

Der Mittelpunkt des Inkreises lautet MI(2,99 | 3,47).

II Quadratische Funktionen und Gleichungen

Standardaufgaben, Seite 24

1 Graphen mithilfe einer Wertetabelle skizzieren

a) $f(x) = 1{,}25x^2 - 2$
Eine mögliche Wertetabelle:

x	−3	−2	−1	0	0,5	1	2
f(x)	9,25	3	−0,75	−2	−1,6875	−0,75	3

b) $f(x) = x^2 + 4x + 1$
Eine mögliche Wertetabelle:

x	−4,5	−4	−3	−2	−1	−1,5	1
f(x)	3,25	1	−2	−3	−2	−2,75	6

c) $f(x) = -0{,}5x^2 + 2x - 2$
Eine mögliche Wertetabelle:

x	−4	−1	0	1	2	3	5
f(x)	−18	−4,5	−2	−0,5	0	−0,5	−4,5

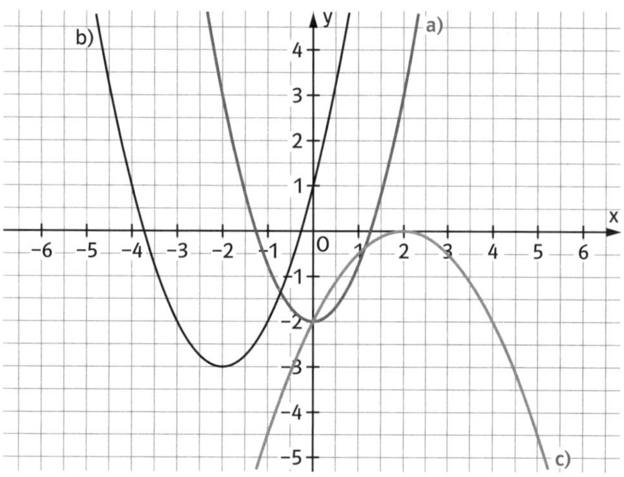

2 Graphen skizzieren ohne Wertetabelle

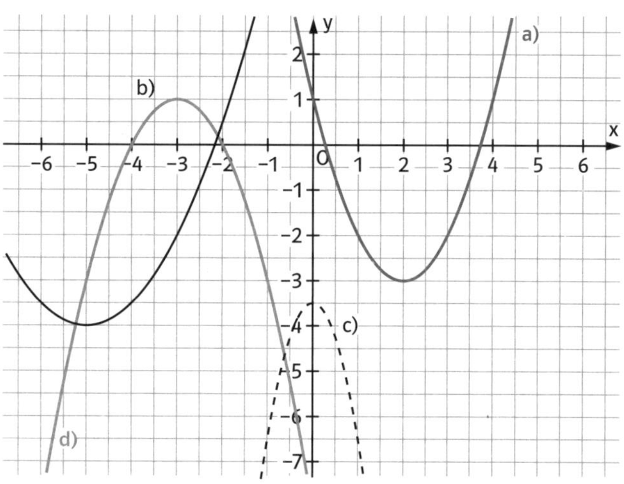

3 Funktionsgleichungen zu Graphen bestimmen

a) $f(x) = (x - 3)^2 - 1$
b) $f(x) = (x + 1{,}5)^2 - 3{,}5$
c) $f(x) = -0{,}5(x - 1)^2 + 3$
d) $f(x) = -4(x + 2)^2 + 5$

Seite 25

4 Funktionsgleichung in SP-Form bestimmen

a) Gegeben sind ein Punkt und der Scheitelpunkt der Parabel. Als allgemeiner Ansatz wird die Scheitelpunktform gewählt.
Allgemeiner Ansatz:
$f(x) = a(x - d)^2 + e$
$S(-1\,|\,-5)$ in f(x) einsetzen:
$f(x) = a(x + 1)^2 - 5$
Um den Streckfaktor a zu bestimmen, wird der Punkt $A(3\,|\,11)$ in die Gleichung eingesetzt:
$11 = a(3 + 1)^2 - 5$ | Vereinfachen
$11 = 16a - 5$ | + 5
$16 = 16a$ | :16
$a = 1$
Die gesuchte Funktionsgleichung der Funktion f ist also
$f(x) = (x + 1)^2 - 5.$

b) $S(10\,|\,-1)$ wird in den allgemeinen Ansatz $f(x) = a(x - d)^2 + e$ eingesetzt:
$f(x) = a(x - 10)^2 - 1$
Um a zu bestimmen, wird der Punkt $A(9\,|\,2)$ in die Gleichung eingesetzt:
$2 = a(9 - 10)^2 - 1$ liefert $a = 3$.
Die gesuchte Funktionsgleichung der Funktion f ist also
$f(x) = 3(x - 10)^2 - 1.$

c) $S(-2{,}5\,|\,12)$ wird in den allgemeinen Ansatz
$f(x) = a(x - d)^2 + e$ eingesetzt:
$f(x) = a(x + 2{,}5)^2 + 12$
Um a zu bestimmen, wird der Punkt $A(-3\,|\,9{,}5)$ in die Gleichung eingesetzt:
$9{,}5 = a(-3 + 2{,}5)^2 + 12$ liefert $a = -10$.
Die gesuchte Funktionsgleichung der Funktion f ist also
$f(x) = -10(x + 2{,}5)^2 + 12.$

d) $S\left(\frac{5}{8}\,\middle|\,-\frac{9}{2}\right)$ wird in den allgemeinen Ansatz $f(x) = a(x - d)^2 + e$ eingesetzt:
$f(x) = a\left(x - \frac{5}{8}\right)^2 - \frac{9}{2}$
Um a zu bestimmen, wird der Punkt $A\left(-\frac{7}{2}\,\middle|\,\frac{10}{3}\right)$ in die Gleichung eingesetzt:
$\frac{10}{3} = a\left(-\frac{7}{2} - \frac{5}{8}\right)^2 - \frac{9}{2}$ liefert $a = \frac{1504}{3267}$.
Die gesuchte Funktionsgleichung der Funktion f ist also
$f(x) = \frac{1504}{3267}\left(x - \frac{5}{8}\right)^2 - \frac{9}{2}.$

e) $S\left(-\frac{8}{3}\,\middle|\,6\right)$ wird in den allgemeinen Ansatz
$f(x) = a(x - d)^2 + e$ eingesetzt:
$f(x) = a\left(x + \frac{8}{3}\right)^2 + 6$
Um a zu bestimmen, wird der Punkt $A\left(2\,\middle|\,-\frac{5}{4}\right)$ in die Gleichung eingesetzt:
$-\frac{5}{4} = a\left(2 + \frac{8}{3}\right)^2 + 6$ liefert $a = -\frac{261}{784}$.
Die gesuchte Funktionsgleichung der Funktion f ist also
$f(x) = -\frac{261}{784}\left(x + \frac{8}{3}\right)^2 + 6.$

f) $S\left(5{,}2\,\middle|\,\frac{16}{5}\right)$ wird in den allgemeinen Ansatz $f(x) = a(x - d)^2 + e$ eingesetzt:
$f(x) = a(x - 5{,}2)^2 + \frac{16}{5}$
Um a zu bestimmen, wird der Punkt $A\left(\frac{13}{4}\,\middle|\,0{,}6\right)$ in die Gleichung eingesetzt:
$0{,}6 = a\left(\frac{13}{4} - 5{,}2\right)^2 + \frac{16}{5}$ liefert $a = -\frac{80}{117}$.
Die gesuchte Funktionsgleichung der Funktion f ist also
$f(x) = -\frac{80}{117}(x - 5{,}2)^2 + \frac{16}{5}.$

5 Funktionsgleichung in Normalform bestimmen

a) Aus den Koordinaten von A(0 | 4) kann man den y-Achsenabschnitt c = 4 entnehmen. Da man zwei weitere Punkte kennt, lässt sich hieraus die Normalform bestimmen.

Allgemeiner Ansatz: $f(x) = ax^2 + bx + c$.

y-Achsenabschnitt c = 4 einsetzen: $f(x) = ax^2 + bx + 4$.

B(−1 | 2) einsetzen: $2 = a \cdot (-1)^2 + b \cdot (-1) + 4$ | Vereinfachen
$2 = a - b + 4$ | $-4 + b$
$a = -2 + b$ (I)

C(1 | 2) einsetzen: $2 = a \cdot (1)^2 + b \cdot (1) + 4$ | Vereinfachen
$2 = a + b + 4$ | -4
$-2 = a + b$ (II)

Nach obigen Umformungen bietet sich das **Einsetzungsverfahren** an, a = b − 2 wird in Gleichung II eingesetzt:
$-2 = b - 2 + b = 2b - 2$ | $+2$
$0 = 2b$ | $:2$
$b = 0$

Es wird b = 0 in Gleichung I eingesetzt, um a zu erhalten:
$a = -2$.

a und b werden in die allgemeine Gleichung eingesetzt:
Die gesuchte Funktionsgleichung der Funktion f ist also
$f(x) = -2x^2 + 4$.

b) y-Achsenabschnitt c = −16 einsetzen: $f(x) = ax^2 + bx - 16$.
A(1 | −9) einsetzen ergibt: $-9 = a \cdot (1)^2 + b \cdot (1) - 16$ | $+16$
$7 = a + b$ (I)
C(−3 | −49) einsetzen: $-49 = a \cdot (-3)^2 + b \cdot (-3) - 16$ | $+16$
$-33 = 9a - 3b$ | $:3$
$-11 = 3a - b$ (II)
Das **Additionsverfahren** I + II liefert a = −1 und b = 8.
Die gesuchte Funktionsgleichung der Funktion f ist also
$f(x) = -x^2 + 8x - 16$.

c) y-Achsenabschnitt c = −4 einsetzen: $f(x) = ax^2 + bx - 4$.
A(−2 | 1) einsetzen ergibt: $1 = a \cdot (-2)^2 + b \cdot (-2) - 4$ | $+4$
$5 = 4a - 2b$ (I)
B(−4 | −2) einsetzen: $-2 = a \cdot (-4)^2 + b \cdot (-4) - 4$ | $+4$
$2 = 16a - 4b$ | $:(-2)$
$-1 = -8a + 2b$ (II)
Das **Additionsverfahren** I + II liefert a = −1 und $b = -\frac{9}{2}$.
Die gesuchte Funktionsgleichung der Funktion f ist also
$f(x) = -x^2 - \frac{9}{2}x - 4$.

d) y-Achsenabschnitt c = 18 einsetzen: $f(x) = ax^2 + bx + 18$.
A(1 | 32) einsetzen ergibt: $32 = a \cdot (1)^2 + b \cdot (1) + 18$ | -18
$14 = a + b$ | $-b$
$a = 14 - b$ (I)
C(−3,5 | 0,5) einsetzen: $0{,}5 = a \cdot (-3{,}5)^2 + b \cdot (-3{,}5) + 18$ | -18
$-17{,}5 = 12{,}25a - 3{,}5b$ (II)
Das **Einsetzungsverfahren** I in II liefert a = 2 und b = 12.
Die gesuchte Funktionsgleichung der Funktion f ist also
$f(x) = 2x^2 + 12x + 18$.

e) y-Achsenabschnitt c = −2,5 einsetzen: $f(x) = ax^2 + bx - 2{,}5$.
B(−3 | 10,7) einsetzen ergibt:
$10{,}7 = a \cdot (-3)^2 + b \cdot (-3) - 2{,}5$ | $+2{,}5$
$13{,}2 = 9a - 3b$ | $:3$
$4{,}4 = 3a - b$ (I)
C(1,5 | −0,1) einsetzen:
$-0{,}1 = a \cdot (1{,}5)^2 + b \cdot (1{,}5) - 2{,}5$ | $+2{,}5$
$2{,}4 = 2{,}25a + 1{,}5b$ | $:1{,}5$
$1{,}6 = 1{,}5a + b$ (II)
Das **Additionsverfahren** I + II liefert $a = \frac{4}{3}$ und $b = -\frac{2}{5}$.
Die gesuchte Funktionsgleichung der Funktion f ist also
$f(x) = \frac{4}{3}x^2 - \frac{2}{5}x - \frac{5}{2}$.

f) y-Achsenabschnitt $c = -\frac{1}{2}$ einsetzen: $f(x) = ax^2 + bx - \frac{1}{2}$.
$A\left(-\frac{1}{2} \middle| -\frac{3}{2}\right)$ einsetzen ergibt: $-\frac{3}{2} = a \cdot \left(-\frac{1}{2}\right)^2 + b \cdot \left(-\frac{1}{2}\right) - \frac{1}{2}$ | $+\frac{1}{2}$
$-1 = \frac{1}{4}a - \frac{1}{2}b$ | $\cdot 2$
$-2 = \frac{1}{2}a - b$ (I)
$C\left(1 \middle| -\frac{9}{4}\right)$ einsetzen: $-\frac{9}{4} = a \cdot (1)^2 + b \cdot (1) - \frac{1}{2}$ | $+\frac{1}{2}$
$-\frac{7}{4} = a + b$ (II)
Das **Additionsverfahren** I + II liefert $a = -\frac{5}{2}$ und $b = \frac{3}{4}$.

Die gesuchte Funktionsgleichung der Funktion f ist also
$f(x) = -\frac{5}{2}x^2 + \frac{3}{4}x - \frac{1}{2}$.

6 Binomische Formel/Ausmultiplizieren von Summen

a) $(a + 7)^2 = a^2 + 14a + 49$
b) $(12 + 3x)^2 = 144 + 72x + 9x^2$
c) $(7 - 5b)^2 = 49 - 70b + 25b^2$
d) $\left(3{,}4x - \frac{1}{2}y\right)^2 = 11{,}56x^2 - 3{,}4xy + \frac{1}{4}y^2$
e) $(8 + 2c)(8 - 2c) = 64 - 4c^2$
f) $\left(\frac{5}{3}x + 6z\right)\left(\frac{5}{3}x - 6z\right) = \frac{25}{9}x^2 - 36z^2$
g) $(-6 + 1{,}5z)(9z - 12) = -54z + 72 + 13{,}5z^2 - 18z$
$= 13{,}5z^2 - 72z + 72$
h) $\left(\frac{1}{4}u + 2v\right)\left(\frac{3}{5}u - 3{,}2v\right) = \frac{3}{20}u^2 - \frac{4}{5}uv + \frac{6}{5}uv - \frac{32}{5}v^2$
$= \frac{3}{20}u^2 + \frac{2}{5}uv - \frac{32}{5}v^2$

7 Funktionsgleichung in Normalform umformen

a) $f(x) = (x + 7)^2$
$= x^2 + 14x + 49$
b) $f(x) = (1{,}5 - 7x)^2$
$= 2{,}25 - 21x + 49x^2$
$= 49x^2 - 21x + 2{,}25$
c) $f(x) = -(x - 2{,}5)^2 - 5{,}5$
$= -(x^2 - 5x + 6{,}25) - 5{,}5$
$= -x^2 + 5x - 6{,}25 - 5{,}5$
$= -x^2 + 5x - 11{,}75$
d) $f(x) = \frac{2}{3}\left(x + \frac{3}{4}\right)^2 - 6$
$= \frac{2}{3}\left(x^2 + \frac{3}{2}x + \frac{9}{16}\right) - 6$
$= \frac{2}{3}x^2 + x + \frac{3}{8} - 6$
$= \frac{2}{3}x^2 + x - \frac{45}{8}$
e) $f(x) = -4\left(\frac{14}{5}x - 6{,}75\right)^2 - 7x + \frac{9}{5}$
$= -4\left(\frac{196}{25}x^2 - \frac{189}{5}x + \frac{729}{16}\right) - 7x + \frac{9}{5}$
$= -\frac{784}{25}x^2 + \frac{756}{5}x - \frac{729}{4} - 7x + \frac{9}{5}$
$= -\frac{784}{25}x^2 + \frac{721}{5}x - \frac{3609}{20}$
$= -31{,}36x^2 + 144{,}2x - 180{,}45$
f) $f(x) = (1{,}5 + 7x)\left(\frac{5}{2} - x\right) - (x + 7{,}5)^2$
$= 3{,}75 - 1{,}5x + 17{,}5x - 7x^2 - (x^2 + 15x + 56{,}25)$
$= 3{,}75 - 1{,}5x + 17{,}5x - 7x^2 - x^2 - 15x - 56{,}25$
$= -8x^2 + x - 52{,}5$

Seite 26

8 Funktionsgleichungen von Normalform in Scheitelpunktform

a) $f(x) = x^2 + 2x + 6$
$= x^2 + 2x + 1^2 - 1^2 + 6$
$= (x + 1)^2 - 1^2 + 6$
$= (x + 1)^2 + 5$
b) $f(x) = x^2 - 10x + 21$
$= x^2 - 10x + 5^2 - 5^2 + 21$
$= (x - 5)^2 - 5^2 + 21$
$= (x - 5)^2 - 4$
c) $f(x) = -x^2 + 8x - 16$
$= -(x^2 - 8x) - 16$
$= -(x^2 - 8x + 4^2 - 4^2) - 16$
$= -((x - 4)^2 - 16) - 16$
$= -(x - 4)^2 + 16 - 16$
$= -(x - 4)^2$

d) $f(x) = 3x^2 + 12x - 30$
$= 3(x^2 + 4x) - 30$
$= 3(x^2 + 4x + 2^2 - 2^2) - 30$
$= 3((x + 2)^2 - 4) - 30$
$= 3(x + 2)^2 - 12 - 30$
$= 3(x + 2)^2 - 42$

e) $f(x) = -8x^2 + 2x - 12$
$= -8(x^2 - 0{,}25x) - 12$
$= -8(x^2 - 0{,}25x + 0{,}125^2 - 0{,}125^2) - 12$
$= -8\left((x - 0{,}125)^2 - \frac{1}{64}\right) - 12$
$= -8(x - 0{,}125)^2 + \frac{1}{8} - 12$
$= -8(x - 0{,}125)^2 - 11{,}875$

f) $f(x) = 10x^2 + 40x$
$= 10(x^2 + 4x)$
$= 10(x^2 + 4x + 2^2 - 2^2)$
$= 10((x + 2)^2 - 4)$
$= 10(x + 2)^2 - 40$

g) $f(x) = 9x^2 - 12x - 5$
$= 9(x^2 - \frac{4}{3}x) - 5$
$= 9\left(x^2 - \frac{4}{3}x + \left(\frac{2}{3}\right)^2 - \left(\frac{2}{3}\right)^2\right) - 5$
$= 9\left(\left(x - \frac{2}{3}\right)^2 - \frac{4}{9}\right) - 5$
$= 9\left(x - \frac{2}{3}\right)^2 - 4 - 5$
$= 9\left(x - \frac{2}{3}\right)^2 - 9$

h) $f(x) = 4 - 10x + 5x^2$
$= 5x^2 - 10x + 4$
$= 5(x^2 - 2x) + 4$
$= 5(x^2 - 2x + 1^2 - 1^2) + 4$
$= 5((x - 1)^2 - 1) + 4$
$= 5(x - 1)^2 - 5 + 4$
$= 5(x - 1)^2 - 1$

i) $f(x) = 0{,}2x^2 + 1{,}2x - 1{,}6$
$= 0{,}2(x^2 + 6x) - 1{,}6$
$= 0{,}2(x^2 + 6x + 3^2 - 3^2) - 1{,}6$
$= 0{,}2((x + 3)^2 - 9) - 1{,}6$
$= 0{,}2(x + 3)^2 - 1{,}8 - 1{,}6$
$= 0{,}2(x + 3)^2 - 3{,}4$

j) $f(x) = -0{,}5x^2 - 8{,}5 - 4x$
$= -0{,}5x^2 - 4x - 8{,}5$
$= -0{,}5(x^2 + 8x) - 8{,}5$
$= -0{,}5(x^2 + 8x + 4^2 - 4^2) - 8{,}5$
$= -0{,}5((x + 4)^2 - 16) - 8{,}5$
$= -0{,}5(x + 4)^2 + 8 - 8{,}5$
$= -0{,}5(x + 4)^2 - 0{,}5$

k) $f(x) = 1{,}5x + 6 + 4x^2$
$= 4x^2 + 1{,}5x + 6$
$= 4\left(x^2 + \frac{3}{8}x\right) + 6$
$= 4\left(x^2 + \frac{3}{8}x + \left(\frac{3}{16}\right)^2 - \left(\frac{3}{16}\right)^2\right) + 6$
$= 4\left(\left(x + \frac{3}{16}\right)^2 - \frac{9}{256}\right) + 6$
$= 4\left(x + \frac{3}{16}\right)^2 - \frac{9}{64} + 6$
$= 4\left(x + \frac{3}{16}\right)^2 + \frac{375}{64}$

l) $f(x) = 3x - \frac{1}{2}x^2 - \frac{9}{2}$
$= -\frac{1}{2}x^2 + 3x - \frac{9}{2}$
$= -\frac{1}{2}(x^2 - 6x) - \frac{9}{2}$
$= -\frac{1}{2}(x^2 - 6x + 3^2 - 3^2) - \frac{9}{2}$
$= -\frac{1}{2}((x - 3)^2 - 9) - \frac{9}{2}$
$= -\frac{1}{2}(x - 3)^2 + \frac{9}{2} - \frac{9}{2}$
$= -\frac{1}{2}(x - 3)^2$

m) $f(x) = -\frac{1}{4}x^2 + \frac{5}{2}x - 3$
$= -\frac{1}{4}(x^2 - 10x) - 3$
$= -\frac{1}{4}(x^2 - 10x + 5^2 - 5^2) - 3$
$= -\frac{1}{4}((x - 5)^2 - 25) - 3$
$= -\frac{1}{4}(x - 5)^2 + \frac{25}{4} - 3$
$= -\frac{1}{4}(x - 5)^2 + \frac{25}{4} - \frac{12}{4}$
$= -\frac{1}{4}(x - 5)^2 + \frac{13}{4}$

Der Scheitelpunkt der Parabel liegt bei $S\left(5 \middle| \frac{13}{4}\right)$ und die Parabel ist nach oben geöffnet und gestaucht.

9 Lösen einfacher quadratischer Gleichungen

a) $x^2 - 169 = 0$
$x^2 = 169$ | Wurzelziehen
$x_1 = 13;\ x_2 = -13$

b) $5 - 3x^2 = -22$ | − 5
$-3x^2 = -27$ | :(−3)
$x^2 = 9$ | Wurzelziehen
$x_1 = 3;\ x_2 = -3$

c) $16 + 7x^2 = 9x^2$ | $-7x^2$
$16 = 2x^2$ | :(2)
$8 = x^2$ | Wurzelziehen
$x_1 = \sqrt{8};\ x_2 = -\sqrt{8}$

d) $3x^2 - 18x = 0$ | Ausklammern
$3x(x - 6) = 0$
$x_1 = 0$ oder $x - 6 = 0$ | + 6
$x_2 = 6$

e) $\frac{3}{4}x^2 - \frac{6}{27} = \frac{1}{9}$ | $+ \frac{6}{27}$
$\frac{3}{4}x^2 = \frac{1}{3}$ | $:\left(\frac{3}{4}\right)$
$x^2 = \frac{4}{9}$ | Wurzelziehen
$x_1 = \frac{2}{3};\ x_2 = -\frac{2}{3}$

f) $-1{,}2x^2 + 6x = 0$ | Ausklammern
$-1{,}2x(x - 5) = 0$
$x_1 = 0$ oder $x - 5 = 0$ | + 5
$x_2 = 5$

g) $\frac{1}{5}x^2 - 0{,}6x = 0$ | Ausklammern
$\frac{1}{5}x(x - 3) = 0$
$x_1 = 0$ oder $x - 3 = 0$ | + 3
$x_2 = 3$

h) $\frac{1}{4}x^2 - 39 = 3$ | + 39
$\frac{1}{4}x^2 = 42$ | $:\left(\frac{1}{4}\right)$
$x^2 = 168$ | Wurzelziehen
$x_1 = \sqrt{168};\ x_2 = -\sqrt{168}$

i) $(2x - 11)(2x + 11) = 23$
$4x^2 - 121 = 23$ | + 121
$4x^2 = 144$ | :4
$x^2 = 36$ | Wurzelziehen
$x_1 = 6;\ x_2 = -6$

j) $(x + 5)^2 = 10x + 146$
$x^2 + 10x + 25 = 10x + 146$ | − 10x − 25
$x^2 = 121$ | Wurzelziehen
$x_1 = 11;\ x_2 = -11$

k) $\left(\frac{3}{7}x - 0{,}3\right)\left(\frac{3}{7}x + 0{,}3\right) = 9$
$\frac{9}{49}x^2 - 0{,}09 = 9$ | + 0,09
$\frac{9}{49}x^2 = 9{,}09$ | $: \frac{9}{49}$
$x^2 = 49{,}49$ | Wurzelziehen
$x_1 = \sqrt{49{,}49} = 7{,}03;\ x_2 = -\sqrt{49{,}49} = -7{,}03$

l) $(x + 5)^2 - 25 = 15x$ | Umformung
$x^2 + 10x + 25 - 25 = 15x$ | $-15x$
$x^2 - 5x = 0$ | Ausklammern
$x(x - 5) = 0$
$x_1 = 0$ oder $x - 5 = 0$ | $+5$
$x_2 = 5$

m) $5(x^2 + 2x) = 7x^2 + 4x$ | Umformung
$5x^2 + 10x = 7x^2 + 4x$ | $-7x^2 - 4x$
$-2x^2 + 6x = 0$ | Ausklammern
$-2x(x + 6) = 0$
$x_1 = 0$ oder $x + 6 = 0$ | -6
$x_2 = -6$

n) $-91 + 4x^2 = -3x^2$ | $-4x^2$
$-91 = -7x^2$ | $:(-7)$
$13 = x^2$ | Wurzelziehen
$x_1 = \sqrt{13}$; $x_2 = -\sqrt{13}$

o) $(x + 1)(x + 7) = (5x - 4)^2 - (x + 3)^2 + x$ | Umformung
$x^2 + 7x + x + 7 = 25x^2 - 40x + 16 - (x^2 + 6x + 9) + x$
$x^2 + 8x + 7 = 25x^2 - 40x + 16 - x^2 - 6x - 9 + x$ | Umformung
$x^2 + 8x + 7 = 24x^2 - 45x + 7$ | $-x^2 - 8x - 7$
$0 = 23x^2 - 53x$ | Ausklammern
$0 = 23xx - \frac{53}{23}$
$x_1 = 0$ oder $x - \frac{53}{23} = 0$ | $+\frac{53}{23}$
$x_2 = \frac{53}{23}$

p) $(4 - 5u)^2 + 45u = 80 + 5u$ | Umformung
$16 - 40u + 25u^2 + 45u = 80 + 5u$ | $-80 - 5u$
$25u^2 - 64 = 0$ | $+64$
$25u^2 = 64$ | $:25$
$u^2 = \frac{64}{25}$ | Wurzelziehen
$x_1 = \frac{8}{5} = 1{,}6$; $x_2 = -\frac{8}{5} = -1{,}6$

q) $(1{,}5x + 4)(4x + 1{,}5) = (x - 2)^2 + 2 - 11x$ | Umformung
$6x^2 + 2{,}25x + 16x + 6 = x^2 - 4x + 4 + 2 - 11x$ | Umformung
$6x^2 + 18{,}25x + 6 = x^2 - 15x + 6$ | $-x^2 + 15x - 6$
$5x^2 + 33{,}25x = 0$ | Ausklammern
$5x(x + 6{,}65) = 0$
$x_1 = 0$ oder $x + 6{,}65 = 0$ | $-6{,}65$
$x_2 = -6{,}65$

Seite 27

10 Lösen allgemein quadratischer Gleichungen

a) $x^2 + 6x - 4 = 0$; $p = 6$ und $q = -4$
$x_{1,2} = -3 \pm \sqrt{(-3)^2 + 4}$
$x_{1,2} = -3 \pm \sqrt{13}$
$x_1 \approx -6{,}06$; $x_2 \approx 0{,}606$

b) $x^2 - 7x - 12 = 0$; $p = -7$ und $q = -12$
$x_{1,2} = \frac{7}{2} \pm \sqrt{\left(\frac{7}{2}\right)^2 + 12}$
$x_{1,2} = \frac{7}{2} \pm \sqrt{\frac{97}{4}}$
$x_1 \approx -1{,}424$; $x_2 \approx 8{,}424$

c) $x^2 + 8x + 17 = 1$ | -1
$x^2 + 8x + 16 = 0$; $p = 8$ und $q = 16$
$x_{1,2} = -4 \pm \sqrt{(-4)^2 - 16}$
$x_{1,2} = -4 \pm 0 = -4$

d) $x^2 - 8x + 20 = 4$ | -4
$x^2 - 8x + 16 = 0$; $p = -8$ und $q = 16$
$x_{1,2} = 4 \pm \sqrt{(4)^2 - 16}$
$x_{1,2} = 4 \pm 0 = 4$

e) $x^2 - 5x + 10 = 4$ | -4
$x^2 - 5x + 6 = 0$; $p = -5$ und $q = 6$
$x_{1,2} = 2{,}5 \pm \sqrt{(2{,}5)^2 - 6}$
$x_{1,2} = 2{,}5 \pm \sqrt{0{,}25} = 2{,}5 \pm 0{,}5$
$x_1 = 2$; $x_2 = 3$

f) $3x^2 - 15x + \frac{89}{8} = -\frac{7}{8}$ | $+\frac{7}{8}$
$3x^2 - 15x + 12 = 0$ | $:3$
$x^2 - 5x + 4 = 0$; $p = -5$ und $q = 4$
$x_{1,2} = \frac{5}{2} \pm \sqrt{\left(\frac{5}{2}\right)^2 - 4}$
$x_{1,2} = \frac{5}{2} \pm \sqrt{2{,}25} = 2{,}5 \pm 1{,}5$
$x_1 = 1$; $x_2 = 4$

g) $\frac{5}{2}x^2 - 2x + \frac{3}{10} = 0$ | $:\frac{5}{2}$
$x^2 - \frac{4}{5}x + \frac{3}{25} = 0$; $p = -\frac{4}{5}$ und $q = \frac{3}{25}$
$x_{1,2} = \frac{2}{5} \pm \sqrt{\left(\frac{2}{5}\right)^2 - \frac{3}{25}}$
$x_{1,2} = \frac{2}{5} \pm \sqrt{\frac{1}{25}} = \frac{2}{5} \pm \frac{1}{5}$
$x_1 = \frac{1}{5}$; $x_2 = \frac{3}{5}$

h) $79 - 3x^2 - 9x = 5$ | -5
$-3x^2 - 9x + 74 = 0$ | $:(-3)$
$x^2 + 3x - \frac{74}{3} = 0$; $p = 3$ und $q = -\frac{74}{3}$
$x_{1,2} = -\frac{3}{2} \pm \sqrt{\left(-\frac{3}{2}\right)^2 + \frac{74}{3}}$
$x_{1,2} = -\frac{3}{2} \pm \sqrt{\frac{323}{12}}$
$x_1 \approx -6{,}688$; $x_2 \approx 3{,}688$

i) $\frac{11}{4}x^2 - \frac{7}{4}x = 2x^2 + x + 5$ | $-2x^2 - x - 5$
$\frac{3}{4}x^2 - \frac{3}{4}x - 5 = 0$ | $:\frac{3}{4}$
$x^2 - x - \frac{20}{3} = 0$; $p = -1$ und $q = -\frac{20}{3}$
$x_{1,2} = \frac{1}{2} \pm \sqrt{\left(\frac{1}{2}\right)^2 + \frac{20}{3}}$
$x_{1,2} = \frac{1}{2} \pm \sqrt{\frac{83}{12}}$
$x_1 \approx -2{,}130$; $x_2 \approx 3{,}130$

j) $-10x + 2 + 2x^2 = -8x + 42$ | $+8x - 42$
$2x^2 - 2x - 40 = 0$ | $:2$
$x^2 - x - 20 = 0$; $p = -1$ und $q = -20$
$x_{1,2} = \frac{1}{2} \pm \sqrt{\left(\frac{1}{2}\right)^2 + 20}$
$x_{1,2} = \frac{1}{2} \pm \sqrt{\frac{81}{4}} = \frac{1}{2} \pm \frac{9}{2}$
$x_1 = -4$; $x_2 = 5$

k) $(5x + 3)^2 + 100x^2 - 7 = (4 - 15x)^2$ | Klammern auflösen
$25x^2 + 30x + 9 + 100x^2 - 7$
$= 16 - 120x + 225x^2$ | $-16 + 120x - 225x^2$
$-100x^2 + 150x - 14 = 0$ | $:(-100)$
$x^2 - 1{,}5x + 0{,}14 = 0$; $p = -1{,}5$ und $q = 0{,}14$
$x_{1,2} = 0{,}75 \pm \sqrt{0{,}75^2 - 0{,}14}$
$x_{1,2} = 0{,}75 \pm \sqrt{0{,}4225} = 0{,}75 \pm 0{,}65$
$x_1 = 0{,}1$; $x_2 = 1{,}4$

l) $(6x - 1)(5x + 3) = 3(x - 1)$ | Klammern auflösen
$30x^2 + 18x - 5x - 3 = 3x - 3$ | $-3x + 3$
$30x^2 + 10x = 0$ | Ausklammern
$30x\left(x + \frac{1}{3}\right) = 0$
$x_1 = 0$ oder $x + \frac{1}{3} = 0$ | $-\frac{1}{3}$
$x_2 = -\frac{1}{3}$

11 Nullstellen und Schnittpunkte

a) $f(x) = x^2 - 5$; $g(x) = 2x - 2$
Nullstellen von f:
$x^2 - 5 = 0$ | $+5$
$x^2 = 5$ | Wurzelziehen
$x_1 = \sqrt{5}$; $x_2 = -\sqrt{5}$
Nullstellen von g:
$2x - 2 = 0$ | $+2$
$2x = 2$ | $:2$
$x = 1$

Schnittpunkte von f und g:

$f(x) = g(x)$

$x^2 - 5 = 2x - 2 \quad | -2x + 2$

$x^2 - 2x - 3 = 0;\ p = -2$ und $q = -3$

$x_{1,2} = 1 \pm \sqrt{(1)^2 + 3}$

$x_{1,2} = 1 \pm \sqrt{4} = 1 \pm 2$

$x_1 = -1;\ x_2 = 3$

$g(-1) = 2 \cdot (-1) - 2 = -4 \quad \Rightarrow S_1(-1|-4)$

$g(3) = 2 \cdot 3 - 2 = 4 \quad \Rightarrow S_2(3|4)$

b) $f(x) = -0{,}5x^2 - 1{,}5x + 2;\ g(x) = -0{,}5x - 2$

Nullstellen von f:

$-0{,}5x^2 - 1{,}5x + 2 = 0 \quad | :(-0{,}5)$

$x^2 + 3x - 4 = 0;\ p = 3$ und $q = -4$

$x_{1,2} = -\frac{3}{2} \pm \sqrt{\left(\frac{3}{2}\right)^2 + 4}$

$x_{1,2} = -\frac{3}{2} \pm \sqrt{\frac{25}{4}} = -\frac{3}{2} \pm \frac{5}{2}$

$x_1 = -4;\ x_2 = 1$

Nullstellen von g:

$-0{,}5x - 2 = 0 \quad | +2$

$-0{,}5x = 2 \quad | :(-0{,}5)$

$x = -4$

Schnittpunkte von f und g:

$f(x) = g(x)$

$-0{,}5x^2 - 1{,}5x + 2 = -0{,}5x - 2 \quad | +0{,}5x + 2$

$-0{,}5x^2 - x + 4 = 0 \quad | :(-0{,}5)$

$x^2 + 2x - 8 = 0;\ p = 2$ und $q = -8$

$x_{1,2} = -1 \pm \sqrt{(-1)^2 + 8}$

$x_{1,2} = -1 \pm \sqrt{9} = -1 \pm 3$

$g(-4) = -0{,}5 \cdot (-4) - 2 = 0 \quad \Rightarrow S_1(-4|0)$

$g(2) = -0{,}5 \cdot 2 - 2 = -3 \quad \Rightarrow S_2(2|-3)$

12 Anwendung quadratischer Funktionen

a) Flugbahn $f(x) = -0{,}006x^2 + 0{,}9x$

(1) Gesucht ist f(100), also

$f(100) = -0{,}006 \cdot 100^2 + 0{,}9 \cdot 100 = 30.$

Über der 100-m-Markierung ist der Ball 30 m von der Erde entfernt.

(2) Gesucht ist die rechte Nullstelle von f:

$-0{,}006x^2 + 0{,}9x = 0 \quad |$ Ausklammern

$-0{,}006x(x - 150) = 0$

$x_1 = 0$ oder $x - 150 = 0 \quad | +150$

$x_2 = 150$

Der Ball fliegt also 150 m weit.

(3) Gesucht ist der Scheitelpunkt von f. Da der Scheitelpunkt einer Parabel genau zwischen den beiden Nullstellen liegt (falls es zwei Nullstellen gibt), liegt der Scheitelpunkt bei x = 75.

f(75) = 33,75, also Scheitelpunkt S(75 | 33,75).

An seinem höchsten Punkt ist der Ball 33,75 m hoch.

Seite 28

b) Schlagballwurfkurve f mit $f(x) = -0{,}01x^2 + 0{,}594x + 1{,}612$

(1) Gesucht ist der y-Achsenabschnitt, die Höhe des Balls bei einer horizontalen Entfernung von 0 m, also am Abwurfpunkt.

f(0) = 1,612

Theo ist etwa 1,70 m groß, da man einen Schlagball etwa in Höhe des Ohres abwirft und es vom Ohr aus noch etwa 10 cm zum Kopfende sind.

(2) Gesucht ist die rechte Nullstelle von f:

$-0{,}01x^2 + 0{,}594x + 1{,}612 = 0 \quad | :(-0{,}01)$

$x^2 - 59{,}4x - 161{,}2 = 0;\ p = -59{,}4$ und $q = -161{,}2$

$x_{1,2} = 29{,}7 \pm \sqrt{29{,}7^2 + 161{,}2}$

$x_{1,2} = 29{,}7 \pm \sqrt{1043{,}29} = 29{,}7 \pm 32{,}3$

$x_1 = -2{,}6;\ x_2 = 62$

Da die Nullstelle −2,6 im Sachkontext uninteressant ist, war der weiteste Wurf von Theo 62 m weit.

(3) Gesucht ist der Scheitelpunkt von f. Da der Scheitelpunkt einer Parabel genau zwischen den beiden Nullstellen liegt (falls es zwei Nullstellen gibt), liegt der Scheitelpunkt bei $x = (62 + (-2{,}6)) : 2 = 29{,}7.$

f(29,7) = 10,4329, also Scheitelpunkt ist S(29,7 | 10,4329).

An seinem höchsten Punkt ist der Ball etwa 10,4 m hoch.

c) (1) A(−25 | 14), B(25 | 14)

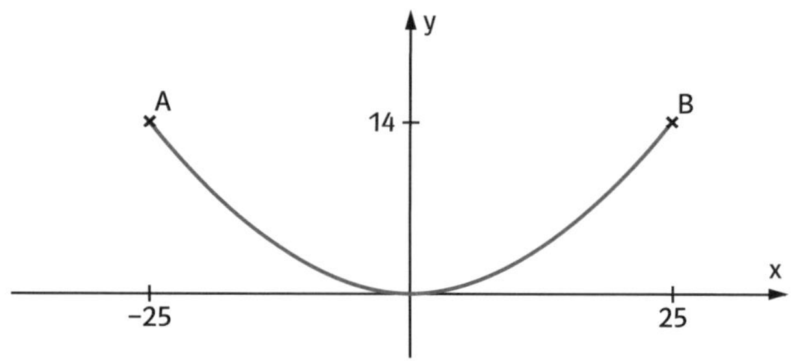

(2) Funktionsgleichung (C) gehört zu der abgebildeten Parabel, da (C) als einzige Funktionsgleichung zu einer nach oben geöffneten Parabel durch (0 | 0) gehört. Gleichung (A) gehört zu einer nach unten geöffneten Parabel, (B) zu einer Geraden und (D) zu einer Parabel, die den y-Achsenabschnitt 14 besitzt, was bei der abgebildeten Parabel nicht der Fall ist.

Einsetzen von x-Werten bestätigt ebenfalls die Funktionsgleichung (C):

f(0) = 0; f(25) = 14 und f(−25) = 14.

(3) Da eine Parabel symmetrisch ist, reicht es, die Länge der drei rechten Trageseile zu berechnen und diese anschließend zu vervierfachen, da es solche Trageseile auch noch links und auf der anderen Fahrbahnseite gibt.

Die drei Trageseile zwischen x = 0 und x = 25 teilen die Strecke in vier gleich große Teile, also sind die gesuchten x-Werte der Trageseile:

$x_1 = 6{,}25;\ x_2 = 12{,}5$ und $x_3 = 18{,}75.$

Die zugehörigen y-Werte sind: f(6,25) = 0,875; f(12,5) = 3,5 und f(18,75) = 7,875.

$4 \cdot (0{,}875 + 3{,}5 + 7{,}875) = 4 \cdot 12{,}25 = 49$

Die Gesamtlänge der Stahlseile im mittleren Fahrbahnabschnitt beträgt also 49 m.

(4) Da man einen möglichst großen Gewinn erzielen möchte, muss G maximal werden, es ist also der Scheitelpunkt der Funktion G gesucht:

$G = -x^2 + 70x - 1000$

$= -(x^2 - 70x) - 1000$

$= -(x^2 - 70x + 35^2 - 35^2) - 1000$

$= -((x - 35)^2 - 1225) - 1000$

$= -(x - 35)^2 + 1225 - 1000$

$= -(x - 35)^2 + 225$

Der Scheitelpunkt S liegt bei S(35 | 225).

Das Unternehmen sollte die Snowboardhelme also für 35 € pro Stück anbieten und würde dann einen täglichen Gewinn von 225 € erzielen.

Vertiefende Aufgaben, Seite 29

1 Zahlenrätsel

a) Sei die gesuchte Zahl x. Dann gilt:

$x \cdot (0{,}5x) = 162$

$0{,}5x^2 = 162 \quad | : 0{,}5$

$x^2 = 324 \quad |$ Wurzelziehen

$x_1 = 18;\ x_2 = -18$

Es gibt also zwei Lösungen für das Zahlenrätsel:

$x_1 = 18$ und $x_2 = -18.$

b) Sei die erste gesuchte Zahl x, dann ist die auf x folgende ganze Zahl x + 1.

Es gilt: $x(x+1) = x + (x+1) + 55$

$x^2 + x = 2x + 56 \quad | -2x - 56$

$x^2 - x - 56 = 0;\ p = -1$ und $q = -56$

$x_{1,2} = \frac{1}{2} \pm \sqrt{\left(\frac{1}{2}\right)^2 + 56}$

$x_{1,2} = \frac{1}{2} \pm \sqrt{56{,}25} = 0{,}5 \pm 7{,}5$

$x_1 = -7;\ x_2 = 8$

Die aufeinander folgenden gesuchten Zahlen sind also entweder −7 und −6 oder 8 und 9.

c) Sei die erste gesuchte Zahl x. Dann sind die auf x folgenden Zahlen x + 1 und x + 2.

Es gilt also: $x^2 + (x+1)^2 + (x+2)^2 = 1202$

$x^2 + x^2 + 2x + 1 + x^2 + 4x + 4 = 1202$

$3x^2 + 6x + 5 = 1202 \quad | -1202$

$3x^2 + 6x - 1197 = 0 \quad | :3$

$x^2 + 2x - 399 = 0;\ p = 2$ und $q = -399$

$x_{1,2} = -1 \pm \sqrt{(-1)^2 + 399}$

$x_{1,2} = -1 \pm \sqrt{400} = -1 \pm 20$

$x_1 = -21;\ x_2 = 19$

Die gesuchten Zahlen sind entweder −21; −20 und −19 oder 19; 20 und 21.

d) Unlösbar ist die Aufgabe c) dann, wenn unter der Wurzel keine Quadratzahl steht, also z. B. für den Fall, dass die Quadrate dreier aufeinander folgender Zahlen zusammen 1203 ergeben sollen. Es gibt aber unendlich viele Möglichkeiten, die Aufgabe entsprechend zu verändern.

e) Sei die gesuchte Zahl x. Dann gilt:

$3x \cdot 0{,}25x = 108$

$0{,}75x^2 = 108 \quad | :0{,}75$

$x^2 = 144 \quad |$ Wurzelziehen

$x_1 = 12;\ x_2 = -12$

Es gibt also zwei Lösungen für das Zahlenrätsel:

$x_1 = 12$ und $x_2 = -12$.

2 Flächen und Seiten

a) Sei die Länge, um die jede Seite verkürzt wird, x. Dann gilt:

$(6 - x)(5 - x) = \frac{2}{3} \cdot 6 \cdot 5$

$30 - 6x - 5x + x^2 = 20 \quad | -20$

$x^2 - 11x + 10 = 0;\ p = -11$ und $q = 10$

$x_{1,2} = \frac{11}{2} \pm \sqrt{\left(\frac{11}{2}\right)^2 - 10}$

$x_{1,2} = \frac{11}{2} \pm \sqrt{\frac{81}{4}} = \frac{11}{2} \pm \frac{9}{2}$

$x_1 = 1;\ x_2 = 10$

Da im Kontext x = 10 nicht sinnvoll ist, ist x = 1 cm die Länge, um die jede Seite verkürzt werden muss. Die neuen Seiten des Rechtecks sind also 5 cm und 4 cm lang.

b) Seien die Rechtecksseiten x und y. Da der Umfang 23 cm betragen soll, gilt: $2x + 2y = 23$ und damit $y = 11{,}5 - x$.

Der Flächeninhalt beträgt 30 cm², also gilt:

$x \cdot y = x \cdot (11{,}5 - x) = 30$

$11{,}5x - x^2 = 30 \quad | -30$

$-x^2 + 11{,}5x - 30 = 0 \quad | :(-1)$

$x^2 - 11{,}5x + 30 = 0;\ p = -11{,}5 = -\frac{23}{2}$ und $q = 30$

$x_{1,2} = \frac{23}{4} \pm \sqrt{\left(\frac{23}{4}\right)^2 - 30}$

$x_{1,2} = \frac{23}{4} \pm \sqrt{\frac{49}{16}} = \frac{23}{4} \pm \frac{7}{4}$

$x_1 = 4;\ x_2 = 7{,}5$

Die gesuchten Seiten sind also x = 4 cm und y = 11,5 − 4 = 7,5 cm.

c) Seien die Katheten x und y. Dann gilt: $x + y + 65 = 150$, also $y = 85 - x$. Da das Dreieck rechtwinklig ist, gilt nach dem Satz des Pythagoras:

$x^2 + y^2 = 65^2 = 4225 \quad | y = 121 - x$ einsetzen:

$x^2 + (85 - x)^2 = 4225 \quad |$ Klammer auflösen

$x^2 + 7225 - 170x + x^2 = 4225 \quad | -4225$

$2x^2 - 170x + 3000 = 0 \quad | :2$

$x^2 - 85x + 1500 = 0;\ p = -85$ und $q = 1500$

$x_{1,2} = \frac{85}{2} \pm \sqrt{\left(\frac{85}{2}\right)^2 - 1500}$

$x_{1,2} = \frac{85}{2} \pm \sqrt{\frac{1225}{4}} = \frac{85}{2} \pm \frac{35}{2}$

$x_1 = 25;\ x_2 = 60$

Die Katheten sind also 25 cm und 60 cm lang.

d) Sei die kürzere Seite des Rechtecks x. Dann ist die längere Seite des Rechtecks x + 17. Da die Diagonale aus dem Rechteck zwei rechtwinklige Dreiecke bildet, gilt nach dem Satz des Pythagoras:

$x^2 + (x + 17)^2 = 25^2 = 625 \quad |$ Klammer auflösen

$x^2 + x^2 + 34x + 289 = 625 \quad | -625$

$2x^2 + 34x - 336 = 0 \quad | :2$

$x^2 + 17x - 168 = 0;\ p = 17$ und $q = -168$

$x_{1,2} = -\frac{17}{2} \pm \sqrt{\left(\frac{17}{2}\right)^2 + 168}$

$x_{1,2} = -\frac{17}{2} \pm \sqrt{\frac{961}{4}} = -\frac{17}{2} \pm \frac{31}{2}$

$x_1 = -24;\ x_2 = 7$

Da eine negative Rechtecksseite nicht sinnvoll ist, ist die kürzere Seite 7 cm lang und die längere entsprechend 24 cm lang. Der Umfang des Rechtecks beträgt 62 cm.

3

Die gesuchte Funktionsgleichung ist

$g(x) = -(x - 976)^2 - 1431$ (Begründung vgl. Skizze!)

Skizze:

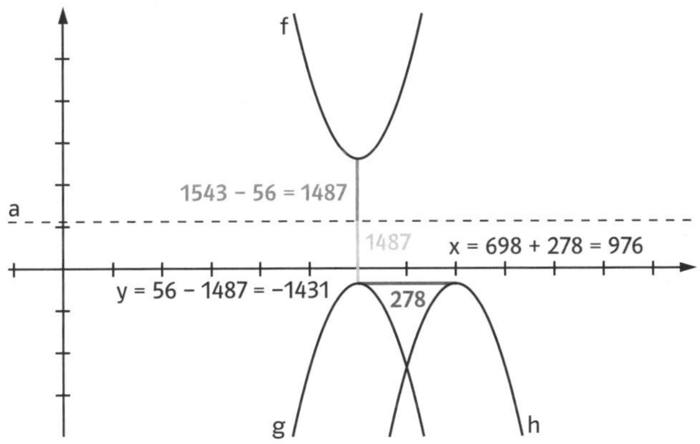

Seite 30

4

$x^2 + 12x + a = 0;\ p = 12$ und $q = a$

$x_{1,2} = -6 \pm \sqrt{(-6)^2 - a} = -6 \pm \sqrt{36 - a}$

Da man aus negativen Zahlen nicht die Wurzel ziehen kann, besitzt die Gleichung keine Lösung, wenn die Diskriminante, also der Term unter der Wurzel, negativ ist, ist sie positiv, besitzt die Gleichung genau zwei Lösungen, und ist sie Null, dann besitzt sie genau eine Lösung.

a) Für a < 36 besitzt die Gleichung zwei Lösungen, da genau dann die Diskriminante positiv ist.

b) $4 = -6 \pm \sqrt{36 - 1}$

$\Rightarrow \quad 10 = \sqrt{36 - a}$

$\Rightarrow \quad 36 - a = 100$

$a = -64$

Für a = −64 besitzt die Gleichung die Lösung 4 und eine weitere Lösung, die −16.

c) $-6 \pm \sqrt{36 - a} < 0$

$\pm \sqrt{36 - a} < 6$

⇒ Für 36 > a > 0 besitzt die Gleichung zwei negative Zahlen als Lösung.

d) $x_{1,2} = -6 \pm \sqrt{36 - a}$

Für a < 0 besitzt die Gleichung eine negative und eine positive Zahl als Lösung.

5

Gleichung a) gehört zu Graph 2, da die Parabel zu a) ihren Scheitelpunkt bei S(3 | −4) hat, nach oben geöffnet ist und mit dem Streckfaktor 2 gestreckt wurde.

Gleichung b) gehört voraussichtlich **zu Graph 4**, da dieser Graph als einziger den y-Achsenabschnitt y = 0,5 besitzt, nach oben geöffnet ist und mit dem Streckfaktor 0,5 gestreckt wurde. Um sicherzugehen muss allerdings noch der Scheitelpunkt bestimmt werden:

$f(x) = 0{,}5x^2 + 3x + 0{,}5$
$= 0{,}5(x^2 + 6x) + 0{,}5$
$= 0{,}5(x^2 + 6x + 3^2 - 3^2) + 0{,}5$
$= 0{,}5((x + 3)^2 - 9) + 0{,}5$
$= 0{,}5(x + 3)^2 - 4{,}5 + 0{,}5$
$= 0{,}5(x + 3)^2 - 4$

Der Scheitelpunkt S liegt bei S(−3 | −4), genauso wie bei Graph 4. Die Zuordnung stimmt also.

Gleichung c) gehört zu Graph 7, da die Parabel zu c) ihren Scheitelpunkt bei S(2 | −3) hat, nach oben geöffnet ist und durch den Punkt P(0 | 0) geht.

Gleichung d) gehört vielleicht **zu Graph 8** oder besitzt keinen passenden Graphen. Um sicherzugehen muss der Scheitelpunkt bestimmt werden:

$f(x) = -2x^2 + 12x - 22$
$= -2(x^2 - 6x) - 22$
$= -2(x^2 - 6x + 3^2 - 3^2) - 22$
$= -2((x - 3)^2 - 9) - 22$
$= -2(x - 3)^2 + 18 - 22$
$= -2(x - 3)^2 - 4$

Der Scheitelpunkt S liegt bei S(3 | −4), die Parabel zu Gleichung d) ist nach unten geöffnet und mit dem Streckfaktor 2 gestreckt, also ist der Graph 8 tatsächlich der passende Graph zu Gleichung d).

Zu **Gleichung e)** gibt es keinen passenden Graphen, denn die Parabel zu Gleichung e) besitzt einen Scheitelpunkt in S(0 | 3), allerdings gibt es so einen Graphen nicht.

Graph zu Gleichung e):

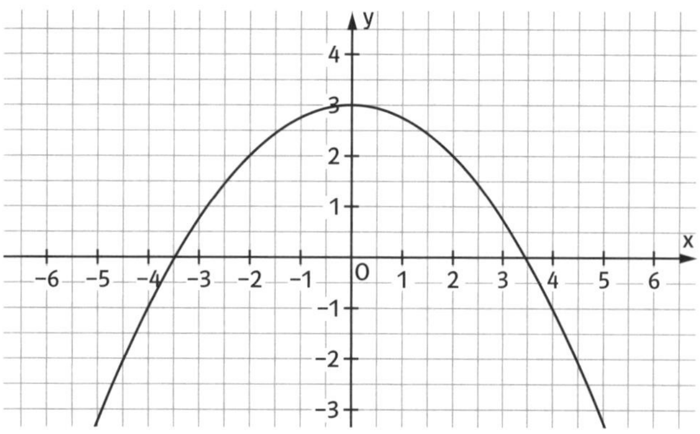

Gleichung f) gehört zu Graph 3, da die Parabel zu f) ihren Scheitelpunkt bei S(−3 | 4) hat, nach unten geöffnet ist und durch den Punkt P(−1 | 2) geht.

Zu **Gleichung g)** gibt es keinen passenden Graphen, denn die Parabel zu Gleichung g) besitzt einen Scheitelpunkt in S(0 | 3), allerdings gibt es so einen Graphen nicht.

Graph zur Gleichung g):

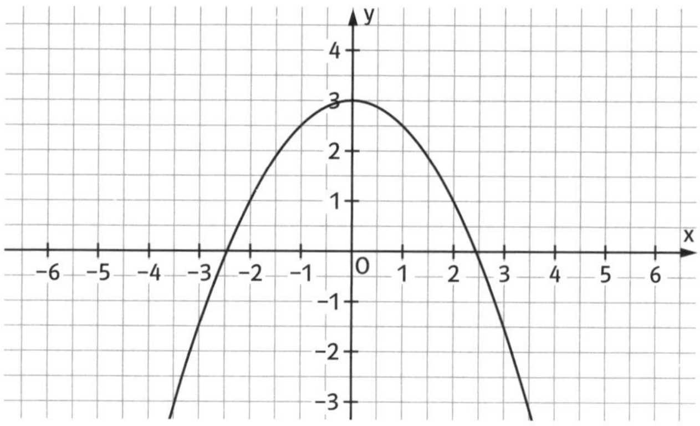

Gleichung h) gehört vielleicht zu Graph 5 oder besitzt keinen passenden Graphen. Um sicherzugehen wird der Punkt (1 | 2) in die Gleichung eingesetzt und geprüft, ob es sich um eine wahre Aussage handelt:

$f(1) = 3 \cdot 1^2 + 18 \cdot 1 + 25 = 46 \neq 2$, also gibt es für Gleichung h) keinen passenden Graphen.

Dies lässt sich auch zeigen, indem der Scheitelpunkt der Parabel zu h) bestimmt wird:

$f(x) = 3x^2 + 18x + 25$
$= 3(x^2 + 6x) + 25$
$= (x^2 + 6x + 3^2 - 3^2) + 25$
$= 3((x + 3)^2 - 9) + 25$
$= 3(x + 3)^2 - 27 + 25$
$= 3(x + 3)^2 - 2$

Der Scheitelpunkt S liegt also bei S(−3 | −2), damit kann der Graph 5 nicht der passende Graph sein.

Graph zu Gleichung h):

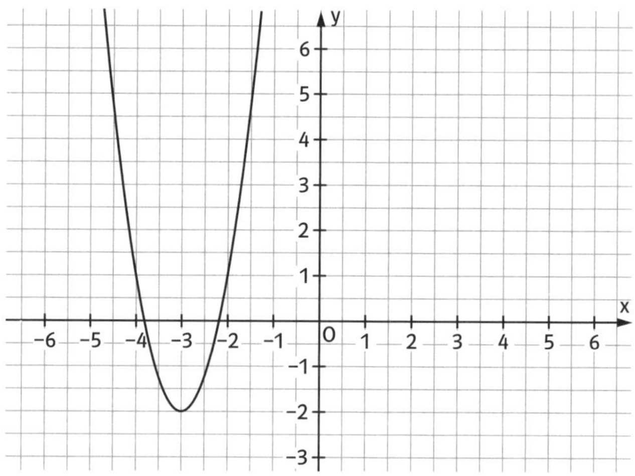

Gleichung zu **Graph 1**:

$f(x) = a(x + 2)^2 + 3$

Um a zu erhalten werden die Koordinaten eines Punktes des Graphen eingesetzt:

P(3 | −2) einsetzen:

$-2 = a(3 + 2)^2 + 3$
$-2 = 25a + 3$
$-5 = 25a$
$a = -1 | 5 = -0{,}2$

Also $f(x) = -0{,}2(x + 2)^2 + 3$

Gleichung zu **Graph 5**:

$f(x) = a(x - 3)^2 - 4$

Um a zu erhalten werden die Koordinaten eines Punktes des Graphen eingesetzt:

P(1 | 2) einsetzen:
$2 = a(1-3)^2 - 4$
$2 = 4a - 4$
$6 = 4a$
$a = \frac{3}{2} = 1{,}5$
Also $f(x) = 1{,}5(x-3)^2 - 4$
Gleichung zu **Graph 6**:
$f(x) = a(x-4)^2 + 3$
Um a zu erhalten werden die Koordinaten eines Punktes des Graphen eingesetzt:
P(2 | 2) einsetzen:
$2 = a(2-4)^2 + 3$
$2 = 4a + 3$
$-1 = 4a$
$a = -\frac{1}{4} = -0{,}25$
Also $f(x) = -0{,}25(x-4)^2 + 3$

Seite 31

6

a) **Gleichung zum Graphen von f**:
$f(x) = a(x-3)^2 + 4$
Um a zu erhalten werden die Koordinaten eines Punktes des Graphen eingesetzt:
P(1 | 1) einsetzen:
$1 = a(1-3)^2 + 4$
$1 = 4a + 4$
$-3 = 4a$
$a = -\frac{3}{4} = -0{,}75$
Also $f(x) = -0{,}75(x-3)^2 + 4 = -\frac{3}{4}x^2 + \frac{9}{2}x - \frac{11}{4}$
Gleichung zum Graphen von g:
$g(x) = a(x+2)^2 - 1$
Um a zu erhalten werden die Koordinaten eines Punktes des Graphen eingesetzt:
P(3 | 4) einsetzen:
$4 = a(3+2)^2 - 1$
$4 = 25a - 1$
$5 = 25a$
$a = \frac{1}{5} = 0{,}2$
Also $g(x) = 0{,}2(x+2)^2 - 1 = \frac{1}{5}x^2 + \frac{4}{5}x - \frac{1}{5}$
Gleichung zum Graphen von a:
$a(x) = -\frac{2}{5}x + 2$
b) **Schnittpunkte von f und g:**
$f(x) = g(x)$
$-\frac{3}{4}x^2 + \frac{9}{2}x - \frac{11}{4} = \frac{1}{5}x^2 + \frac{4}{5}x - \frac{1}{5}$
$-\frac{19}{20}x^2 + \frac{37}{10}x - \frac{51}{20} = 0 \quad | : \left(-\frac{19}{20}\right)$
$x^2 - \frac{74}{19}x + \frac{51}{19} = 0$; $p = -\frac{74}{19}$ und $q = \frac{51}{19}$
$x_{1,2} = \frac{37}{19} \pm \sqrt{\left(\frac{37}{19}\right)^2 - \frac{51}{19}}$
$x_{1,2} = \frac{37}{19} \pm \sqrt{\frac{400}{361}} = \frac{37}{19} \pm \frac{20}{19}$
$x_1 = \frac{17}{19}$; $x_2 = 3$
$f\left(\frac{17}{19}\right) = \frac{244}{361} \approx 0{,}676$, also Schnittpunkt $S_1\left(\frac{17}{19} \middle| \frac{244}{361}\right)$.
$f(3) = 4$, also Schnittpunkt $S_2(3 | 4)$.
Schnittpunkte von f und a:
$f(x) = a(x)$
$-\frac{3}{4}x^2 + \frac{9}{2}x - \frac{11}{4} = -\frac{2}{5}x + 2$
$-\frac{3}{4}x^2 + \frac{49}{10}x - \frac{19}{4} = 0 \quad | : \left(-\frac{3}{4}\right)$
$x^2 - \frac{98}{15}x + \frac{19}{3} = 0$; $p = -\frac{98}{15}$ und $q = \frac{19}{3}$
$x_{1,2} = \frac{49}{15} \pm \sqrt{\left(\frac{49}{15}\right)^2 - \frac{19}{3}}$
$x_{1,2} = \frac{49}{15} \pm \sqrt{\frac{976}{225}}$
$x_1 \approx 1{,}184$; $x_2 \approx 5{,}349$
$f(1{,}184) \approx 1{,}527$, also Schnittpunkt $S_1(1{,}184 | 1{,}527)$.
$f(5{,}349) \approx -0{,}138$, also Schnittpunkt $S_2(5{,}349 | -0{,}138)$.

Schnittpunkte von g und a:
$g(x) = a(x)$
$\frac{1}{5}x^2 + \frac{4}{5}x - \frac{1}{5} = -\frac{2}{5}x + 2$
$\frac{1}{5}x^2 + \frac{6}{5}x - \frac{11}{5} = 0 \quad | : \frac{1}{5}$
$x^2 + 6x - 11 = 0$; $p = 6$ und $q = -11$
$x_{1,2} = -3 \pm \sqrt{(-3)^2 + 11}$
$x_{1,2} = -3 \pm \sqrt{20}$
$x_1 \approx -7{,}472$; $x_2 \approx 1{,}472$
$a(-7{,}472) \approx 4{,}989$, also Schnittpunkt $S_1(-7{,}472 | 4{,}989)$.
$a(1{,}472) \approx 1{,}411$, also Schnittpunkt $S_2(1{,}472 | 1{,}411)$.

7

Großer Fisch, obere Parabel:
Da sich weder Scheitelpunkt noch y-Achsenabschnitt noch Nullstellen exakt ablesen lassen, wird ein Trick angewandt: Der große Fisch wird im Koordinatensystem um vier Einheiten nach unten verschoben, sodass die Nullstellen ablesbar werden:
Nullstellen der oberen Parabel nach Verschiebung:
$x_1^* = 3$; $x_2^* = 9$.
Jede quadratische Funktion mit zwei Nullstellen lässt sich in der folgenden allgemeinen Form darstellen:
$f(x) = a \cdot (x - f) \cdot (x - g)$.
Da dieser Term null wird für $x = f$ oder $x = g$, sind f und g die Nullstellen der quadratischen Funktion. Also gilt für die obere Parabel des großen, um vier Einheiten nach unten verschobenen Fischs:
$f^*(x) = a^* \cdot (x-3) \cdot (x-9)$.
Um den Streckfaktor a^* zu bestimmen, wird ein weiterer Punkt der Parabel eingesetzt, z. B. P(4 | 5), der durch die Verschiebung zu P*(4 | 1) wird:
$1 = a^* \cdot (4-3) \cdot (4-9)$
$1 = -5a^* \quad | : (-5)$
$a^* = -\frac{1}{5} = -0{,}2$
Also ist $f^*(x) = -0{,}2 \cdot (x-3) \cdot (x-9) = -0{,}2x^2 + 2{,}4x - 5{,}4$.
Da die Parabel zuvor um vier Einheiten nach unten verschoben wurde, muss f^* nun wieder um vier Einheiten nach oben verschoben werden, um die gesuchte Funktion f zu erhalten.
Die obere Parabel des großen Fisches lässt sich also beschreiben durch die Gleichung:
$f(x) = = -0{,}2x^2 + 2{,}4x - 1{,}4$.
Großer Fisch, untere Parabel:
Analog erhält man für die untere Parabel nach Verschiebung die Gleichung:
$f^*(x) = a^* \cdot (x-3) \cdot (x-9)$.
Um den Streckfaktor a^* zu bestimmen, wird ein weiterer Punkt der Parabel eingesetzt, z. B. P(5 | 2), der durch die Verschiebung zu P*(5 | −2) wird:
$-2 = a^* \cdot (5-3) \cdot (5-9)$
$-2 = -8a^* \quad | : (-8)$
$a^* = \frac{1}{4} = 0{,}25$
Also ist $f^*(x) = 0{,}25 \cdot (x-3) \cdot (x-9) = 0{,}25x^2 - 3x + 6{,}75$.
Da die Parabel zuvor um vier Einheiten nach unten verschoben wurde, muss f^* nun wieder um vier Einheiten nach oben verschoben werden, um die gesuchte Funktion f zu erhalten.
Die untere Parabel des großen Fisches lässt sich also beschreiben durch die Gleichung:
$f(x) = 0{,}25x^2 - 3x + 10{,}75$.
Kleiner Fisch, obere Parabel:
Analog erhält man für die obere Parabel nach Verschiebung um zwei Einheiten nach unten die Gleichung:
$f^*(x) = a^* \cdot (x - 1{,}5) \cdot (x - 3{,}5)$.
Der Streckfaktor $a^* = a = -0{,}75$ war gegeben.
Also ist
$f^*(x) = -0{,}75 \cdot (x - 1{,}5) \cdot (x - 3{,}5) = -0{,}75x^2 + 3{,}75x - 3{,}9375$.

Da die Parabel zuvor um zwei Einheiten nach unten verschoben wurde, muss f* nun wieder um zwei Einheiten nach oben verschoben werden, um die gesuchte Funktion f zu erhalten. Die obere Parabel des kleinen Fisches lässt sich also beschreiben durch die Gleichung:
$f(x) = -0{,}75x^2 + 3{,}75x - 1{,}9375$.

Kleiner Fisch, untere Parabel:
Analog erhält man für die untere Parabel nach Verschiebung um zwei Einheiten nach unten die Gleichung:
$f^*(x) = a^* \cdot (x - 1{,}5) \cdot (x - 3)$.
Der Streckfaktor $a^* = a = 0{,}4$ war gegeben.
Also ist $f^*(x) = 0{,}4 \cdot (x - 1{,}5) \cdot (x - 3) = 0{,}4x^2 - 1{,}8x + 1{,}8$.
Da die Parabel zuvor um zwei Einheiten nach unten verschoben wurde, muss f* nun wieder um zwei Einheiten nach oben verschoben werden, um die gesuchte Funktion f zu erhalten. Die untere Parabel des kleinen Fisches lässt sich also beschreiben durch die Gleichung:
$f(x) = 0{,}4x^2 - 1{,}8x + 3{,}8$.

Seite 32

8

a) 1) $x^2 - 2x + 1 = 0$

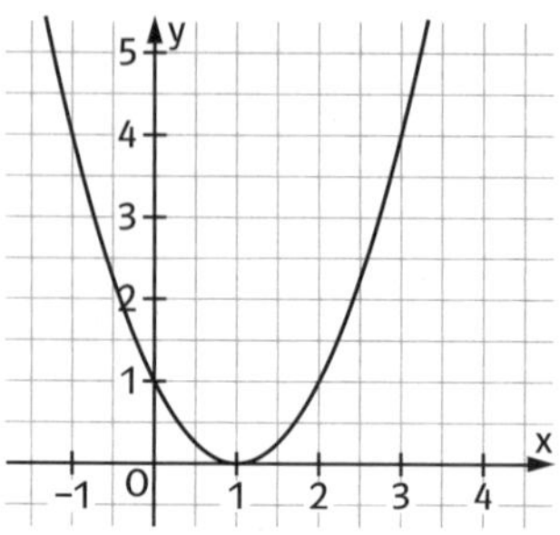

f sei die Funktion mit $f(x) = x^2 - 2x + 1$. Mithilfe der gegebenen Gleichung werden die Nullstellen von f bestimmt. Also zeichnet man den Graphen von f und liest die Nullstellen ab. Die Nullstellen von f und damit die einzige Lösung der gegebenen Gleichung ist $x = 1$.

2) $x^2 + 5x = -4 \quad | + 4$
$x^2 + 5x + 4 = 0$

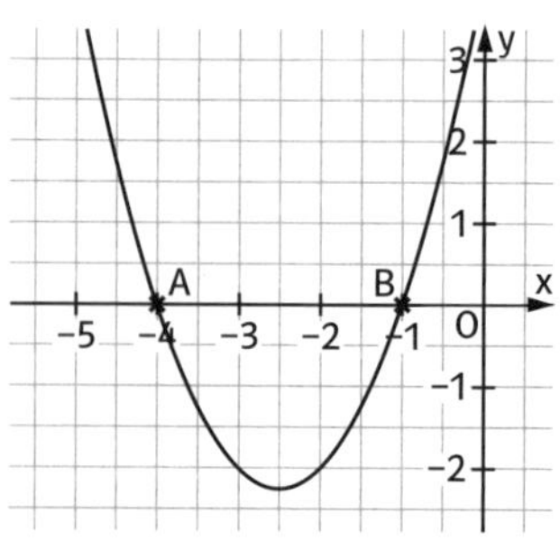

f sei die Funktion mit $f(x) = x^2 + 5x + 4$. Mithilfe der gegebenen Gleichung werden die Nullstellen von f bestimmt. Also zeichnet man den Graphen von f und liest die Nullstellen ab. Die Nullstellen von f und damit die Lösung der gegebenen Gleichung sind $x_1 = -4$ oder $x_2 = -1$.

3) $x^2 + 7x = -12 \quad | -x^2 - 7x$
$-x^2 - 7x - 12 = 0$

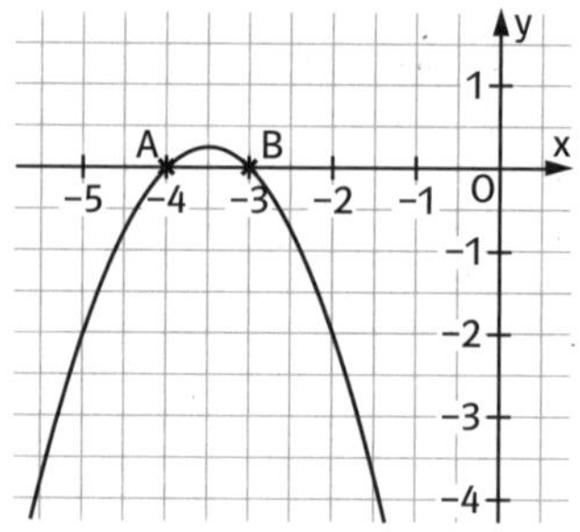

f sei die Funktion mit $f(x) = -x^2 - 7x - 12$. Mithilfe der gegebenen Gleichung werden die Nullstellen von f bestimmt. Also zeichnet man den Graphen von f und liest die Nullstellen ab. Die Nullstellen von f und damit die Lösung der gegebenen Gleichung sind $x_1 = -4$ oder $x_2 = -3$.
Die Gleichung lässt sich ebenfalls zeichnerisch lösen, indem die Graphen der Funktionen g mit $g(x) = x^2 + 7x$ und h mit $h(x) = -12$ gezeichnet werden und als Lösung der gegebenen Gleichung die x-Werte der beiden Schnittpunkte der Graphen von g und h abgelesen werden.

4) $4x^2 = 4x - 2$

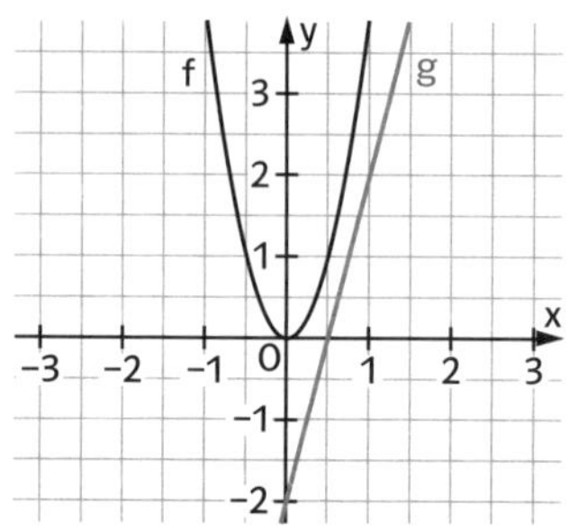

f sei die Funktion mit $f(x) = 4x^2$ und g die Funktion mit $g(x) = 4x - 2$. Mithilfe der gegebenen Gleichung werden die Schnittpunkte der Graphen von f und g bestimmt. Also zeichnet man die Graphen von f und g und liest die Schnittpunkte ab.
Offensichtlich existiert kein Schnittpunkt, die gegebene Gleichung besitzt also keine Lösung.

b) 1) $x^2 - 2x + 1 = 0$; $p = -2$ und $q = 1$
$x_{1,2} = 1 \pm \sqrt{1^2 - 1}$
$x_{1,2} = 1 \pm 0$
Also ist die einzige Lösung $x = 1$.

2) $x^2 + 5x = -4 \quad | + 4$
$x^2 + 5x + 4 = 0$; $p = 5$ und $q = 4$
$x_{1,2} = -\frac{5}{2} \pm \sqrt{\left(\frac{5}{2}\right)^2 - 4}$
$x_{1,2} = -\frac{5}{2} \pm \sqrt{\frac{9}{4}}$
$x_{1,2} = -\frac{5}{2} \pm \frac{3}{2}$
$x_1 = -4$; $x_2 = -1$
Die Gleichung hat tatsächlich die Lösungen −4 und −1.

3) $x^2 + 7x = -12 \quad | + 12$
$x^2 + 7x + 12 = 0$; $p = 7$ und $q = 12$
$x_{1,2} = -\frac{7}{2} \pm \sqrt{\left(\frac{7}{2}\right)^2 - 12}$
$x_{1,2} = -\frac{7}{2} + \sqrt{\frac{1}{4}}$
$x_{1,2} = -\frac{7}{2} \pm \frac{1}{2}$
$x_1 = -4$; $x_2 = -3$
Die Gleichung hat tatsächlich die Lösungen −4 und −3.

4) $4x^2 = 4x - 2 \quad | :4$
$x^2 = x - 0{,}5 \quad | -x + 0{,}5$
$x^2 - x + 0{,}5 = 0$; $p = -1$ und $q = 0{,}5$

$x_{1,2} = \frac{1}{2} \pm \sqrt{\left(\frac{1}{2}\right)^2 - 0,5}$

$x_{1,2} = \frac{1}{2} \pm \sqrt{-\frac{1}{4}}$

Da sich aus einer negativen Zahl keine Wurzel ziehen lässt, besitzt die Gleichung tatsächlich keine Lösung.
Lösungsvielfalt quadratischer Gleichungen:
Eine quadratische Gleichung besitzt genau zwei Lösungen, wenn die Diskriminante > 0 ist, genau eine Lösung, wenn die Diskriminante gleich 0 ist und keine Lösung, wenn die Diskriminante < 0 ist.
Beim zeichnerischen Lösen besitzt der Graph einer Funktion entweder zwei, eine oder keine Nullstelle bzw. der Graph einer quadratischen und einer linearen Funktion schneiden sich in zwei, einem oder keinem Punkt.

9

a) $h(t) = 5t^2$ (t ≙ Zeit in s, h(t) ≙ Fallhöhe in m)
b) t = 2 s einsetzen: $h(2) = 5 \cdot 2^2 = 20$
Die Klippe ist ungefähr 20 m hoch.
c) $h(t) = 32 = 5t^2$ | : 5
$t^2 = 6,4$ | Wurzelziehen
$x_1 = \sqrt{6,4} \approx 2,530$; $x_2 = -\sqrt{6,4} \approx -2,530$
Ein fallengelassener Stein müsste etwa 2,5 Sekunden unterwegs sein.

10

$f(x) = -0,16x^2$.
a) Um die maximale Höhe der Durchfahrt zu berechnen, muss f(5) (die Hälfte der Tunnelbreite) bestimmt werden:
$f(5) = -0,16 \cdot 5^2 = -4$.
Also ist die maximale Höhe der Durchfahrt 4 m.
b) Die Höhe des LKW ist 3,19 m, also ist $f(x) = -4 + 3,19 = -0,81$ gegeben. Gesucht ist der zugehörige x-Wert:
$-0,81 = -0,16x^2$ | :(−0,16)
$x^2 = 5,0625$ | Wurzelziehen
$x_1 = 2,25$; $x_2 = -2,25$
Ein 3,19 m hoher LKW darf maximal 2,25 m breit sein, damit er gerade noch unter der Brücke hindurch fahren kann.

Seite 33

11

a) Um die gesuchte Breite zu bestimmen, muss zunächst eine Funktionsgleichung für den Parabelbogen aufgestellt werden. Das Koordinatensystem wird so gelegt, dass der Scheitelpunkt in S(0 | 630) liegt. Da der Bogen ganz unten am breitesten ist und insgesamt 630 ft breit ist, liegen die Nullstellen der Funktion f bei $x_1 = -315$ und $x_2 = 315$.
Der allgemeine Ansatz der Funktionsgleichung für f ist $f(x) = ax^2 + c$.
Der y-Achsenabschnitt c ist 630, also c = 630.
Um a zu bestimmen, wird (315 | 0) in f(x) eingesetzt:
$0 = a \cdot 315^2 + 630$ | − 630
$-630 = 99225a$ | : 99225
$a = \frac{-630}{99225}$
Also kann der Gateway-Arch beschrieben werden durch die Gleichung $f(x) = -\frac{630}{99225}x^2 + 630$.
Gegeben ist $f(x) = 300 = -\frac{630}{99225}x^2 + 630$ | − 630
$-330 = -\frac{630}{99225}x^2$ | $:\left(-\frac{630}{99225}\right)$
$51975 = x^2$ | Wurzelziehen
$x_1 \approx 227,98$; $x_2 \approx -227,98$
Der Bogen ist in 300 ft Höhe etwa 2 · 228 ft = 456 ft breit.
b) Der Scheitelpunkt S(0 | 630) wird in m umgerechnet:
630 ft = 192,024 m, also ist der Scheitelpunkt S in m bei S(0 | 192,024). Die Nullstellen des Bogens in m liegen bei $x_1 = -96,012$ und $x_2 = 96,012$.
Der allgemeine Ansatz der Funktionsgleichung für f ist $f(x) = ax^2 + c$.
Der y-Achsenabschnitt c ist 192,024, also c = 192,024.
Um a zu bestimmen, wird (96,012 | 0) in f(x) eingesetzt:
$0 = a \cdot 96,012^2 + 192,024$ | − 192,024
$-192,024 = 9218,304144a$ | : 9218,304144
$a \approx -0,021$
Also kann der Gateway-Arch in m beschrieben werden durch die Gleichung $f(x) = -0,021x^2 + 192,024$.
c) Da das Flugzeug eine Flügelspannweite von 18 m besitzt und ein Sicherheitsabstand von 10 m zum Bogen eingehalten werden muss, ist $x = \frac{18}{2} + 10 = 19$ gegeben.
$f(19) = -0,021 \cdot 19^2 + 192,024 = 184,443$
Theoretisch müsste der Pilot die maximale Flughöhe von etwa 184 m einhalten. Da der Bogen allerdings nur etwa 192 m hoch ist und auch in vertikaler Richtung ein Sicherheitsabstand von 10 m eingehalten werden muss, darf der Pilot nur etwa 182 m hoch fliegen.

12

a) Die Funktion g mit $g(x) = -0,5x^2 + 3x - 1,5$ gibt die dargestellte Flugbahn wieder, da der Scheitelpunkt von g bei S(3 | 3) liegt (vgl. c)) und da die dargestellte Parabel gestaucht ist, d. h., für den Streckfaktor a muss gelten:
$-1 < a < 0$, was nur bei der Funktion g der Fall ist.
b) $g(1,5) = = -0,5 \cdot 1,5^2 + 3 \cdot 1,5 \quad 1,5 = 1,875$
Die Hand war beim Abwurf 1,875 m hoch.
c) Gesucht ist der Scheitelpunkt von g:
$g(x) = -0,5x^2 + 3x - 1,5$
$= -0,5(x^2 - 6x) - 1,5$
$= -0,5(x^2 - 6x + 3^2 - 3^2) - 1,5$
$= -0,5((x - 3)^2 - 9) - 1,5$
$= -0,5(x - 3)^2 + 4,5 - 1,5$
$= -0,5(x - 3)^2 + 3$
Also ist der Scheitelpunkt und damit der höchste Punkt der Flugbahn S(3 | 3).
d) Gegeben ist der y-Wert g(x) = 2,3.
Also $-0,5x^2 + 3x - 1,5 = 2,3$ | − 2,3
$-0,5x^2 + 3x - 3,8 = 0$ | :(−0,5)
$x^2 - 6x + 7,6 = 0$; p = −6 und q = 7,6
$x_{1,2} = 3 \pm \sqrt{(3)^2 - 7,6}$
$x_{1,2} = 3 \pm \sqrt{1,4}$
$x_1 \approx 1,817$; $x_2 \approx 4,183$
Aus der Skizze lässt sich schließen, dass die Mitte bei x ≈ 4,2 liegen muss.

13

a) Gesucht ist die linke Nullstelle von f:
$-0,4x^2 + 4,8x - 4,4 = 0$ | :(−0,4)
$x^2 - 12x + 11 = 0$; p = −12 und q = 11
$x_{1,2} = 6 \pm \sqrt{(6)^2 - 11}$
$x_{1,2} = 6 \pm \sqrt{25} = 6 \pm 5$
$x_1 = 1$; $x_2 = 11$
Da man aus der Skizze schließen kann, dass die linke Nullstelle gesucht ist, wird der Ball vom Punkt N(1 | 0) aus geschossen.
b) Gesucht ist der y-Wert für x = 4, also f(4) = 8,4 > 8, also fliegt der Ball tatsächlich über die Mauer, wie in der Skizze eingezeichnet.
c) Gesucht ist der Scheitelpunkt von f. Da dieser aufgrund der Symmetrie einer Parabel genau zwischen den beiden Nullstellen liegt, ist der x-Wert des Scheitelpunktes $x = \frac{1 + 11}{2} = 6$.
f(6) = 10, also ist der Scheitelpunkt S(6 | 10).
Der höchste Punkt der Flugbahn des Balles ist S(6 | 10).

d) Gesucht ist der x-Wert zum y-Wert y = 2, also

$f(x) = 2 = -0{,}4x^2 + 4{,}8x - 4{,}4 \quad | -2$

$-0{,}4x^2 + 4{,}8x - 6{,}4 = 0 \quad | :(-0{,}4)$

$x^2 - 12x + 16 = 0;\ p = -12$ und $q = 16$

$x_{1,2} = 6 \pm \sqrt{(6)^2 - 16}$

$x_{1,2} = 6 \pm \sqrt{20}$

$x_1 \approx 1{,}528;\ x_2 \approx 10{,}472$

Da der x-Wert hinter der Mauer, also rechts vom Scheitelpunkt, gesucht ist (vgl. Skizze), träfe der Ball etwa im Punkt A(10,5 | 2) auf, wenn der Boden hinter der Mauer um 2 m erhöht wäre.

Seite 34

14

a) Aus S(0 | 48) folgt $48 = a \cdot 0^2 + c$

$48 = c$

Aus P(50 | 18) folgt $18 = a \cdot 50^2 + 48 \quad | -48$

$-30 = 2500a \quad | :2500$

$a = -0{,}012$

Also gilt für die Gleichung von f: $f(x) = -0{,}012x^2 + 48$.

b) Gesucht ist der Abstand zwischen den beiden Nullstellen.

$-0{,}012x^2 + 48 = 0 \quad | -48$

$-0{,}012x^2 = -48 \quad | :(-0{,}012)$

$x^2 = 4000 \quad |$ Wurzelziehen

$x_1 = \sqrt{4000} \approx 63{,}246;\ x_2 = -\sqrt{4000} \approx -63{,}246$

Die Fußpunkte der Pfeiler p_1 und p_4 sind etwa 126 m voneinander entfernt.

15

a) Das Koordinatensystem soll so liegen, dass am Netz die y-Achse ist, demnach befindet sich der Scheitelpunkt der Funktion bei S(0 | 2). Der Ansatz der Funktion, welche die Flugbahn des Balles beschreibt, ist also: $f(x) = ax^2 + 2$.

Um den Streckfaktor a zu bestimmen, wird ein weiterer Punkt der Flugbahn in f(x) eingesetzt, und zwar P(−6,4 | 0,5), denn dieser Punkt entspricht dem Treffpunkt des Balles über der T-Linie.

P(−6,4 | 0,5) einsetzen: $0{,}5 = a \cdot (-6{,}4)^2 + 2 \quad | -2$

$-1{,}5 = 40{,}96a \quad | :40{,}96$

$a = -\frac{75}{2048} \approx -0{,}037$

Also wird die Flugbahn des Balles näherungsweise beschrieben durch die Funktion f mit $f(x) = -0{,}037x^2 + 2$.

Um entscheiden zu können, ob der Ball im Tennisfeld auftrifft, müssen die Nullstellen von f bestimmt werden:

$-0{,}037x^2 + 2 = 0 \quad | -2$

$-0{,}037x^2 = -2 \quad | :(-0{,}037)$

$x^2 \approx 54{,}054 \quad |$ Wurzelziehen

$x_1 \approx 7{,}35;\ x_2 \approx -7{,}35$

Da das Tennisfeld laut Skizze von −11,885 bis 11, 885 geht, wird der Ball im Feld landen.

b) Auch hier muss wie in a) der Streckfaktor a bestimmt werden:

P(−6,4 | 0,55) einsetzen: $0{,}55 = a \cdot (-6{,}4)^2 + 2 \quad | -2$

$-1{,}45 = 40{,}96a \quad | :40{,}96$

$a \approx -0{,}035$

Also wird die Flugbahn des Balles näherungsweise beschrieben durch die Funktion f mit $f(x) = -0{,}035x^2 + 2$.

Um entscheiden zu können, wie weit der Ball fliegt, müssen die Nullstellen von f bestimmt werden:

$-0{,}035x^2 + 2 = 0 \quad | -2$

$-0{,}035x^2 = -2 \quad | :(-0{,}037)$

$x^2 \approx 57{,}143 \quad |$ Wurzelziehen

$x_1 \approx 7{,}56;\ x_2 \approx -7{,}56$

Der Ball wird in diesem Fall etwa bis 7,56 m hinter das Netz, also insgesamt 6,40 m + 7,56 m = 13,96 m, weit fliegen.

c) Wenn das Koordinatensystem seinen Ursprung auf der Höhe des Netzes hat, sind die folgenden Punkte bekannt: A(−11,885 | 0,5), B(0 | 2,2), C(11,885 | 0).

Aus den Koordinaten von B(0 | 2,2) kann man den y-Achsenabschnitt c = 2,2 entnehmen. Da man zwei weitere Punkte kennt, lässt sich hieraus die Normalform der quadratischen Funktion, die die Flugbahn des Balles beschreibt, bestimmen.

Allgemeiner Ansatz: $f(x) = ax^2 + bx + c$.

y-Achsenabschnitt c = 2,2 einsetzen: $f(x) = ax^2 + bx + 2{,}2$.

A(−11,885 | 0,5) einsetzen:

$0{,}5 = a \cdot (-11{,}885)^2 + b \cdot (-11{,}885) + 2{,}2 \quad |$ Vereinfachen

$0{,}5 = 141{,}253225a - 11{,}885b + 2{,}2 \quad | -2{,}2$

$-1{,}7 = 141{,}253225a - 11{,}885b \quad$ (I)

C(11,885 | 0) einsetzen:

$0 = a \cdot (11{,}885)^2 + b \cdot (11{,}885) + 2{,}2 \quad |$ Vereinfachen

$0 = 141{,}253225a + 11{,}885b \cdot + 2{,}2 \quad | -2{,}2$

$-2{,}2 = 141{,}253225a + 11{,}885b \quad$ (II)

Nach dem **Additionsverfahren** (I + II) ergibt sich:

$-3{,}9 = 282{,}50645a \quad | : 283{,}50645$

$a \approx -0{,}0138$

Es wird $a = -0{,}0138$ in Gleichung II eingesetzt, um b zu erhalten: $b \approx -0{,}021$.

Die Flugbahn des Balles wird also näherungsweise beschrieben durch die Funktion

f mit $f(x) = -0{,}0138x^2 - 0{,}021x + 2{,}2$.

Gesucht ist der Scheitelpunkt der Funktion f:

$f(x) = -0{,}0138x^2 - 0{,}021x + 2{,}2$

$= -0{,}0138(x^2 + 1{,}52x) + 2{,}2$

$= -0{,}0138(x^2 + 1{,}52x + 0{,}76^2 - 0{,}76^2) + 2{,}2$

$= -0{,}0138((x + 0{,}76)^2 - 0{,}5776) + 2{,}2$

$= -0{,}0138(x + 0{,}76)^2 + 0{,}008 + 2{,}2$

$= -0{,}0138(x + 0{,}76)^2 + 2{,}208$

Der Scheitelpunkt von f und damit der höchste Punkt des Balles liegt ungefähr bei S(−0,76 | 2,208), also kurz vor dem Netz.

16

a) **Situation 3 Spieler:**

Spieler 1, 2 und 3 spielen jeweils gegen die anderen Spieler. Da so aber jede Paarung doppelt auftritt, muss man die $3 \cdot 2 = 6$ Spiele durch 2 teilen, um auf die Gesamtanzahl der Spiele zu kommen. Insgesamt müssen 3 Spieler $3 \cdot 2 : 2 = 3$ Spiele machen.

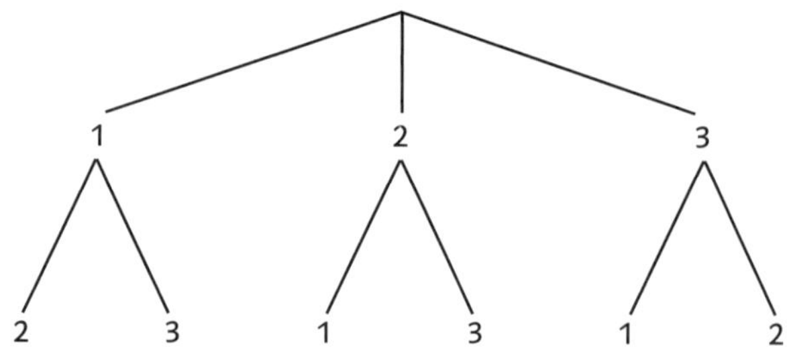

Situation 4 Spieler:

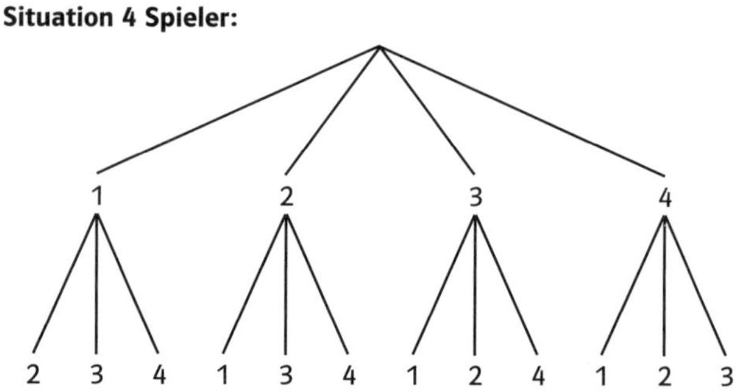

Spieler 1, 2, 3 und 4 spielen jeweils gegen die anderen Spieler. Da so aber jede Paarung doppelt auftritt, muss man die $4 \cdot 3 = 12$ Spiele noch durch 2 teilen, um auf die Gesamtanzahl der Spiele zu kommen. Insgesamt müssen 4 Spieler $4 \cdot 3 : 2 = 6$ Spiele machen.

Situation n Spieler:

Wie man an den Situationen für 3 und 4 Spieler erkennen kann, ergibt sich die Zahl der Gesamtspiele bei n Spielern wie folgt:

Gesamtanzahl der Spiele bei n Spielern = $\frac{n(n-1)}{2}$, da jeder der n Spieler gegen jeden der übrigen (n – 1) Spieler spielt und diese Anzahl noch einmal durch 2 geteilt werden muss, damit keine der Paarungen doppelt auftritt.

b) Es wurden 406 Spiele gespielt.

Also $406 = \frac{n(n-1)}{2}$

$406 = 0{,}5n^2 - 0{,}5n \quad | -406$

$0{,}5n^2 - 0{,}5x - 406 = 0 \quad | :0{,}5$

$n^2 - n - 812 = 0;\; p = -1$ und $q = -812$

$n_{1,2} = 0{,}5 \pm \sqrt{(0{,}5)^2 + 812}$

$n_{1,2} = 0{,}5 \pm \sqrt{812{,}25} = 0{,}5 \pm 28{,}5$

$n_1 = -28;\; n_2 = 29$

Da negative Lösungen im Sachzusammenhang keinen Sinn machen, sind 29 Schülerinnen und Schüler in der Klasse 9b.

Seite 35

17

a) Sei die Anzahl der Steine der einen Seite des Rechtecks x und die Anzahl der Steine der anderen Seite y.

(1) In der Mitte des Spielfeldes:

eingezäunte Kreuzungen = $(x - 2) \cdot (y - 2)$

(2) Am Rand:

eingezäunte Kreuzungen = $(x - 1) \cdot (y - 2)$

(3) In einer Ecke:

eingezäunte Kreuzungen = $(x - 1) \cdot (y - 1)$

b) (1) In der Mitte des Spielfeldes:

Es gilt: $2x + 2(y - 2) = 52 \quad |$ Klammer auflösen:

$2x + 2y - 4 = 52 \quad | :2$

$x + y - 2 = 26 \quad | +2 - x$

$y = 28 - x$

$y = 28 - x$ wird nun in die Gleichungen aus a) für y eingesetzt. Anschließend wird der Scheitelpunkt der quadratischen Funktion bestimmt.

eingezäunte Kreuzungen = $(x - 2) \cdot (28 - x - 2)$

$= (x - 2) \cdot (26 - x)$

Da dieser Term null wird für x = 2 oder x = 26, sind dies die Nullstellen der quadratischen Funktion. Aufgrund der Symmetrie einer Parabel liegt ihr Scheitelpunkt genau zwischen den beiden Nullstellen (falls die Funktion zwei Nullstellen besitzt), also ist der x-Wert des Scheitelpunktes $x = \frac{2+26}{2} = 14$.

x = 14 einsetzen ergibt für den y-Wert des Scheitelpunktes: y = 144, also Scheitelpunkt S(14 | 144).

Mit 52 Steinen kann man mit **x = 14** und **y = 28 – 14 = 14** als Anzahl der Randsteine möglichst viele Kreuzungen, nämlich $(14 - 2) \cdot (26 - 14) = 12 \cdot 12 =$ **144 Kreuzungen**, einzäunen.

(2) Am Rand:

Es gilt: $2x + (y - 2) = 52 \quad | +2 - 2x$

$y = 54 - 2x$

$y = 54 - 2x$ wird nun in die Gleichungen aus a) für y eingesetzt. Anschließend wird der Scheitelpunkt der quadratischen Funktion bestimmt.

eingezäunte Kreuzungen = $(x - 1) \cdot (54 - 2x - 2)$

$= (x - 1) \cdot (52 - 2x)$

Da dieser Term null wird für x = 1 oder x = 26, sind dies die Nullstellen der quadratischen Funktion. Aufgrund der Symmetrie einer Parabel liegt ihr Scheitelpunkt genau zwischen den beiden Nullstellen (falls die Funktion zwei Nullstellen besitzt), also ist der x-Wert des Scheitelpunktes $x = \frac{1+26}{2} = 13{,}5$.

x = 13,5 einsetzen ergibt für den y-Wert des Scheitelpunktes: y = 312,5, also Scheitelpunkt S(13,5 | 312,5).

Mit 52 Steinen kann man mit x = 13,5 oder gerundet (da 13,5 Steine nicht sinnvoll sind) **x = 14** und **y = 54 – 2 · 14 = 26** als Anzahl der Randsteine möglichst viele Kreuzungen einzäunen, nämlich $(14 - 1) \cdot (52 - 2 \cdot 14) = 13 \cdot 24 =$ **312 Kreuzungen** (auch x = 13 und y = 28 ist möglich und führt auf dasselbe Ergebnis).

(3) In einer Ecke:

Es gilt: $x + (y - 1) = 52 \quad | +1 - x$

$y = 53 - x$

$y = 53 - x$ wird nun in die Gleichungen aus a) für y eingesetzt. Anschließend wird der Scheitelpunkt der quadratischen Funktion bestimmt.

eingezäunte Kreuzungen = $(x - 1) \cdot (53 - x - 1)$

$= (x - 1) \cdot (52 - x)$

Da dieser Term null wird für x = 1 oder x = 52, sind dies die Nullstellen der quadratischen Funktion. Aufgrund der Symmetrie einer Parabel liegt ihr Scheitelpunkt genau zwischen den beiden Nullstellen (falls die Funktion zwei Nullstellen besitzt), also ist der x-Wert des Scheitelpunktes $x = \frac{1+52}{2} = 26{,}5$.

x = 26,5 einsetzen ergibt für den y-Wert des Scheitelpunktes: y = 650,25, also Scheitelpunkt S(26,5 | 650,25).

Mit 52 Steinen kann man mit x = 26,5 oder gerundet (da 26,5 Steine nicht sinnvoll sind) **x = 27** und **y = 53 – 27 = 26** als Anzahl der Randsteine möglichst viele Kreuzungen einzäunen, nämlich $(27 - 1) \cdot (52 - 27) = 26 \cdot 25 =$ **650 Kreuzungen** (auch x = 26 und y = 27 ist möglich und führt auf dasselbe Ergebnis).

18

a) Skizze:

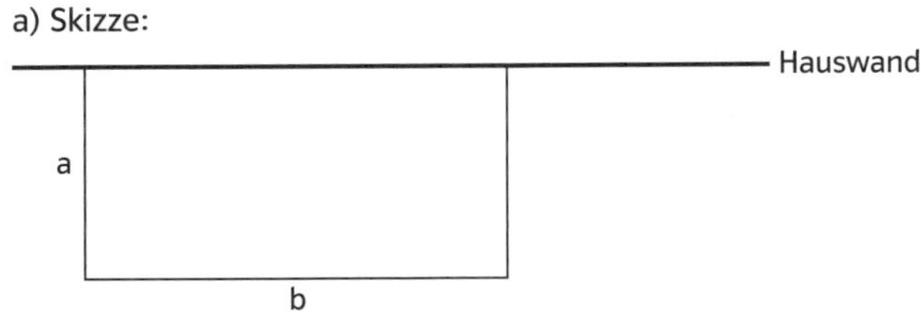

Es gilt: $2a + b = 16{,}8 \quad | -2a$

$b = 16{,}8 - 2a$

$b = 16{,}8 - 2a$ wird nun in die Gleichungen für die Auslauffläche $A = a \cdot b$ für b eingesetzt. Anschließend wird der Scheitelpunkt der quadratischen Funktion bestimmt.

$A = a \cdot b = a \cdot (16{,}8 - 2a)$

Da dieser Term null wird für a = 0 oder a = 8,4, sind dies die Nullstellen der quadratischen Funktion. Aufgrund der Symmetrie einer Parabel liegt ihr Scheitelpunkt genau zwischen den beiden Nullstellen (falls die Funktion zwei Nullstellen besitzt), also ist der x-Wert des Scheitelpunktes $a = \frac{0+8{,}4}{2} = 4{,}2$.

a = 4,2 einsetzen ergibt für den y-Wert des Scheitelpunktes: A = 35,28, also Scheitelpunkt S(4,2 | 35,28).

Die zweite Seitenlänge b muss dann

$b = 16{,}8 - 2a = 16{,}8 - 8{,}4 = 8{,}4\,m$ lang sein.

Michelle muss für die Seitenlängen des Stalls a = 4,2 m und b = 8,4 m wählen, damit die Auslauffläche A mit $35{,}28\,m^2$ maximal wird.

b) Skizze:

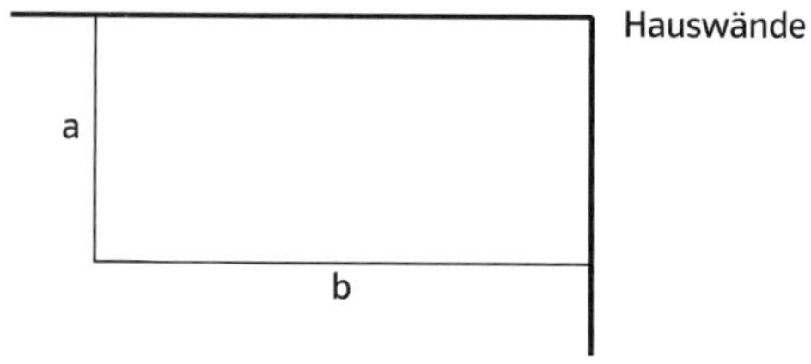

Es gilt: $a + b = 16{,}8 \quad | - a$

$b = 16{,}8 - a$

$b = 16{,}8 - a$ wird nun in die Gleichungen für die Auslauffläche $A = a \cdot b$ für b eingesetzt. Anschließend wird der Scheitelpunkt der quadratischen Funktion bestimmt.

$A = a \cdot b = a \cdot (16{,}8 - a)$

Da dieser Term null wird für $a = 0$ oder $a = 16{,}8$, sind dies die Nullstellen der quadratischen Funktion. Aufgrund der Symmetrie einer Parabel liegt ihr Scheitelpunkt genau zwischen den beiden Nullstellen (falls die Funktion zwei Nullstellen besitzt), also ist der x-Wert des Scheitelpunktes $a = \frac{0 + 16{,}8}{2} = 8{,}4$.

$a = 8{,}4$ einsetzen ergibt für den y-Wert des Scheitelpunktes: $A = 70{,}56$, also Scheitelpunkt $S(8{,}4 \mid 70{,}56)$.

Die zweite Seitenlänge b muss dann

$b = 16{,}8 - a = 16{,}8 - 8{,}4 = 8{,}4$ m lang sein.

Michelle muss die Seitenlängen des Stalls also $a = 8{,}4$ m und $b = 8{,}4$ m lang wählen, damit die Auslauffläche A mit $70{,}56\,m^2$ maximal wird.

19

Skizze:

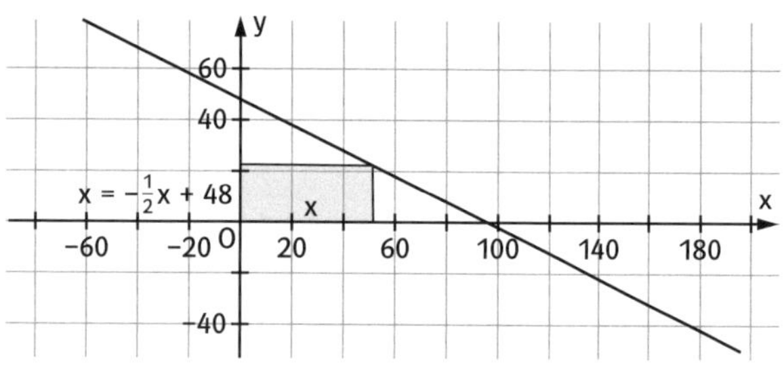

Wenn man das Stück Stoff mit dem rechten Winkel in den Nullpunkt eines Koordinatensystems legen würde, ließe sich die Hypothenuse des rechtwinkligen Dreiecks durch die folgende Geradengleichung beschreiben:

$y = -\frac{48}{96}x + 48$

bzw. $y = -\frac{1}{2}x + 48$

Die rechte obere Ecke des gesuchten Rechtecks liegt immer auf der Geraden.

Wenn also x die untere Seite des Rechtecks ist, dann ist $y = -\frac{1}{2}x + 48$ die rechte Seite des Rechtecks und damit gilt für den Flächeninhalt $A = x\left(-\frac{1}{2}x + 48\right)$.

Da dieser Term null wird für $x = 0$ oder $x = 96$, sind dies die Nullstellen der quadratischen Funktion. Aufgrund der Symmetrie einer Parabel liegt ihr Scheitelpunkt genau zwischen den beiden Nullstellen (falls die Funktion zwei Nullstellen besitzt), also ist der x-Wert des Scheitelpunktes $x = \frac{0 + 96}{2} = 48$.

$x = 48$ einsetzen ergibt für den y-Wert des Scheitelpunktes: $A = 1152$, also Scheitelpunkt $S(48 \mid 1152)$.

Die zweite Seitenlänge y muss dann

$y = -\frac{1}{2} \cdot 48 + 48 = -24 + 48 = 24$ cm lang sein.

Carlotta muss die Seitenlängen des Rechtecks also **x = 48 cm** und **y = 24 cm** lang wählen, damit der Flächeninhalt des rechteckigen Stück Stoffes **A mit 1152 cm²** maximal wird.

III Zinseszinsen und exponentielles Wachstum

Standardaufgaben, Seite 40

1

a) Anfangskapitel 570,00 €
Zinssatz 2,50 %

Jahr	Zinsen	Guthaben am Ende des Jahres
1	14,25 €	584,25 €
2	14,61 €	598,86 €
3	14,97 €	613,83 €
4	15,35 €	629,17 €

b) Anfangswert 16 000,00 €
Wertverlust pro Jahr 12,00 %

Jahr	Wertverlust	Neuer Wert
1	1920,00 €	14 080,00 €
2	1689,60 €	12 390,40 €
3	1486,85 €	10 903,55 €
4	1308,43 €	9595,13 €

c) Andrea

Jahr	Zinsen	Guthaben am Ende des Jahres
1	225,00 €	7725,00 €
2	231,75 €	7956,75 €
3	238,70 €	8195,45 €
4	245,86 €	8441,32 €
5	253,24 €	8694,56 €
6	260,84 €	8955,39 €

Fritz

Jahr	Zinsen	Guthaben am Ende des Jahres
1	120,00 €	8120,00 €
2	121,80 €	8241,80 €
3	123,63 €	8365,43 €
4	125,48 €	8490,91 €
5	127,36 €	8618,27 €
6	129,27 €	8747,55 €

Antwort: Nach 5 Jahren ist das Guthaben von Fritz zum ersten Mal höher als das von Andrea.

2

a) K(t) beschreibt ein exponentielles Wachstum mit einem Wachstumsfaktor von $q = 1{,}02$, d.h. einer prozentualen Zunahme von 2 % pro Zeitschritt.

B(t) beschreibt eine exponentielle Abnahme mit einem Wachstumsfaktor von $q = 0{,}923$, d.h. einer prozentualen Abnahme von 7,7 % pro Zeitschritt.

L(t) beschreibt keine exponentielle Zunahme oder Abnahme, sondern ein lineares Wachstum.

H(t) beschreibt keine exponentielle Zunahme oder Abnahme, sondern eine quadratische Zunahme.

b) $K(t) = 10\,500 \cdot 1{,}041^t$
c) $E(t) = 1\,500\,000 \cdot 1{,}001^t$
d) $P(t) = 17\,500 \cdot 1{,}13^t$
e) $P(t) = 9999 \cdot 0{,}84^t$

Seite 41

3

a) (I) Die Abnahme pro Minute beträgt 15%.

(II)

Zeitpunkt	Beginn der Messung	Nach 1 Min.	Nach 3 Min.	Nach 10 Min.	Nach 30 Sek.	Nach 1 h
Höhe in cm	10	8,5	6,14125	1,96874	9,21954	0,00058

b) $B(t) = 5000 \cdot 0{,}98^t$

$B(10) = 5000 \cdot 0{,}98^{10} \approx 4085$

Bestand nach 10 Jahren: Ca. 4085 Tiere

c) (I) Die Zunahme beträgt 30% pro Stunde.

(II)

Zeitpunkt	Beginn der Messung	Nach 1 h	Nach 4 h	Nach 1 Tag	Nach 25 Min.	Vor 1 h
Höhe in cm	40	52	114,24	21 712,03	44,62	30,77

(III) Nach 2 Stunden: Anstieg um 69% im Vergleich zur Anfangsanzahl.

Nach 3 Stunden: Anstieg um 119,7% im Vergleich zur Anfangsanzahl.

Nach 4 Stunden: Anstieg um 185,61% im Vergleich zur Anfangsanzahl.

4

a) $x = \sqrt[3]{27} = 3$

b) $x_1 = \sqrt[4]{1296} = 6;\ x_2 = -\sqrt[4]{1296} = -6$

c) $x = \sqrt[7]{2187} = 3$

d) $x_1 = \sqrt[6]{1} = 1 \qquad x_2 = -\sqrt[6]{1} = -1$

e) $x = \sqrt[7]{5} \approx 1{,}2585$

f) $x = -\sqrt[5]{32} = -2$

g) Keine Lösung, da $x^6 \geqq 0$ ist. Somit kann das Ergebnis für keinen Wert von $x - 5$ sein.

h) $4x^3 = 32 \quad | : 4$

$x^3 = 8$

$x^3 = \sqrt[3]{8} = 2$

i) $\frac{1}{2}x^5 = \frac{243}{2} \quad | \cdot 2$

$x^5 = 243$

$x = \sqrt[5]{243} = 3$

j) $6x^5 = \frac{2}{27} \quad | : 6$

$x^5 = \frac{2}{162} = \frac{1}{81}$

$x = \sqrt[5]{\frac{1}{81}} \approx 0{,}2311$

k) $\frac{3}{4}x^4 = \frac{1}{8} \quad | \cdot \frac{4}{3}$

$x^4 = \frac{1}{8} \cdot \frac{4}{3} = \frac{4}{24} = \frac{1}{6}$

$x_1 = \sqrt[4]{\frac{1}{6}} \approx 0{,}6389 \qquad x_2 = -\sqrt[4]{\frac{1}{6}} \approx -0{,}6389$

l) $\frac{2}{3}x^3 - \frac{1}{8} = \frac{47}{648} \quad | + \frac{1}{8}$

$\frac{2}{3}x^3 = \frac{47}{648} + \frac{1}{8} = \frac{47}{648} + \frac{81}{648} = \frac{128}{648} = \frac{16}{81} \quad | \cdot \frac{3}{2}$

$x^3 = \frac{16}{81} \cdot \frac{3}{2} = \frac{8}{27}$

$x = \sqrt[3]{\frac{8}{27}} = \frac{2}{3}$

m) $\frac{1}{7}x^3 = \frac{1}{14}x^3 - \frac{4}{7} \quad | - \frac{1}{14}x^3$

$\frac{1}{14}x^3 = -\frac{4}{7}$

$x^3 = -8$

$x = -\sqrt[3]{8} = -2$

n) $\frac{1}{2}x^4 + \frac{3}{4} = \frac{1}{6}x^4 + \frac{31}{16} \quad | - \frac{3}{4} - \frac{1}{6}x^4$

$\frac{1}{3}x^4 = \frac{19}{16} \quad | \cdot 3$

$x^4 = \frac{57}{16}$

$x_1 = \sqrt[4]{\frac{57}{16}} \approx 1{,}3738 \qquad x_2 = -\sqrt[4]{\frac{57}{16}} \approx -1{,}3738$

o) $\frac{5}{7}x^2 - 3 = \frac{13}{14}x^2 + 2 \quad | - \frac{13}{14}x^2 + 3$

$-\frac{3}{14}x^2 = 5 \quad | \cdot \left(-\frac{14}{3}\right)$

$x^2 = -\frac{70}{3}$

Keine Lösung, da $x^2 \geqq 0$.

p) $2ax^3 - 4 = ax^3 + 2 \quad | + 4 - ax^3$

$ax^3 = 6 \quad | : a$

$x^3 = \frac{6}{a}$

$x = \sqrt[3]{\frac{6}{a}}$

Seite 42

5

a)

Anfangskapital	20 000,00 €	1000,00 €
Laufzeit	18	30
Endguthaben	40 000,00 €	2000,00 €
Zinssatz	3,9259 %	2,3374 %

Anfangskapital	450 000,00 €	$ 300 000,00
Laufzeit	10	5
Endguthaben	571 068,00 €	$ 360 629,94
Zinssatz	2,4112 %	3,7500 %

b) $q = \sqrt[10]{\frac{46\,000}{40\,000}} \approx 1{,}014 = 1 + 0{,}014$

Die Einwohnerzahl nimmt pro Jahr um ca. 1,4% zu.

c) $q = \sqrt[20]{\frac{100\,000}{60\,000}} \approx 1{,}0259 = 1 + 0{,}0259$

Die Einwohnerzahl muss jährlich um 2,59% zunehmen.

d) $q = \sqrt[12]{2{,}2} \approx 1{,}0679 = 1 + 0{,}0679$

Der zugehörige Zinssatz müsste ca. 6,79% betragen.

e) $q = \sqrt[7]{\frac{6500}{15\,000}} \approx 0{,}8874 = 1 - 0{,}1126$

Der Wert nimmt pro Jahr um ca. 11,26% ab.

6

a) $q = \frac{1591{,}35\,€}{1545\,€} = 1{,}03$

Der Zinssatz beträgt 3%.

$K(0) = \frac{1545\,€}{1{,}03} = 1500\,€$

Das Anfangskapital beträgt 1500 €.

b) $q = \sqrt[4]{\frac{122\,987{,}39\,€}{109\,272{,}7}} = 1{,}03$

Der Zinssatz beträgt 3%.

$K(0) = \frac{109\,272{,}7\,€}{1{,}03^3} = 100\,000\,€$

Das Anfangskapital beträgt 100 000 €.

Formel: $K(t) = 100\,000\,€ \cdot 1{,}03^t$

c) (I)

t	0	1	2	3
B(t)	300	306	312,12	318,3624

Wachstumsfaktor: $q = 1{,}02$ Zunahme pro Jahr: 2%

(II)

t	0	1	2	3
B(t)	466,67	700	1050	1575

Wachstumsfaktor: $q = 1{,}5$ Zunahme pro Jahr: 50%

(III)

t	0	1	2	3
B(t)	1500	1200	960	768

Wachstumsfaktor: $q = 0{,}8$ Abnahme pro Jahr: 20 %

(IV)

t	0	2	4	6
B(t)	6400	1600	400	100

Wachstumsfaktor: $q = 0{,}5$ Abnahme pro Jahr: 50 %

Seite 43

7

a) Ja, es kann sich um ein exponentielles Wachstum handeln. ($q = 1{,}1$)
b) Ja, es kann sich um eine exponentielle Abnahme handeln. ($q = 0{,}8$)
c) Nein, es kann sich nicht um ein exponentielles Wachstum handeln. Der Wert für $t = 2$ müsste 1440 lauten, damit ein exponentielles Wachstum mit $q = 1{,}2$ vorliegen könnte.
d) Nein, es kann sich nicht um eine exponentielle Abnahme handeln. Der Wert für $t = 9$ müsste 201,77 lauten, damit eine exponentielle Abnahme mit $q = 0{,}7$ vorliegen könnte.

8

a) Nach 13 Jahren beträgt das Guthaben 393,06 €.
Nach 14 Jahren beträgt das Guthaben 401,31 €.
Es dauert also 14 Jahre, bis sie mehr als 400 € hat.
b) Nach 11 Jahren beträgt das Guthaben 27 684,68 €.
Nach 12 Jahren beträgt das Guthaben 28 515,22 €.
Man muss also 12 Jahre warten, bis das Kapital sich um 8500 € vergrößert hat.
c) Zinssatz von 2 %:
Nach 35 Jahren beträgt das Guthaben 199 988,96 €.
Nach 36 Jahren beträgt das Guthaben 203 988,73 €.
Es dauert bei 2% Zinsen also 36 Jahre, bis sich das Guthaben mehr als verdoppelt hat.
Zinssatz von 4%:
Nach 17 Jahren beträgt das Guthaben 194 790,05 €.
Nach 18 Jahren beträgt das Guthaben 202 581,65 €.
Es dauert bei 4 % Zinsen also 18 Jahre, bis sich das Guthaben mehr als verdoppelt hat.
d) Das Startkapital spielt keine Rolle für die Frage, wann sich das Kapital bei einem Zinssatz von 5 % verdoppelt, verdreifacht oder vervierfacht. Daher ergeben sich für 10 000 € und 5000 € Startkapital die gleichen Ergebnisse.

	Verdoppelt nach	Verdreifacht nach	Vervierfacht nach
Bei 10000 €	15 Jahren	23 Jahren	29 Jahren
Bei 5000€	15 Jahren	23 Jahren	29 Jahren

e) Wenn man mit einem Startkapital von 100 € rechnet, ergibt sich:
Nach 21 Jahren beträgt das Guthaben 197,75 €.
Nach 22 Jahren beträgt das Guthaben 204,27 €.
Es dauert bei einem Zinssatz von 3,3% also 22 Jahre, bis sich das Kapital verdoppelt.
Dies gilt für jedes beliebige Startkapital.
f) Nach 6 Jahren ist das Motorrad noch 53,14 % des ursprünglichen Preises wert.
Nach 7 Jahren ist das Motorrad noch 47,83 % des ursprünglichen Preises wert.
Dies gilt unabhängig davon, wie viel das Motorrad ursprünglich wert war.
Antwortsatz: Es dauert 7 Jahre, bis das Motorrad weniger als die Hälfte des ursprüngliches Preises wert ist.

9

Halbwertszeit: Ca. 68,97 Tage
Halbwertszeit: Ca. 6,58 Tage
Verdopplungszeit: Ca. 14,21 Tage

Vertiefende Aufgaben, Seite 44

1

DIN-A3: $0{,}125\,m^2 = 1250\,cm^2$
DIN-A4: $0{,}0625\,m^2 = 625\,cm^2$
DIN-A5: $0{,}03125\,m^2 = 312{,}5\,cm^2$
DIN-A8: $0{,}00390625\,m^2 = 39{,}0625\,cm^2$

2

Durch $A(t) = 2^t$ kann man die Anzahl der Personen bestimmen, die nach t Minuten von der Neuigkeit wissen.
Die Klasse: Nach 5 Minuten, denn $A(5) = 32$.
Die Schule: Nach 10 Minuten, denn $A(10) = 1024$.
Die Stadt: Nach 17 Minuten, denn $A(17) = 131\,072$.

3

a) Nach 29 Tagen ist der Teich halb bedeckt.
b) Der Teich wäre dann nach bereits nach 29 Tagen bedeckt.

4

Mit der Formel $T(t) = 20 + 70 \cdot 0{,}9^t$ kann man die Temperatur des Tees nach t Minuten berechnen, denn der Unterschied zwischen Tee und Raumtemperatur beträgt zu Beginn 70 °C und verringert sich dann stets um 10 %, was einem Wachstumsfaktor von $q = 0{,}9$ entspricht.
Weniger als 50 °C: Nach 9 Minuten, denn $T(8) \approx 50{,}13$ und $T(9) \approx 47{,}1$.
Weniger als 21 °C: Nach 41 Minuten, denn $T(40) \approx 21{,}03$ und $T(41) \approx 20{,}93$.

5

a) Bei einer jährlichen Umsatzsteigerung um 5 % pro Jahr ergibt sich nach 15 Jahren:
$U(15) = 100\,\% \cdot 1{,}05^{15} \approx 207{,}89\,\% = 100\,\% + 107{,}89\,\%$
Also wäre der Umsatz bei einer jährlichen Steigerung um 5 % nach 15 Jahren um 107,89 % gestiegen.
b) $175\,\% = 100\,\% \cdot q^{15}$
$q = \sqrt[15]{1{,}75} \approx 1{,}038$
Der Umsatz wäre demnach um ca. 3,8 % pro Jahr gestiegen.

6

a) Wachstumsfaktor: $q = \sqrt[6]{2} \approx 1{,}12246$
$G(t) = 0{,}4 \cdot 1{,}12246^t$
b) $G(13) \approx 1{,}796$; $G(14) \approx 2{,}016$
Also wiegt die Melone nach 14 Tagen mehr als 2 kg.

Seite 45

7

a) Angebot A: $2999 \cdot 1{,}075^4 \approx 4005{,}07$
Angebot B: $2999 \cdot 1{,}0075^{48} \approx 4292{,}78$
Angebot C: $2999 \cdot 1{,}017^{16} \approx 3927{,}46$
Angebot C ist am günstigsten.

b)

Jahr	Anfang des Jahres	Zinsen	Ende des Jahres
1	600,00 €	24,00 €	624,00 €
2	1224,00 €	48,96 €	1272,96 €
3	1872,96 €	74,92 €	1947,88 €
4	2547,88 €	101,92 €	2649,79 €
5	3249,79 €	129,99 €	3379,79 €

Nach 5 Jahren könnten sie den Fernseher kaufen, wenn der Preis unverändert bleibt.

8

a) Falsch, denn z. B. bei 100 € Guthaben erhält man in 3 Jahren bei 3 % insgesamt 9,27 € Zinsen und Zinseszinsen ($100 \cdot 1{,}03^3 = 109{,}2727$) und bei 6 % insgesamt 19,11 € Zinsen und Zinseszinsen ($100 \cdot 1{,}06^3 = 119{,}1016$). Das ist nicht doppelt so viel.

b) Falsch, denn es dauert genauso lange. Das Kapital spielt für die Verdopplungszeit keine Rolle.

c) Richtig.

d) Falsch, denn bereits nach 8 Jahren hat sich dann der Bestand verdoppelt.
(Bei $B(0) = 100$ erhält man für $t = 8$: $100 \cdot 1{,}1^8 = 214{,}87$.)

e) Falsch, denn wenn 5 % pro Jahr zerfallen, sind nach 10 Jahren noch 59,9 % des Bestandes vorhanden
($100\,\% \cdot 0{,}95^{10} = 59{,}87\,\%$).

f) Falsch, denn 5 % Wertsteigerung pro Jahr bedeutet in 2 Jahren 10,25 % Wertsteigerung, weil
$1{,}05^2 = 1{,}1025$ – $100\,\% + 10{,}25\,\%$.

Seite 46

9

a) und b)

(I)

t	0	1	2	3	4	5
A(t)	2	2,2	2,42	2,662	2,9282	3,22102

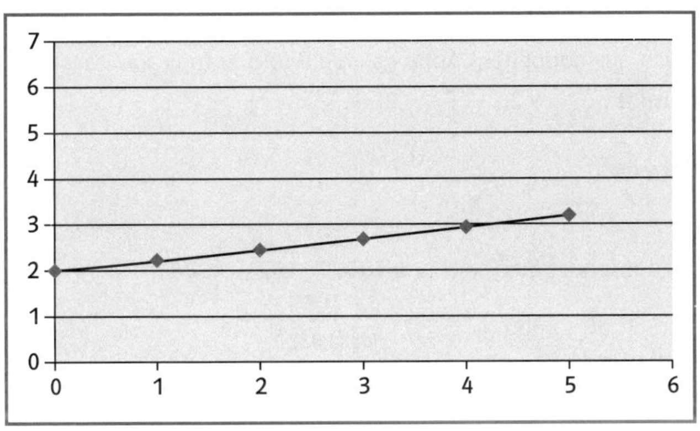

(II)

t	0	1	2	3	4	5
A(t)	2	2,4	2,88	3,456	4,1472	4,97664

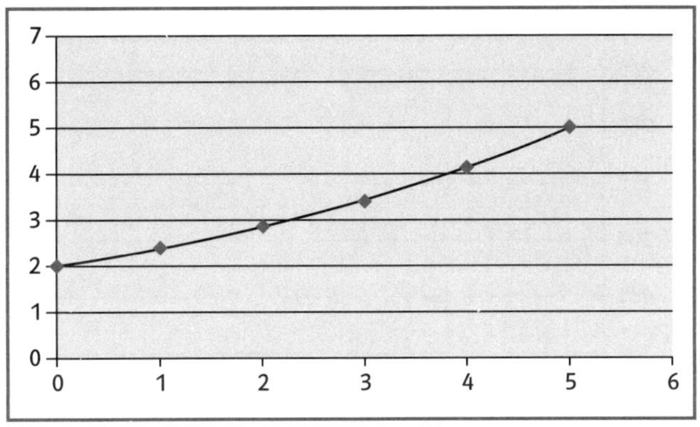

(III)

t	0	1	2	3	4	5
A(t)	2	2,6	3,38	4,394	5,7122	7,42586

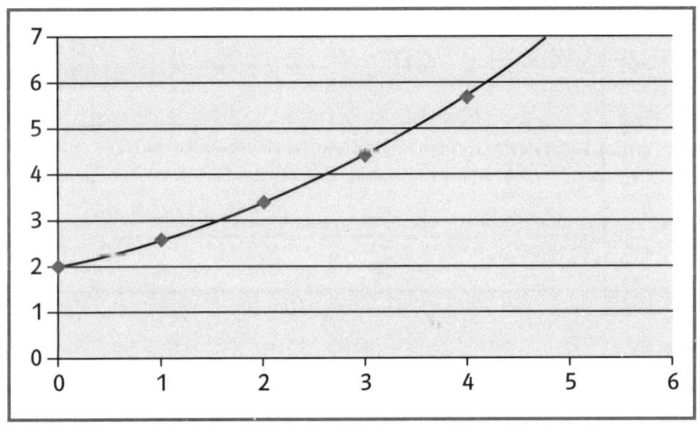

c) Alle Kurven verlaufen durch P(0 | 2).
Alle Kurven steigen an und werden von links nach rechts gesehen immer steiler.
Die Kurve von (I) verläuft insgesamt flacher, die Kurve zu (III) ist am steilsten, da der Wachstumsfaktor zu (III) am größten ist.

d) Alle Graphen verlaufen durch P(0 | 110).
Bei E(t) nehmen die Werte am schnellsten zu, denn hier ist der Wachstumsfaktor am größten.

10

Fig. 1 → Sachverhalt B
Fig. 2 → Sachverhalt D
Fig. 3 → Sachverhalt C
Fig. 4 → Sachverhalt A

Seite 47

11

A(t) gehört zu Fig. 1, denn der Wachstumsfaktor bei A(t) ist größer als 1 und der Graph steigt, aber nicht so schnell wie Fig. 3. Außerdem gilt $A(7) \approx 974$.
B(t) gehört zu Fig. 3, denn der Wachstumsfaktor bei B(t) ist größer als 1 und der Graph steigt. Er steigt zudem steiler als Fig. 1, die zu A(t) zugeordnet werden muss, da der Wachstumsfaktor von A(t) kleiner ist als der von B(t). Außerdem gilt $B(7) \approx 20\,517$.
C(t) gehört zu Fig. 2, denn der Wachstumsfaktor von C(t) ist kleiner als 1 und der Graph fällt. Außerdem gilt $C(7) \approx 239$

12

a) (I)

t	0	1	2	3	4
W(t)	83,3	100	120	144	172,8

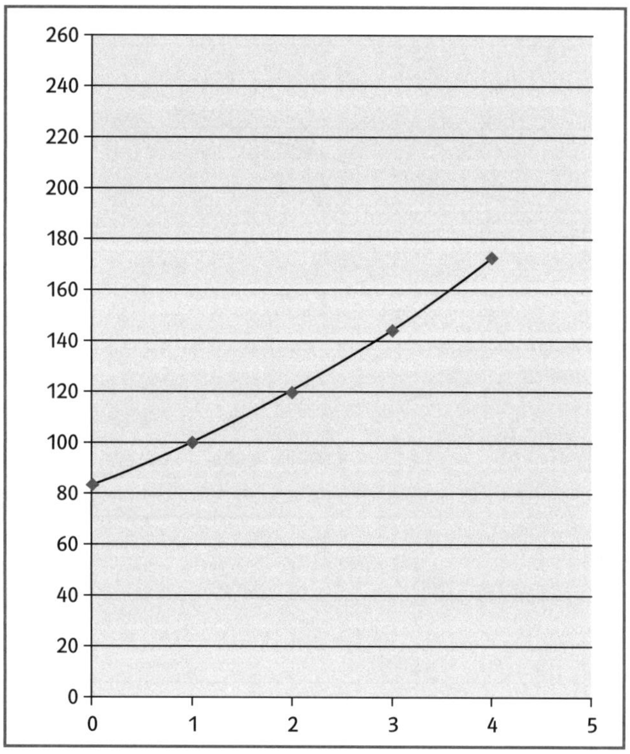

(II)

t	0	1	2	3	4
W(t)	125	100	80	64	51,2

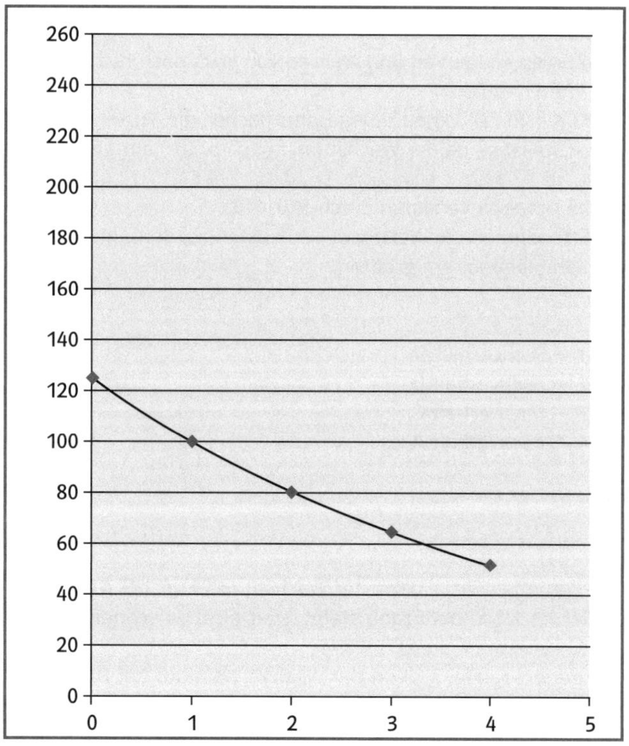

b) Claudia hat nicht Recht, denn wenn eine Aktion zunächst 100 € wert ist und der Wert um 20 % sinkt, dann ist sie noch 80 € wert. Wenn dieser Wert um 20% steigt, dann erhöht sich der Wert um 16 €, da 80 € · 0,2 = 16 €. Die Aktie ist also dann 96 € wert, also weniger als am Anfang.

Seite 48

13

a) $\log_2(8) = \frac{\log(8)}{\log(2)} = 2$ b) $\log_3(27) = \frac{\log(27)}{\log(3)} = 3$

c) $\log_7(16\,807) = \frac{\log(16\,807)}{\log(7)} = 5$ d) $\log_5(15\,625) = \frac{\log(15\,625)}{\log(5)} = 6$

e) $\log_8(7) = \frac{\log(7)}{\log(8)} \approx 0{,}94$ f) $\log_3(11) = \frac{\log(11)}{\log(3)} \approx 2{,}18$

g) $\log_3(100) = \frac{\log(100)}{\log(3)} \approx 4{,}19$ h) $\log_{3,2}(70) = \frac{\log(70)}{\log(3,2)} \approx 3{,}65$

i) $\log_{\frac{1}{2}}\left(\frac{1}{4}\right) = \frac{\log\left(\frac{1}{4}\right)}{\log\left(\frac{1}{2}\right)} \approx 2$ j) $\log_{\frac{1}{3}}(20) = \frac{\log(20)}{\log\left(\frac{1}{3}\right)} \approx -2{,}73$

k) Die Aufgaben a), b) und i) sind sehr leicht ohne Taschenrechner lösbar, denn man weiß, dass $2^3 = 8$ bzw. $3^3 = 27$ oder $\left(\frac{1}{2}\right)^2 = \frac{1}{4}$ ist. Die ganzzahlige Lösung zu c) und d) könnte man auch ohne Taschenrechner finden. Das wäre aber aufwändiger, da man 7^5 bzw. 5^6 berechnen muss.

14

a) $x = \log_3(8) = \frac{\log(8)}{\log(3)} \approx 1{,}893$

b) $x = \log_2(10) = \frac{\log(10)}{\log(2)} \approx 3{,}322$

c) $x = \log_{19}(176) = \frac{\log(176)}{\log(19)} \approx 1{,}756$

d) $x = \log_{0,9}(0{,}5) = \frac{\log(0,5)}{\log(0,9)} \approx 6{,}579$

e) $x = \log_{10}\left(\frac{1155}{100}\right) \approx 1{,}063$

f) $x = \log_5\left(\frac{15,2}{3,2}\right) = \frac{\log(4,75)}{\log(5)} \approx 0{,}968$

g) $x = \log_{1,03}\left(\frac{2500 - 100}{2000}\right) = \frac{\log(1,2)}{\log(1,03)} \approx 6{,}168$

15

a) $t = \log_{1,05}(2) = \frac{\log(2)}{\log(1,05)} \approx 14{,}2$

Nach 15 Jahren hat sich das Kapital mehr als verdoppelt.

b) $t = \log_{1,03}(2) = \frac{\log(2)}{\log(1,03)} \approx 23{,}4$

Nach 24 Jahren hat sich das Kapital mehr als verdoppelt.

c) $t = \log_{1,02}(2) = \frac{\log(2)}{\log(1,02)} \approx 35{,}003$

Nach 36 Jahren hat sich das Kapital mehr als verdoppelt.

d) Alle Rechnungen führen auf die Gleichung $q^t = 2$, da der Bruch aus doppeltem Anfangskapital und Anfangskapital stets 2 ergibt $\left(\frac{200\,€}{100\,€} = 2;\ \frac{10\,000\,€}{5000\,€} = 2;\ \frac{14\,000\,€}{7000\,€} = 2\right)$.

Seite 49

16

a) Zu lösen ist die Gleichung $10\,999 \cdot 1{,}02^t = 15\,000$.

Man erhält $t = \log_{1,02}\left(\frac{15\,000}{10\,999}\right) = \frac{\log\left(\frac{15\,000}{10\,999}\right)}{\log(1,02)} \approx 15{,}67$.

Es dauert 16 Jahre.

b) Zu lösen ist die Gleichung $500 \cdot 1{,}015^t = 1000$.

Man erhält $t = \log_{1,015}(2) = \frac{\log(2)}{\log(1,015)} \approx 46{,}56$.

Es dauert 47 Jahre.

c) Zu lösen ist die Gleichung $100 \cdot 3^t = 10\,000$.

Man erhält: $t = \log_3\left(\frac{10\,000}{100}\right) = \frac{\log(100)}{\log(3)} \approx 4{,}19$.

Es dauert 4,2 Tage.

d) Zu lösen ist die Gleichung $100 \cdot 0{,}8^t = 1$.

Man erhält: $t = \log_{0,8}\left(\frac{1}{100}\right) = \frac{\log(0,01)}{\log(0,8)} \approx 20{,}64$.

Es dauert 20,64 Stunden.

e) Zu lösen ist die Gleichung $0{,}835^t = 0{,}5$.

Man erhält: $t = \log_{0,835}(0{,}5) = \frac{\log(0,5)}{\log(0,835)} \approx 3{,}85$.

Die Halbwertszeit beträgt ca. 3,85 Tage.

17

a) $A(x) = 2^{x-1}$

b) 10. Feld: $A(10) = 2^9 = 512$

15. Feld: $A(15) = 2^{14} = 16\,384$

64. Feld: $A(64) = 2^{63} = 9{,}223372037 \cdot 10^{18}$

c) Zu lösen ist die Gleichung $2^{x-1} = 100\,000$.

Man erhält: $x - 1 = \log_2(1\,000\,000) = \frac{\log(1\,000\,000)}{\log(2)} \approx 19{,}93$, also $x \approx 20{,}93$.

Auf dem 21. Feld sind zum ersten Mal mehr als 1 000 000 Reiskörner.

18

a) $x > \log_{1,1}(100\,000) = \frac{\log(100\,000)}{\log(1{,}1)} \approx 120{,}79$

x = 121 ist die kleinste ganze Zahl, für die die Gleichung erfüllt ist.

b) $x > \log_{\frac{4}{3}}(100\,000) = \frac{\log(100\,000)}{\log\left(\frac{4}{3}\right)} \approx 40{,}02$

x = 41 ist die kleinste ganze Zahl, für die die Gleichung erfüllt ist.

c) $x > \log_{\frac{5}{3}}(100\,000) = \frac{\log(100\,000)}{\log\left(\frac{5}{3}\right)} \approx 22{,}54$

x = 23 ist die kleinste ganze Zahl, für die die Gleichung erfüllt ist.

d) $x > \log_2(100\,000) = \frac{\log(100\,000)}{\log(2)} \approx 16{,}61$

x = 17 ist die kleinste ganze Zahl, für die die Gleichung erfüllt ist.

e) $x > \log_{\frac{8}{3}}(100\,000) = \frac{\log(100\,000)}{\log\left(\frac{8}{3}\right)} \approx 11{,}74$

x = 12 ist die kleinste ganze Zahl, für die die Gleichung erfüllt ist.

f) $x > \log_8(100\,000) = \frac{\log(100000)}{\log(8)} \approx 5{,}54$

x = 6 ist die kleinste ganze Zahl, für die die Gleichung erfüllt ist.

g) $x > \log_{\frac{1}{2}}\left(\frac{1}{100\,000}\right) = \frac{\log\left(\frac{1}{100\,000}\right)}{\log\left(\frac{1}{2}\right)} \approx 16{,}61$

x = 17 ist die kleinste ganze Zahl, für die die Gleichung erfüllt ist.

h) $x > \log_{\frac{1}{4}}\left(\frac{1}{100\,000}\right) = \frac{\log\left(\frac{1}{100\,000}\right)}{\log\left(\frac{1}{4}\right)} \approx 8{,}3$

x = 9 ist die kleinste ganze Zahl, für die die Gleichung erfüllt ist.

i) $x > \log_{\frac{1}{8}}\left(\frac{1}{100\,000}\right) = \frac{\log\left(\frac{1}{100\,000}\right)}{\log\left(\frac{1}{8}\right)} \approx 5{,}53$

x = 6 ist die kleinste ganze Zahl, für die die Gleichung erfüllt ist.

j) $x > \log_{\frac{1}{16}}\left(\frac{1}{100\,000}\right) = \frac{\log\left(\frac{1}{100\,000}\right)}{\log\left(\frac{1}{16}\right)} \approx 4{,}15$

x = 5 ist die kleinste ganze Zahl, für die die Gleichung erfüllt ist.

k) Der mit dem Logarithmus bei h) berechnete Wert ist halb so groß wie der bei g). Ebenso ist der mit dem Logarithmus bei j) berechnete Wert halb so groß wie der bei h).

Dies liegt daran, dass $\left(\frac{1}{2}\right)^2 = \frac{1}{4}$ und $\left(\frac{1}{4}\right)^2 = \frac{1}{16}$ ist.

Seite 50

19

a) (I) $10^2 = 100$ (II) $10^3 = 1000$

(III) $10^4 = 10\,000$ (IV) $10^{-1} = 0{,}1$

(V) $10^{-2} = 0{,}01$ (VI) $10^{-3} = 0{,}001$

b) (I) $1{,}2 \cdot 10^5 = 120\,000$

(II) $3{,}9 \cdot 10^7 = 39\,000\,000$

(III) $1{,}6 \cdot 10^6 = 1\,600\,000$

(IV) $1{,}2 \cdot 10^{-5} = 0{,}000012$

(V) $3{,}9 \cdot 10^{-7} = 0{,}00000039$

(VI) $1{,}5 \cdot 10^{-6} = 0{,}000015$

(VII) $5{,}8 \cdot 10^9 = 5\,800\,000\,000$

(VIII) $10^5 = 100\,000$

(IX) $10^{-5} = 0{,}00001$

c) (I) $3 \cdot 10^8 \frac{m}{s}$ (II) $9{,}97 \cdot 10^6\,km^2$

(III) $1{,}5 \cdot 10^8\,km$ (IV) $1{,}3 \cdot 10^{10}$ Jahre

(V) $1{,}684863 \cdot 10^{12}$ € (VI) $4 \cdot 10^{-5}\,kg$

(VII) $2 \cdot 10^{-9}\,km$

20

a) (I) $5{,}3 \cdot 10^3$

(II) $6{,}1 \cdot 10^7$

(III) $2{,}5 \cdot 10^8$

(IV) $-1{,}4 \cdot 10^{-3}$

(V) $0{,}7 \cdot 10^4 = 7 \cdot 10^3$

b) (I) $4{,}4 \cdot 10^6$

(II) $0{,}75 \cdot 10^{16} = 7{,}5 \cdot 10^{15}$

(III) $20{,}4 \cdot 10^{12} = 1{,}04 \cdot 10^{13}$

(IV) $17 \cdot 10^{12} = 1{,}7 \cdot 10^5$

(V) $4 \cdot 10^{11}$

(VI) $4 \cdot 10^{-11}$

(VII) $1{,}44 \cdot 10^{-11}$

(VIII) $2 \cdot 10^8$

Seite 51

21

a) (II) $\frac{1}{10^2} = \frac{1}{100}$ (III) $\frac{1}{11^2} = \frac{1}{121}$

(IV) $\frac{1}{10^4}\ \frac{1}{10\,000}$ (V) $\frac{1}{\left(\frac{1}{2}\right)^2} = \frac{1}{\frac{1}{4}} = 4$

(VI) $\frac{1}{\left(\frac{2}{7}\right)^2} = \frac{1}{\frac{4}{49}} = \frac{49}{4}$

b) (I) 5^{-4} (II) 6^{-7}

(III) 9^{-10} (IV) $\frac{1}{10^5} = 10^{-5}$

(V) $\frac{1}{3^4} = 3^{-4}$ (VI) $\frac{1}{2^5} = 2^{-5}$

22

a) $5^{5-7} = 5^1 = 5$ b) $8^{10-10} = 8^0 = 1$

c) $\frac{3^{19}}{3^{16}} = 3^{19-16} = 3^3 = 27$ d) $\frac{6^{-5}}{6^{-7}} = 6^{-5-(-7)} = 6^2 = 36$

e) $\frac{12^3}{4^3} = \left(\frac{12}{4}\right)^3 = 3^3 = 27$ f) $\frac{21^{17}}{21^{16}} = 21^{17-16} = 21^1 = 21$

g) $2^2 \cdot 4^2 = (2 \cdot 4)^2 = 8^2 = 64$ h) $\left(\frac{90}{45}\right)^5 = 2^5 = 32$

i) $\left(\frac{50}{10}\right)^2 = 5^2 = 25$ j) $(8 \cdot 0{,}125)^4\ 10^4 = 10\,000$

k) $x^{2 \cdot 4} = x^8$ l) $(b^{3-2})^{\frac{1}{3}} = b^{1 \cdot \frac{1}{3}} = b^{\frac{1}{3}}$

m) $\left(\frac{a}{b}\right)^2 \cdot \frac{1}{a^2} = \frac{\left(\frac{a}{2}\right)^2}{a^2} = \left(\frac{\frac{a}{b}}{a}\right)^2 = \left(\frac{1}{b}\right)^2 = \frac{1}{b^2}$

n) $x^9 : \left(\frac{x}{y}\right)^9 = \left(x : \frac{x}{y}\right)^9 = \left(x \cdot \frac{y}{x}\right)^9 = y^9$

o) $z^4 \cdot y^4 : \left(\frac{y}{z}\right)^2 = \frac{y^4}{z^4} : \left(\frac{y}{z}\right)^2 = \left(\frac{y}{z}\right)^4 : \left(\frac{y}{z}\right)^2 = \left(\frac{y}{z}\right)^{4-2} = \left(\frac{y}{z}\right)^2$

p) $(a^4 \cdot b^4) = ((a \cdot b)^4)^3 = (a \cdot b)^{4 \cdot 3} = (a \cdot b)^{12} = a^{12} \cdot b^{12}$

q) $x^{3 \cdot 4} : (x^{2+6}) = x^{12} : x^8 = x^{12-8} = x^4$

23

a) $2^5 \cdot 2^3 = (2 \cdot 2 \cdot 2 \cdot 2 \cdot 2) \cdot (2 \cdot 2 \cdot 2) = 2^{5+3} = 2^8$

b) $\frac{2^5}{2^3} = \frac{2 \cdot 2 \cdot 2 \cdot 2 \cdot 2}{2 \cdot 2 \cdot 2} = 2 \cdot 2 = 2^2 = 2^{5-3}$

c) $(2^5)^3 = (2 \cdot 2 \cdot 2 \cdot 2 \cdot 2) \cdot (2 \cdot 2 \cdot 2 \cdot 2 \cdot 2) \cdot (2 \cdot 2 \cdot 2 \cdot 2 \cdot 2) = 2^{15} = 2^{5 \cdot 3}$

d) $2^3 \cdot 3^3 = (2 \cdot 2 \cdot 2) \cdot (3 \cdot 3 \cdot 3) = (2 \cdot 3) \cdot (2 \cdot 3) \cdot (2 \cdot 3) = (2 \cdot 3)^3$

e) $\frac{8^3}{2^3} = \frac{8 \cdot 8 \cdot 8}{2 \cdot 2 \cdot 2} = \frac{8}{2} \cdot \frac{8}{2} \cdot \frac{8}{2} = \left(\frac{8}{2}\right)^3$

IV Lineare Gleichungssysteme

Standardaufgaben, Seite 58

1

a) $y = 3x - 4$ (I)
$y = -x + 16$ (II)
(I) = (II) liefert:
$3x - 4 = -x + 16 \quad | + x + 4$
$4x = 20 \quad | :4$
$x = 5$
$x = 5$ einsetzen in Gleichung (I) ergibt:
$y = 3 \cdot (5) - 4 = 11$
Die Lösung ist also $x = 5$; $y = 11$.

b) $3x + y = 11$ (I)
$6x = -3y + 18$ (II)
Gleichung (I) wird zunächst umgeformt:
$3x + y = 11 \quad | - y$
$3x = 11 - y \quad | \cdot 2$
$6x = 22 - 2y$ (Ib)
(Ib) = (II) liefert:
$22 - 2y = -3y + 18 \quad | + 3y - 22$
$y = -4$
$y = -4$ einsetzen in Gleichung (I) ergibt:
$3x - 4 = 11 \quad | + 4$
$3x = 15 \quad | :3$
$x = 5$
Die Lösung ist also $x = 5$; $y = -4$.

c) $y + 6 = \frac{3}{4}x$ (I)
$y + \frac{1}{2}x = \frac{1}{4}$ (II)
Gleichung (I) und (II) werden zunächst umgeformt:
$y + 6 = \frac{3}{4}x \quad | - 6$
$y = \frac{3}{4}x - 6$ (Ib)
$y + \frac{1}{2}x = \frac{1}{4} \quad | - \frac{1}{2}x$
$y = \frac{1}{4} - \frac{1}{2}x$ (IIb)
(Ib) = (IIb) liefert:
$\frac{3}{4}x - 6 = \frac{1}{4} - \frac{1}{2}x \quad | + \frac{1}{2}x + 6$
$\frac{5}{4}x = \frac{25}{4} \quad | : \frac{5}{4}$
$x = 5$
$x = 5$ einsetzen in Gleichung (Ib) ergibt:
$y = \frac{3}{4} \cdot 5 - 6$
$y = -\frac{9}{4}$
Die Lösung ist also $x = 5$; $y = -\frac{9}{4}$.

d) $4 + \frac{1}{2}x = \frac{1}{4}y$ (I)
$3y = 3 - 3x$ (II)
Gleichung (I) und (II) werden zunächst umgeformt:
$4 + \frac{1}{2}x = \frac{1}{4}y \quad | \cdot 4$
$y = 16 + 2x$ (Ib)
$3y = 3 - 3x \quad | : 3$
$y = 1 - x$ (IIb)
(Ib) = (IIb) liefert:
$16 + 2x = 1 - x \quad | + x - 16$
$3x = -15 \quad | : 3$
$x = -5$
$x = -5$ einsetzen in Gleichung (IIb) ergibt:
$y = 1 - (-5)$
$y = 6$
Die Lösung ist also $x = -5$; $y = 6$.

2

a) $y - x = 3$ (I)
$y = 2x$ (II)
(II) in (I) liefert:
$2x - x = 3$
$x = 3$
$x = 3$ einsetzen in Gleichung (II) ergibt:
$y = 2 \cdot 3 = 6$
Die Lösung ist also $x = 3$; $y = 6$.

b) $y - 3x = -1$ (I)
$y = 4x - 2$ (II)
(II) in (I) liefert:
$4x - 2 - 3x = -1 \quad | + 2$
$x = 1$
$x = 1$ einsetzen in Gleichung (II) ergibt:
$y = 4 \cdot 1 - 2 = 2$
Die Lösung ist also $x = 1$; $y = 2$.

c) $6y + 9x = 42$ (I)
$y = 2x + 4$ (II)
(II) in (I) liefert:
$6 \cdot (2x + 4) + 9x = 42$
$12x + 24 + 9x = 42$
$21x + 24 = 42 \quad | - 24$
$21x = 18 \quad | : 21$
$x = \frac{6}{7}$
$x = \frac{6}{7}$ einsetzen in Gleichung (II) ergibt:
$y = 2 \cdot \frac{6}{7} + 4 = \frac{40}{7}$
Die Lösung ist also $x = \frac{6}{7}$; $y = \frac{40}{7}$.

d) $2y - 5x = 2$ (I)
$x = -2y - 10$ (II)
(II) in (I) liefert:
$2y - 5 \cdot (-2y - 10) = 2$
$2y + 10y + 50 = 2$
$12y + 50 = 2 \quad | - 50$
$12y = -48 \quad | : 12$
$y = -4$
$y = -4$ einsetzen in Gleichung (II) ergibt:
$x = -2 \cdot (-4) - 10 = -2$
Die Lösung ist also $x = -2$; $y = -4$.

e) $0{,}2x + 0{,}4y = 1$ (I)
$x + 1{,}2y = 4$ (II)
Gleichung (II) wird zunächst umgeformt:
$x + 1{,}2y = 4 \quad | - 1{,}2y$
$x = 4 - 1{,}2y$ (IIb)
(IIb) in (I) liefert:
$0{,}2 \cdot (4 - 1{,}2y) + 0{,}4y = 1$
$0{,}8 - 0{,}24y + 0{,}4y = 1$
$0{,}8 + 0{,}16y = 1 \quad | - 0{,}8$
$0{,}16y = 0{,}2 \quad | :0{,}16$
$y = 1{,}25$
$y = 1{,}25$ einsetzen in Gleichung (IIb) ergibt:
$x = 4 - 1{,}2 \cdot 1{,}25 = 2{,}5$
Die Lösung ist also $x = 2{,}5$; $y = 1{,}25$.

f) $2x - 1 = \frac{7}{2}y$ (I)
$2x = \frac{2}{63}y - \frac{2}{3}$ (II)
Gleichung (II) wird zunächst umgeformt:
$2x = \frac{2}{63}y - \frac{2}{3} \quad | : 2$
$x = \frac{1}{63}y - \frac{1}{3}$ (IIb)

(IIb) in (I) liefert:

$2 \cdot \left(\frac{1}{63}y - \frac{1}{3}\right) - 1 = \frac{7}{2}y$

$\frac{2}{63}y - \frac{2}{3} - 1 = \frac{7}{2}y \qquad | -\frac{7}{2}y + \frac{2}{3} + 1$

$-\frac{437}{126}y = \frac{5}{3} \qquad | :\left(-\frac{437}{126}\right)$

$y = -\frac{210}{437}$

$y = -\frac{210}{437}$ einsetzen in Gleichung (IIb) ergibt:

$x = \frac{1}{63} \cdot \left(-\frac{210}{437}\right) - \frac{1}{3} = -\frac{149}{437}$

Die Lösung ist also $x = -\frac{149}{437}$; $y = -\frac{210}{437}$.

g) $x = \frac{5}{2}y - \frac{1}{5}$ (I)

$6y = 2x + \frac{6}{5}$ (II)

(I) in (II) liefert:

$6y = 2 \cdot \left(\frac{5}{2}y - \frac{1}{5}\right) + \frac{6}{5}$

$6y = 5y - \frac{2}{5} + \frac{6}{5} \qquad | -5y$

$y = \frac{4}{5}$

$y = \frac{4}{5}$ einsetzen in Gleichung (I) ergibt:

$x = \frac{5}{2} \cdot \frac{4}{5} - \frac{1}{5} = \frac{9}{5}$

Die Lösung ist also $x = \frac{9}{5}$; $y = \frac{4}{5}$.

h) $\frac{4}{5}y - \frac{12}{5}x = 4$ (I)

$\frac{3}{7}y = 3 + \frac{3}{7}x$ (II)

Gleichung (II) wird zunächst umgeformt:

$\frac{3}{7}y = 3 + \frac{3}{7}x \qquad | : \frac{3}{7}$

$y = 7 + x$ (IIb)

(IIb) in (I) liefert:

$\frac{4}{5} \cdot (7 + x) - \frac{12}{5}x = 4$

$\frac{28}{5} + \frac{4}{5}x - \frac{12}{5}x = 4 \qquad | -\frac{28}{5}$

$-\frac{8}{5}x = -\frac{8}{5} \qquad | : \left(-\frac{8}{5}\right)$

$x = 1$

$x = 1$ einsetzen in Gleichung (IIb) ergibt:

$y = 7 + 1 = 8$

Die Lösung ist also $x = 1$; $y = 8$.

3

a) $y - 2x = 1$ (I)

$y + 2x = 5$ (II)

(I) + (II) liefert:

$2y = 6 \qquad | : 2$

$y = 3$

$y = 3$ einsetzen in Gleichung (I) ergibt:

$3 - 2x = 1 \qquad | -1 + 2x$

$2 = 2x \qquad | : 2$

$x = 1$

Die Lösung ist also $x = 1$; $y = 3$.

b) $6x + 7y = 23$ (I)

$-5x - 7y = -18$ (II)

(I) + (II) liefert:

$x = 5$

$x = 5$ einsetzen in Gleichung (I) ergibt:

$6 \cdot 5 + 7y = 23 \qquad | -30$

$7y = -7 \qquad | : 7$

$y = -1$

Die Lösung ist also $x = 5$; $y = -1$.

c) $2x + 5y = 14$ (I)

$-2x + 3y = 4$ (II)

(I) + (II) liefert:

$8y = 18 \qquad | : 8$

$y = \frac{9}{4}$

$y = \frac{9}{4}$ einsetzen in Gleichung (I) ergibt:

$2x + 5 \cdot \frac{9}{4} = 14$

$2x + \frac{45}{4} = 14 \qquad | -\frac{45}{4}$

$2x = \frac{11}{4} \qquad | : 2$

$x = \frac{11}{8}$

Die Lösung ist also $x = \frac{11}{8}$; $y = \frac{9}{4}$.

d) $6x + 3y = 0$ (I)

$4x - 3y = 12$ (II)

(I) + (II) liefert:

$10x = 12 \qquad | : 10$

$x = \frac{6}{5}$

$x = \frac{6}{5}$ einsetzen in Gleichung (I) ergibt:

$6 \cdot \frac{6}{5} + 3y = 0 \qquad | -\frac{36}{5}$

$3y = -\frac{36}{5} \qquad | : 3$

$y = -\frac{12}{5}$

Die Lösung ist also $x = \frac{6}{5}$; $y = -\frac{12}{5}$.

e) $x + 3y = \frac{10}{3}$ (I)

$4x + 12y = 25$ (II)

Gleichung (I) wird zunächst umgeformt:

$x + 3y = \frac{10}{3} \qquad | \cdot (-4)$

$-4x - 12y = -\frac{40}{3}$ (Ib)

(Ib) + (II) liefert:

$0 = \frac{35}{3}$

Dies ist eine falsche Aussage. Das lineare Gleichungssystem ist also nicht lösbar.

f) $5x + y = 10{,}6$ (I)

$-y = 5 - \frac{3}{2}x$ (II)

(I) + (II) liefert:

$5x = 15{,}6 - \frac{3}{2}x \qquad | + \frac{3}{2}x$

$6{,}5x = 15{,}6$

$x = 2{,}4$

$x = 2{,}4$ einsetzen in Gleichung (II) ergibt:

$-y = 5 - \frac{3}{2} \cdot 2{,}4 = 1{,}4 \qquad | : (-1)$

$y = -1{,}4$

Die Lösung ist also $x = 2{,}4$; $y = -1{,}4$.

g) $1{,}2x + 3{,}6y = -12$ (I)

$3{,}6x + 1{,}2y = 12$ (II)

Gleichung (II) wird zunächst umgeformt:

$3{,}6x + 1{,}2y = 12 \qquad | \cdot (-3)$

$-10{,}8x - 3{,}6y = -36$ (IIb)

(I) + (IIb) liefert:

$-9{,}6x = -48 \qquad | : (-9{,}6)$

$x = 5$

$x = 5$ einsetzen in Gleichung (II) ergibt:

$3{,}6 \cdot 5 + 1{,}2y = 12$

$18 + 1{,}2y = 12 \qquad | -18$

$1{,}2y = -6 \qquad | : (1{,}2)$

$y = -5$

Die Lösung ist also $x = 5$; $y = -5$.

h) $\frac{2}{3}x - \frac{5}{6}y = \frac{7}{8}$ (I)

$5x + y = 3$ (II)

Gleichung (II) wird zunächst umgeformt:

$5x + y = 3 \qquad | \cdot \frac{5}{6}$

$\frac{25}{6}x + \frac{5}{6}y = \frac{15}{6}$ (IIb)

(I) + (IIb) liefert:

$\frac{29}{6}x = \frac{27}{8} \qquad | : \frac{29}{6}$

$x = \frac{81}{116}$

$x = \frac{81}{116}$ einsetzen in Gleichung (II) ergibt:

$5 \cdot \frac{81}{116} + y = 3$

$\frac{405}{116} + y = 3 \qquad | - \frac{405}{116}$

$y = -\frac{57}{116}$

Die Lösung ist also $x = \frac{81}{116}$; $y = -\frac{57}{116}$.

4

a) $3x + 7y = 40$ (I)

$x + 6y = -5$ (II)

Gleichung (II) wird zunächst umgeformt:

$x + 6y = -5 \qquad | \cdot (-3)$

$-3x - 18y = 15$ (IIb)

Nach dem Additionsverfahren (I + IIb) ergibt sich:

$-11y = 55 \qquad | :(-11)$

$y = -5$

$y = -5$ in Gleichung (II):

$x + 6 \cdot (-5) = -5$

$x - 30 = -5 \qquad | + 30$

$x = 25$

Die Lösung ist also $x = 25$ und $y = -5$.

Probe ($x = 25$ und $y = -5$ in (I) und (II) einsetzen):

$3 \cdot 25 + 7 \cdot (-5) = 40$

$40 = 40$ wahre Aussage

$25 + 6 \cdot (-5) = -5$

$-5 = -5$ wahre Aussage

Die Probe bestätigt die Lösung $x = 25$ und $y = -5$.

b) $\frac{5}{3}x - 2y = -\frac{20}{3}$ (I)

$x + 0{,}5y = 13$ (II)

Gleichung (II) wird zunächst umgeformt:

$x + 0{,}5y = 13 \qquad | \cdot 4$

$4x + 2y = 52$ (IIb)

Nach dem Additionsverfahren (I + IIb) ergibt sich:

$\frac{17}{3}x = \frac{136}{3} \qquad | :\left(\frac{17}{3}\right)$

$x = 8$

$x = 8$ in Gleichung (II):

$8 + 0{,}5y = 13 \qquad | - 8$

$0{,}5y = 5 \qquad | \cdot 2$

$y = 10$

Die Lösung ist also $x = 8$ und $y = 10$.

Probe ($x = 8$ und $y = 10$ in (I) und (II) einsetzen):

$\frac{5}{3} \cdot 8 - 2 \cdot 10 = -\frac{20}{3}$

$-\frac{20}{3} = -\frac{20}{3}$ wahre Aussage

$8 + 0{,}5 \cdot 10 = 13$

$13 = 13$ wahre Aussage

Die Probe bestätigt die Lösung $x = 8$ und $y = 10$.

5

a) $2{,}5x - 28 = y$ (I)

$5x + 3y = 41$ (II)

Verfahren: Einsetzungsverfahren

(I) in (II) liefert:

$5x + 3 \cdot (2{,}5x - 28) = 41$

$5x + 7{,}5x - 84 = 41$

$12{,}5x - 84 = 41 \qquad | + 84$

$12{,}5x = 125 \qquad | : 12{,}5$

$x = 10$

$x = 10$ einsetzen in Gleichung (I) ergibt:

$y = 2{,}5 \cdot 10 - 28 = -3$

Die Lösung ist also $x = 10$; $y = -3$.

b) $3x + 2{,}5y = 23{,}75$ (I)

$-3x - 1{,}5y = -17{,}25$ (II)

Verfahren: Additionsverfahren

(I) + (II) liefert:

$y = 6{,}5$

$y = 6{,}5$ in Gleichung (I) liefert:

$3x + 2{,}5 \cdot 6{,}5 = 23{,}75$

$3x + 16{,}25 = 23{,}75 \qquad | - 16{,}25$

$3x = 7{,}5 \qquad | : 3$

$x = 2{,}5$

Die Lösung ist also $x = 2{,}5$ und $y = 6{,}5$.

c) $1{,}5x + 2y = 4$ (I)

$\frac{3}{2}x + \frac{5}{2}y = \frac{13}{2}$ (II)

Gleichung (I) wird zunächst umgeformt:

$1{,}5x + 2y = 4 \qquad | \cdot (-1)$

$-1{,}5x - 2y = -4$ (Ib)

Verfahren: Additionsverfahren (nach Umformung!)

(Ib) + (II) liefert:

$0{,}5y = 2{,}5 \qquad | : 0{,}5$

$y = 5$

$y = 5$ in Gleichung (I) liefert:

$1{,}5x + 2 \cdot 5 = 4$

$1{,}5x + 10 = 4 \qquad | - 10$

$1{,}5x = -6 \qquad | : 1{,}5$

$x = -4$

Die Lösung ist also $x = -4$ und $y = 5$.

d) $2{,}4x + 3y = 12{,}9$ (I)

$3x + 6y = 19{,}5$ (II)

Gleichung (I) wird zunächst umgeformt:

$2{,}4x + 3y = 12{,}9 \qquad | \cdot (-2)$

$-4{,}8x - 6y = -25{,}8$ (Ib)

Verfahren: Additionsverfahren (nach Umformung!)

(Ib) + (II) liefert:

$-1{,}8x = -6{,}3 \qquad | :(-1{,}8)$

$x = 3{,}5$

$x = 3{,}5$ in Gleichung (II) liefert:

$3 \cdot 3{,}5 + 6y = 19{,}5$

$10{,}5 + 6y = 19{,}5 \qquad | - 10{,}5$

$6y = 9 \qquad | : 3$

$y = 1{,}5$

Die Lösung ist also $x = 3{,}5$ und $y = 1{,}5$.

e) $y = \frac{2}{3}x + 1{,}5$ (I)

$x - \frac{2}{3}y = \frac{3}{2}$ (II)

Verfahren: Einsetzungsverfahren

(I) in (II) liefert:

$x - \frac{2}{3} \cdot \left(\frac{2}{3}x + 1{,}5\right) = \frac{3}{2}$

$x - \frac{4}{9}x - 1 = \frac{3}{2}$

$\frac{5}{9}x - 1 = \frac{3}{2} \qquad | + 1$

$\frac{5}{9}x = \frac{5}{2} \qquad | : \frac{5}{9}$

$x = \frac{9}{2}$

$x = \frac{9}{2}$ einsetzen in Gleichung (I) ergibt:

$y = \frac{2}{3} \cdot \frac{9}{2} + 1{,}5 = \frac{9}{2}$

Die Lösung ist also $x = \frac{9}{2}$; $y = \frac{9}{2}$.

f) $3x = \frac{9}{5}y + \frac{6}{5}$ (I)

$48 - 12y = 3x$ (II)

Verfahren: Gleichsetzungsverfahren

(I) = (II) liefert:

$\frac{9}{5}y + \frac{6}{5} = 48 - 12y \qquad | + 12y$

$13{,}8y + \frac{6}{5} = 48 \qquad | - \frac{6}{5}$

$13{,}8y = 46{,}8 \qquad | : 13{,}8$

$y = \frac{78}{23}$

$y = \frac{78}{23}$ einsetzen in Gleichung (II) ergibt:

$3x = 48 - 12 \cdot \frac{78}{23} = \frac{168}{23}$ $\quad | : 3$

$x = \frac{56}{23}$

Die Lösung ist also $x = \frac{56}{23}$; $y = \frac{78}{23}$.

Seite 59

6

a) $y = x - 2$ (I)

$y = -x + 6$ (II)

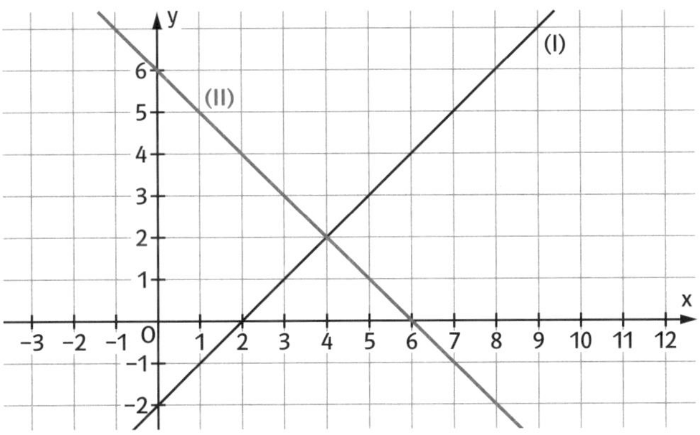

Die Lösung ist offensichtlich x = 4 und y = 2.

b) $y = \frac{2}{3}x - 3$ (I)

$y = -\frac{1}{6}x + 2$ (II)

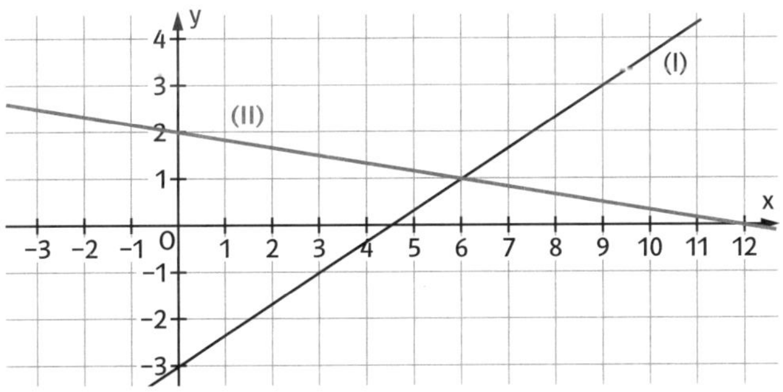

Die Lösung ist offensichtlich x = 6 und y = 1.

c) $2y + 2x = -4$ (I)

$y - 2x = 4$ (II)

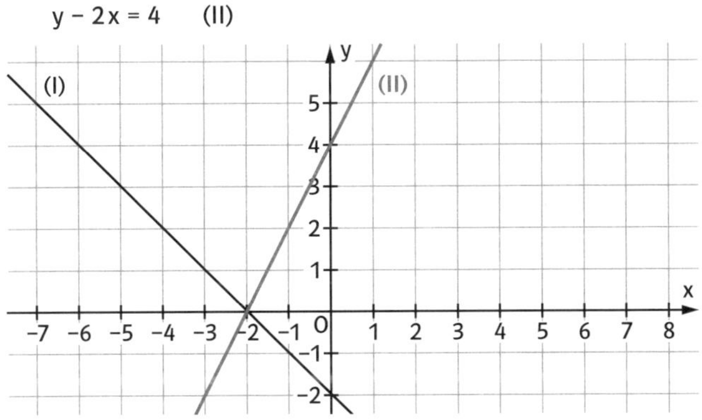

Die Lösung ist offensichtlich x = −2 und y = 0.

d) $2x + 4y - 1 = 3$ (I)

$-6x + 2y = 2$ (II)

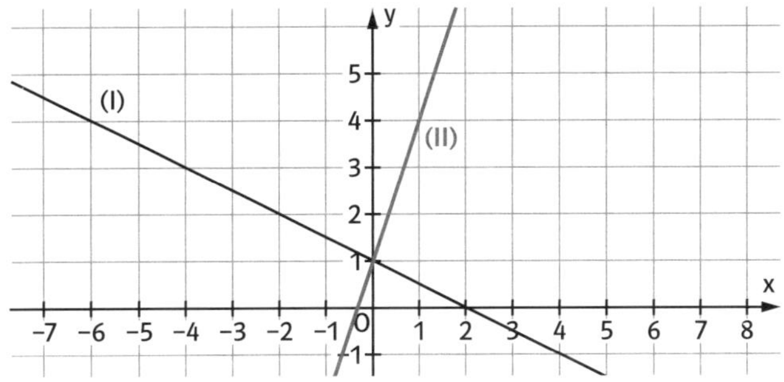

Die Lösung ist offensichtlich x = 0 und y = 1.

7

a) $0{,}5y - 1{,}5 = x$ (I)

$y = 2x - 1{,}6$ (II)

Verfahren: Einsetzungsverfahren

(I) in (II) liefert:

$y = 2 \cdot (0{,}5y - 1{,}5) - 1{,}6$

$y = y - 3 - 1{,}6$ $\quad | -y$

$0 = -3{,}6$

Dies ist eine falsche Aussage, also besitzt das lineare Gleichungssystem gar keine Lösung.

Lage der Geraden: Die Geraden g und h sind parallel zueinander.

b) $10y + 6x = 5$ (I)

$5y - 3x = 2{,}5$ (II)

Gleichung (II) wird zunächst umgeformt:

$5y - 3x = 2{,}5$ $\quad | \cdot 2$

$10y - 6x = 5$ (IIb)

Verfahren (nach Umformung): Additionsverfahren

(I) + (IIb) liefert:

$20y = 10$ $\quad | : 20$

$y = 0{,}5$

y = 0,5 einsetzen in Gleichung (I):

$10 \cdot 0{,}5 + 6x = 5$

$5 + 6x = 5$ $\quad | -5$

$6x = 0$ $\quad | : 6$

$x = 0$

Das lineare Gleichungssystem hat genau eine Lösung, nämlich x = 0 und y = 0,5.

Lage der Geraden: Die Geraden g und h schneiden sich also im Punkt S(0 | 0,5).

c) $y = 5x - 3$ (I)

$2 = y + 0{,}4x$ (II)

Verfahren: Einsetzungsverfahren

(I) in (II) liefert:

$2 = 5x - 3 + 0{,}4x$

$2 = 5{,}4x - 3$ $\quad | +3$

$5 = 5{,}4x$ $\quad | : 5{,}4$

$x = \frac{25}{27}$

$x = \frac{25}{27}$ einsetzen in Gleichung (I) liefert:

$y = 5 \cdot \frac{25}{27} - 3 = \frac{44}{27}$

Das lineare Gleichungssystem hat genau eine Lösung, nämlich $x = \frac{25}{27}$ und $y = \frac{44}{27}$.

Lage der Geraden: Die Geraden g und h schneiden sich also im Punkt $S\left(\frac{25}{27} \middle| \frac{44}{27}\right)$.

d) $2y + 10 = 2{,}5x$ (I)
$15 = 3{,}75x - 3y$ (II)
Gleichung (I) wird zunächst umgeformt:
$2y + 10 = 2{,}5x \quad |:2$
$y + 5 = 1{,}25x \quad |-5$
$y = 1{,}25x - 5$ (Ib)
Verfahren (nach Umformung): Einsetzungsverfahren
(Ib) in (II) liefert:
$15 = 3{,}75x - 3 \cdot (1{,}25x - 5)$
$15 = 3{,}75x - 3{,}75x + 15$
$15 = 15$
Dies ist eine wahre Aussage, also besitzt das lineare Gleichungssystem unendlich viele Lösungen, die alle auf der Geraden g bzw. h liegen.
Lage der Geraden: Die Geraden g und h sind identisch, liegen also „aufeinander".

8

a) Alter von Marlene heute ≙ x; Alter von Ben heute ≙ y
Gleichung (I): $(x - 1) = 3(y - 1)$
$x - 1 = 3y - 3 \quad |+1$
$x = 3y - 2$ (Ib)
Gleichung (II): $(x + 3) = 2(y + 3)$
$x + 3 = 2y + 6 \quad |-3$
$x = 2y + 3$ (IIb)
(Ib) = (IIb) ergibt:
$3y - 2 = 2y + 3 \quad |+2-2y$
$y = 5$
y = 5 einsetzen in (Ib):
$x = 3 \cdot 5 - 2 = 13$
Marlene ist also heute 13 Jahre alt und Ben ist heute 5 Jahre alt.
b) Sei xy die gesuchte zweistelllige Zahl mit den Ziffern x und y. Diese Zahl lässt sich wie folgt darstellen:
$10x + y$.
Wenn man die Ziffern vertauscht, kann man die neue Zahl wie folgt darstellen: $10y + x$.
Es gilt also:
$10x + y + 9 = 10y + x \quad |-y-x-9$
$9x = 9y - 9 \quad |:9$
$x = y - 1$ (Gleichung (I))
Außerdem gilt:
$2x = y$ (Gleichung (II))
(II) in (I):
$x = 2x - 1 \quad |-2x$
$-x = -1 \quad |:(-1)$
$x = 1$
x = 1 in Gleichung (II): $y = 2 \cdot 1 = 2$.
Die gesuchte Zahl ist also 12.
c) Preis für eine Rose ≙ x; Preis für eine Lilie ≙ y
Es gilt also:
$3x + 2y = 9{,}5$ (Gleichung (I))
$2x + 3y = 10{,}5$ (Gleichung (II))
Gleichung (I) wird zunächst umgeformt:
$3x + 2y = 9{,}5 \quad |\cdot\left(-\frac{3}{2}\right)$
$-4{,}5x - 3y = -14{,}25$ (Ib)
(Ib) + (II) liefert:
$-2{,}5x = -3{,}75 \quad |:(-2{,}5)$
$x = 1{,}5$
x = 1,5 einsetzen in Gleichung (II):
$2 \cdot 1{,}5 + 3y = 10{,}5$
$3 + 3y = 10{,}5 \quad |-3$
$3y = 7{,}5 \quad |:3$
$y = 2{,}5$
Eine Rose kostet 1,50 € und eine Lilie kostet 2,50 €. Sandra muss für den Strauß mit zwölf Rosen und drei Lilien $12 \cdot 1{,}50\,€ + 3 \cdot 2{,}50\,€ = 25{,}50\,€$ bezahlen.

Vertiefende Aufgaben, Seite 60

1

a) Individuelle Lösung, aber z. B.
$y = 1$ (I)
$y = -x + 4$ (II)
b) Individuelle Lösung, aber z. B.
$y = x - 2$ (I)
$y = 0{,}5x - 0{,}5$ (II)
c) Individuelle Lösung, aber z. B.
$y = 1$ (I)
$3y = x$ (II)

2

a) $ax + y = 1$ (I)
$y = -ax + 1$
$x + y = a$ (II)
$y = -x + a$
Es gibt dann genau eine Lösung, wenn $a \neq 1$ ist, denn dann sind die Steigungen der zugehörigen Geraden unterschiedlich und die Geraden schneiden sich in einem Punkt.
(I) – (II) ergibt:
$ax - x = 1 - a$
$x(a - 1) = 1 - a \quad |:(a-1)$
$x = \frac{1-a}{a-1} = -1\frac{a-1}{a-1}$
$x = -1$
x = −1 einsetzen in (II):
$-1 + y = a \quad |+1$
$y = a + 1$
Die Lösung ist also $x = -1$ und $y = a + 1$.
b) $ax - 2y = 1$ (I)
$y = 0{,}5ax - 0{,}5$ (Ib)
$ax + 2y = 1$ (II)
$y = -0{,}5ax + 0{,}5$

Es gibt dann genau eine Lösung, wenn $a \neq 0$ ist, denn dann sind die Steigungen der zugehörigen Geraden unterschiedlich und die Geraden schneiden sich in einem Punkt.
(I) + (II) ergibt:
$2ax = 2 \quad |:2a$
$x = \frac{1}{a}$
$x = \frac{1}{a}$ einsetzen in (Ib):
$y = 0{,}5a \cdot \frac{1}{a} - 0{,}5 = 0$
Die Lösung ist also $x = \frac{1}{a}$ und $y = 0$.
c) $ax + by = 1$ (I)
$y = -\frac{a}{bx} + \frac{1}{b}$ (Ib)
$bx + ay = 2$ (II)
$y = -\frac{b}{ax} + \frac{2}{a}$ (IIb)
Es gibt dann genau eine Lösung, wenn $a \neq b$ und $a, b \neq 0$ ist, denn dann sind die Steigungen der zugehörigen Geraden unterschiedlich und die Geraden schneiden sich in einem Punkt.
(Ib) = (IIb) ergibt:
$-\frac{a}{bx} + \frac{1}{b} = -\frac{b}{ax} + \frac{2}{a} \quad |+\frac{b}{ax} - \frac{1}{b}$
$x\left(\frac{b}{a} - \frac{a}{b}\right) = \frac{2}{a} - \frac{1}{b} \quad |:\left(\frac{b}{a} - \frac{a}{b}\right)$
$x = \frac{\frac{2}{a} - \frac{1}{b}}{\frac{b}{a} - \frac{a}{b}}$

$x = \frac{\frac{2}{a} - \frac{1}{b}}{\frac{b}{a} - \frac{a}{b}}$ einsetzen in (Ib):

$y = -\frac{a}{b} \cdot \frac{\frac{2}{a} - \frac{1}{b}}{\frac{b}{a} - \frac{a}{b}} + \frac{1}{b}$

Die Lösung ist also $x = \frac{\frac{2}{a} - \frac{1}{b}}{\frac{b}{a} - \frac{a}{b}} = \frac{2b - a}{b^2 - a^2}$ und

$y = -\frac{a}{b} \cdot \frac{\frac{2}{a} - \frac{1}{b}}{\frac{b}{a} - \frac{a}{b}} + \frac{1}{b} = \frac{b - 2a}{b^2 - a^2}$.

d) $ax + by = a$ (I)

$y = -\frac{a}{bx} + \frac{a}{b}$ (Ib)

$bx + ay = b$ (II)

$y = -\frac{b}{ax} + \frac{b}{a}$ (IIb)

Es gibt dann genau eine Lösung, wenn $a \neq b$ und $a, b \neq 0$ ist, denn dann sind die Steigungen der zugehörigen Geraden unterschiedlich und die Geraden schneiden sich in einem Punkt.

(Ib) = (IIb) ergibt:

$-\frac{a}{bx} + \frac{a}{b} = -\frac{b}{ax} + \frac{b}{a}$ $\quad | + \frac{b}{ax} - \frac{a}{b}$

$x\left(\frac{b}{a} - \frac{a}{b}\right) = \frac{b}{a} - \frac{a}{b}$ $\quad | : \left(\frac{b}{a} - \frac{a}{b}\right)$

$x = 1$

x = 1 einsetzen in (Ib):

$y = -\frac{a}{b} \cdot 1 + \frac{a}{b} = 0$

Die Lösung ist also: $x = 1$ und $y = 0$.

3

Anzahl der Frauen im Jonglierkurs $\triangleq x$; Anzahl der Männer im Jonglierkurs $\triangleq y$

Anzahl der Mitschülerinnen von Mathilde $\triangleq x - 1$

Also gilt: $1{,}5(x - 1) = y$

$1{,}5x - 1{,}5 = y$ (I)

Außerdem gilt: $\frac{7}{10}y = x$ (II)

(I) in (II) ergibt:

$\frac{7}{10} \cdot (1{,}5x - 1{,}5) = x$

$x = \frac{21}{20}x - \frac{21}{20}$ $\quad | - \frac{21}{20}x$

$-\frac{1}{20}x = -\frac{21}{20}$ $\quad | : \left(-\frac{1}{20}\right)$

$x = 21$

x = 21 einsetzen in (I) liefert:

$y = 1{,}5 \cdot 21 - 1{,}5 = 31{,}5 - 1{,}5 = 30$

Im Jonglierkurs lernen 30 Männer und 21 Frauen das Jonglieren.

4

Insgesamt legen beide Klassen denselben Weg zurück. Sie wandern jeweils 7 km + 13 km = 20 km. Zum Zeitpunkt des Treffpunktes ist die Klasse 10a genau eine Stunde länger unterwegs als die 10b.

Sei nun x die Zeit, die die 10a bis zum Treffpunkt bereits gewandert ist, dann ist x − 1 die Zeit, die die 10b bis zum Treffpunkt gewandert ist.

Sei nun y der Weg, den die 10a bis zum Treffpunkt bereits zurück gelegt hat, dann ist 20 − y der Weg, den die 10b zum Treffpunkt bereits zurück gelegt hat, da der Weg insgesamt 20 km lang ist.

Es gilt für den Weg: Weg = Geschwindigkeit · Zeit, also gilt:

Gleichung (I): $y = 5x$

Gleichung (II): $20 - y = 4(x - 1)$

$20 - y = 4x - 4$ (IIb)

(I) in (II) b ergibt:

$20 - 5x = 4x - 4$ $\quad | + 5x + 4$

$9x = 24$ $\quad | : 9$

$x = \frac{8}{3}$

$\frac{8}{3}$ Stunden entsprechen 2 Stunden und 40 Minuten. Also treffen sich die 10a und die 10b um etwa 10:40 Uhr.

5

a) Die Gesamtgeschwindigkeit von Köln nach Bonn (flussaufwärts) setzt sich zusammen aus der Geschwindigkeit des Motorbootes (im stillen Gewässer) x weniger der Fließgeschwindigkeit des Rheins y. Auf dem Weg zurück (flussabwärts) werden die Geschwindigkeit des Motorbootes x und die Fließgeschwindigkeit des Rheins y addiert, um die Gesamtgeschwindigkeit zu erhalten.

Für die Geschwindigkeit gilt: Geschwindigkeit = $\frac{\text{Weg}}{\text{Zeit}}$

Gleichung (I): $x - y = \frac{28}{2} = 14$

Gleichung (II): $x + y = \frac{28}{1{,}4} = 20$ (da 1 h und 24 Minuten = 1,4 h)

(I) + (II) ergibt: $2x = 34$ $\quad | : 2$

$x = 17$

x = 17 in (II):

$y = 20 - 17 = 3$

Die Geschwindigkeit des Motorbootes (auf stillem Gewässer) beträgt $17\frac{\text{km}}{\text{h}}$ und die Fließgeschwindigkeit des Rheins $3\frac{\text{km}}{\text{h}}$.

b) $v = 17\frac{\text{km}}{\text{h}}$, $s = 63\,\text{km}$, $t = \frac{s}{v}$

Also $t = \frac{s}{v} = \frac{63\,\text{km}}{17\frac{\text{km}}{\text{h}}} \approx 3{,}7\,\text{h}$.

3,7 h = 3 h und 42 Minuten

Familie Skade braucht zum Überqueren des Bodensees (längs) etwa 3 h und 42 Minuten.

Seite 61

6

Sei x die Zeit, die der Mannschaftsbus bis zum Einholpunkt unterwegs ist, dann ist x − 0,5 die Zeit, die die Mutter bis dahin unterwegs ist. Am Einholpunkt haben der Bus und der PKW der Mutter denselben Weg y zurückgelegt.

Für den Weg y gilt: Weg = Geschwindigkeit · Zeit

Gleichung (I): $y = 90x$

Gleichung (II): $y = 120(x - 0{,}5) = 120x - 60$

(I) = (II) liefert:

$90x = 120x - 60$ $\quad | - 120x$

$-30x = -60$ $\quad | : (-30)$

$x = 2$

x = 2 einsetzen in (I):

$y = 90 \cdot 2 = 180$

Nach 180 km hat Antons Mutter den Mannschaftsbus eingeholt. Es ist dann 11.00 Uhr.

7

Sei x die Masse des 333er Goldes und y die Masse des 900er Goldes.

Es gilt: $x + y = 20$. (Gleichung (I))

Außerdem weiß man, dass in 20 g 585er Gold genau

$585\,\text{g} \cdot \frac{20}{1000} = 11{,}7\,\text{g}$ reines Gold enthalten sind, also gilt ebenfalls:

$\frac{333}{1000}x + \frac{900}{1000}y = 11{,}7$. (Gleichung (II))

Gleichung (I) wird zunächst umgeformt:

$x + y = 20$ $\quad | - x$

$y = 20 - x$ (Ib)

(Ib) in (II) liefert:

$0{,}333x + 0{,}9(20 - x) = 11{,}7$

$0{,}333x + 18 - 0{,}9x = 11{,}7$ $\quad | - 18$

$-0{,}567x = -6{,}3$ $\quad | : (-0{,}567)$

$x = \frac{100}{9} \approx 11{,}11$

$x = \frac{100}{9}$ in (Ib) liefert:

$y = 20 - \frac{100}{9} = \frac{80}{9} \approx 8{,}89$

Der Goldschmied benötigt also etwa 11,11 g des 333er Goldes und 8,89 g des 900er Goldes zur Herstellung von 20 g 585er Gold für einen Armreif.

8

Sei x die Masse des 45er Messing und y die Masse des 70er Messing.

Es gilt: $x + y = 50$. (Gleichung (I))

Außerdem weiß man, dass in 50 kg 65er Messing genau $65\,kg \cdot \frac{50}{100} = 32{,}5\,kg$ reines Kupfer enthalten sind, also gilt ebenfalls:

$\frac{45}{100}x + \frac{70}{100}y = 32{,}5$. (Gleichung (II))

Gleichung (I) wird zunächst umgeformt:

$x + y = 50 \quad | - x$

$y = 50 - x \quad$ (Ib)

(Ib) in (II) liefert:

$0{,}45x + 0{,}7(50 - x) = 32{,}5$

$0{,}45x + 35 - 0{,}7x = 32{,}5 \quad | - 35$

$-0{,}25x = -2{,}5 \quad | :(-0{,}25)$

$x = 10$

x = 10 in (Ib) liefert:

$y = 50 - 10 = 40$

Es müssen also 10 kg 45er Messing und 40 kg 70er Messing zusammengeschmolzen werden, um 50 g 65er Messing zu erhalten.

9

a) Sei x die Anzahl der kleinen Sträuße und y die Anzahl der großen Sträuße.

Dann gilt: $x + y = 39$. (I)

Außerdem gilt: $10x + 15y = 465$. (II)

Gleichung (I) wird zunächst umgeformt:

$x + y = 39 \quad | \cdot (-15)$

$-15x - 15y = -585 \quad$ (Ib)

(Ib) + (II) liefert:

$-5x = -120 \quad | :(-5)$

$x = 24$

x = 24 einsetzen in (I) liefert:

$24 + y = 39 \quad | - 24$

$y = 15$

Es sind also insgesamt 24 kleine Sträuße und 15 große Sträuße.

b) $24 \cdot 0{,}9\,m + 15 \cdot 1{,}20\,m = 39{,}60\,m$

Es werden 39,60 m Papier zum Einpacken der Sträuße verbraucht.

Fläche: $0{,}7\,m \cdot 39{,}60\,m = 27{,}72\,m^2$

Es werden $27{,}72\,m^2$ Papier verbraucht.

10

Sei x die Anzahl der Super Hamburger mit Mayo-extra, y die Anzahl der Super Hamburger ohne Mayo-extra, u die Anzahl der Turbo Hamburger ohne Mayo-extra und v die Anzahl der Turbo Hamburger mit Majo-extra.

Die Anzahl aller Schülerinnen und Schüler der 9c ist damit: $x + y + u + v$.

Es gilt außerdem

$x = 4y \quad$ (I)

$u = 2v \quad$ (II)

$2x + 2{,}5v = 31 \quad$ (III)

$1{,}7y + 2{,}2u = 29{,}8 \quad$ (IV)

Gleichung (II) in Gleichung (I)V ergibt:

$1{,}7y + 4{,}4v = 29{,}8 \quad$ (IVb)

Gleichung (III) und (IVb) werden nun erst einmal so zusammengefasst, dass die Variable v wegfällt:

$2x + 2{,}5v = 31 \quad | : 2{,}5$

$0{,}8x + v = 12{,}4 \quad$ (IIIb)

$1{,}7y + 4{,}4v = 29{,}8 \quad | :(-4{,}4)$

$-\frac{17}{44}y - v = -\frac{149}{22} \quad$ (IVc)

(IIIb) + (IVc) ergibt:

$0{,}8x - \frac{17}{44}y = \frac{619}{110} \quad$ (V)

Jetzt wird Gleichung (I) in Gleichung (V) eingesetzt:

$0{,}8 \cdot 4y - \frac{17}{44}y = \frac{619}{110}$

$\frac{619}{220}y = \frac{619}{110} \quad | :\left(\frac{619}{220}\right)$

$y = 2$

y = 2 einsetzen in (I) liefert: x = 8

y = 2 einsetzen in (IV) liefert:

$1{,}7 \cdot 2 + 2{,}2u = 29{,}8$

$3{,}4 + 2{,}2u = 29{,}8 \quad | - 3{,}4$

$2{,}2u = 26{,}4 \quad | : 2{,}2$

$u = 12$

u = 12 einsetzen in (II) liefert: v = 6

Insgesamt sind also $x + y + u + v = 8 + 2 + 12 + 6 = 28$ Schülerinnen und Schüler in der 9c.

Beilage zu Lambacher Schweizer Vertiefungskurs 1 ISBN 978-3-12-734407-3

Internetadresse: www.klett.de

Zeichnungen/Illustrationen: Anja Malz, Taunusstein; Sandra Oehler, Remseck
DTP/Satz: SMP Oehler, Remseck
Druck: Druckhaus Götz GmbH, Ludwigsburg

11 Der Gateway-Arch (1959 – 1965 gebaut) in St. Louis, Missouri, ist laut Angaben eines Reiseführers ein parabelförmiger Bogen aus rostfreiem Stahl. Er ist 630 Fuß (ft) hoch und an seiner breitesten Stelle ebenso breit. Er soll als „Tor zum Westen“ an den nach 1800 einsetzenden Siedlerstrom nach Westen in den USA erinnern.

a) Wie breit ist der Bogen in 300 ft Höhe?

Gesuchte Breite: b = ____________

b) 1 ft entspricht 0,3048 m. Bestimme die Funktionsgleichung zum Gateway-Arch in Metern.

Funktionsgleichung: f (x) = ____________

c) Bei einer Flugshow soll ein Flugzeug mit einer Flügelspannweite von 18 m unter dem Bogen hindurch fliegen. Welche maximale Flughöhe muss der Pilot einhalten, wenn in vertikaler und horizontaler Richtung ein Sicherheitsabstand zum Bogen von 10 m eingehalten werden muss?

Max. Flughöhe: h_{max} = ____________

12 Die Skizze rechts zeigt den Korbwurf eines Basketballspielers.

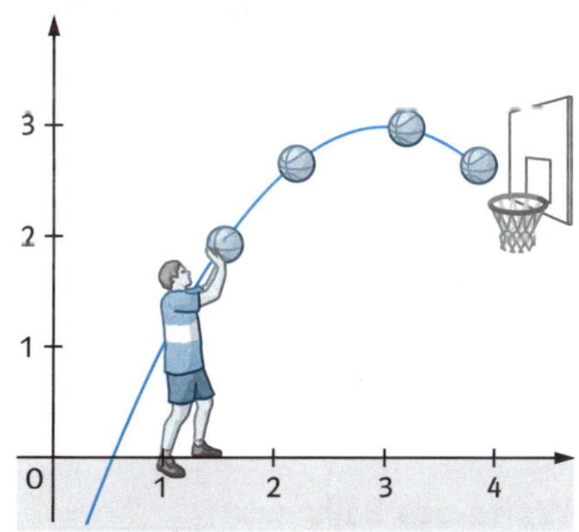

a) Welche der folgenden Funktionen gibt die dargestellte Flugbahn wieder? Begründe deine Antwort.

$f(x) = -x^2 + 4x - 1{,}5$; $g(x) = -0{,}5x^2 + 3x - 1{,}5$; $h(x) = -2x^2 + 4x - 1{,}5$

Gesuchte Funktion: ______. Begründung: ____________

____

b) Der Ball verließ die Hand des Spielers beim x-Wert 1,5. Wie hoch war die Hand beim Abwurf?

Gesuchte Höhe: h = ____________

c) Berechne den höchsten Punkt der Flugbahn des Balles.

Höchster Punkt: S(______ | ______).

d) Angenommen, der Ball fliegt genau durch die Mitte des Korbringes. Bei welchem x-Wert muss sich diese Mitte bei einer Korbhöhe von 2,30 m befinden?

Gesuchter x-Wert: ____________

13 Ein Ball wird über eine 8 m hohe Mauer geschossen. Seine Flugbahn kann näherungsweise durch den Graphen der Funktion f mit $f(x) = -0{,}4x^2 + 4{,}8x - 4{,}4$ beschrieben werden (vgl. Graph rechts).

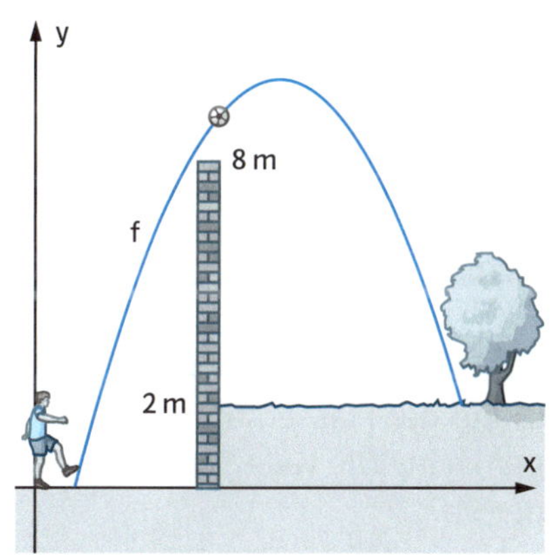

a) Von welchem Punkt der x-Achse aus wird der Ball geschossen?

Gesuchter Punkt: N(______ | ______).

b) Die Mauer steht bei x = 4. Fliegt der Ball tatsächlich wie in der Skizze rechts über die Mauer?

☐ Ja

☐ Nein, denn ____________

c) Berechne den höchsten Punkt der Flugbahn des Balles.

Höchster Punkt: S(______|______).

d) Berechne den Punkt, auf welchen ein Ball hinter der Mauer aufträfe, wenn dort der Boden um 2 m höher wäre, als vor der Mauer (vgl. Skizze).

Gesuchter Punkt: A(______|______).

14 Eine Autobahnbrücke hat näherungsweise die Form einer Parabel mit den folgenden Eigenschaften (Längen in m):
Der Scheitelpunkt der Parabel ist S (0 | 48). Der Stützpfeiler p_3 trifft den Parabelbogen im Punkt P(50 | 18). Für den Brückenbogen gilt die allgemeine Gleichung $f(x) = ax^2 + c$.

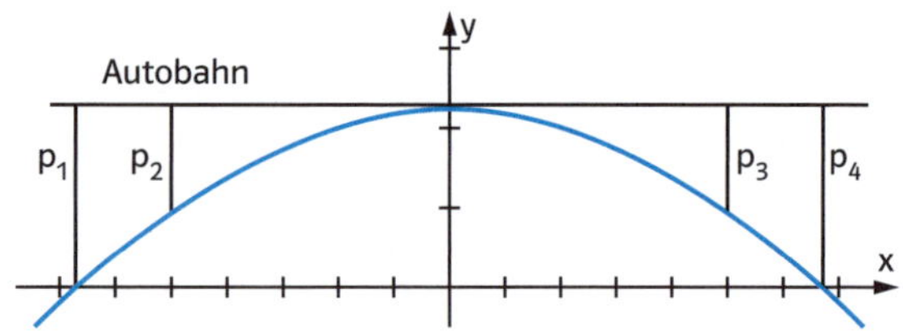

a) Bestimme die Parameter a und c.

a = ________________ ; c = ____________________

f (x) = ______________________________________

b) Wie weit sind die Fußpunkte der Pfeiler p_1 und p_4 voneinander entfernt? Berechne und runde das Ergebnis auf einen ganzzahligen Wert.

Gesuchte Entfernung s = ____________________.

15 a) Bei der Analyse eines Vorhandschlages werden die folgenden Daten ermittelt: Der Ball wird genau über der T-Linie in einer Höhe von 50 cm getroffen, fliegt die gesamte Zeit parallel zur Seitenauslinie und hat seine maximale Höhe von 2 m über dem Netz (siehe rechts). Trifft der Ball im Tennisfeld auf?

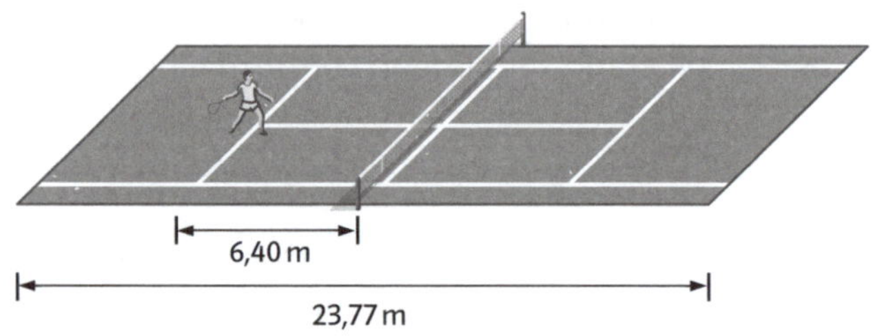

Antwort: ____________________________________

____.

b) Wie weit fliegt der Ball, wenn er über der T-Linie in 55 cm Höhe getroffen wird, seine max. Höhe von 2 m aber auch über dem Netz hat?

Weite des Balls: w = ________________________

c) Der Ball wird nun direkt über der Grundlinie in 50 cm Höhe über dem Boden getroffen, fliegt parallel zur Seitenauslinie und trifft genau auf der gegenüberliegenden Grundlinie auf.
Über dem Netz hat der Ball eine Höhe von 2,20 m.
Wie hoch ist der Ball an seinem höchsten Punkt?

Max. Höhe des Balls: h_{max} = ____________________

16 Auf der Abschlussfahrt der 9b wird der „Schnick, Schnack, Schnuck-Meister" ermittelt. Es spielt jeder gegen jeden. Sieger ist derjenige, der insgesamt die meisten Spiele gewonnen hat.

a) Stelle die Situation „Jeder gegen Jeden" für 3 und 4 Spieler mit einer Skizze dar.
Wie viele Spiele gibt es bei 3, 4 bzw. n Spielern insgesamt? (n steht für eine beliebige Anzahl von Spielern)

Skizze:

3 Spieler: ______________________________ Spiele

4 Spieler: ______________________________ Spiele

n Spieler: ______________________________ Spiele

b) Auf der Klassenfahrt wurden insgesamt 406 Spiele gemacht. Wie viele Schülerinnen und Schüler sind in der 9b?

Antwort: ____________________________________

____

____

Extremwertaufgaben

17 Beim „Go-Spiel" ist das Ziel, mit den Steinen seiner Farbe auf einem „Karo-Spielbrett" möglichst viele „Kreuzungen" einzuzäunen. Die Steine liegen ebenfalls jeweils auf einer Kreuzung. Am Rand brauchen keine Steine gesetzt zu werden (vgl. rechts).

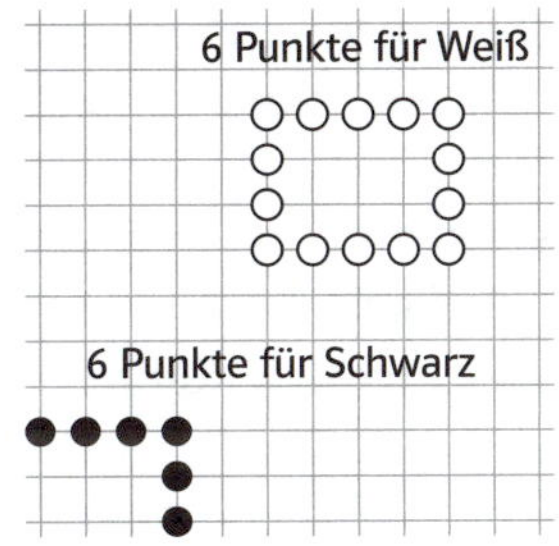

a) Stelle jeweils einen Term auf, der beschreibt, wie viele Kreuzungen an den folgenden Positionen von den Spielsteinen eingezäunt werden. Bezeichne hierzu z. B. die Anzahl der Steine der einen Seite des Rechtecks mit x und die Anzahl der Steine der anderen Seite mit y.

(1) In der Mitte des Spielfeldes (2) Am Rand (3) In einer Ecke

Term: ______ Term: ______ Term: ______

b) Wie viele Kreuzungen kannst du mit 52 Steinen an den folgenden Positionen maximal lückenlos einzäunen?

(1) In der Mitte des Spielfeldes (2) Am Rand (3) In einer Ecke

Max. Kreuzungen: ______ Max. Kreuzungen: ______ Max. Kreuzungen: ______

18 Michelle möchte für ihre Kaninchen im Garten einen rechteckigen Stall bauen. Sie möchte den Stall so bauen, dass er auf einer Seite von der Hausmauer begrenzt wird. Die anderen drei Seiten werden durch Maschendraht begrenzt.

a) Sie hat 16,80 m Maschendraht zur Verfügung. Wie lang muss Michelle die Seitenlängen des Stalls wählen, damit die Auslauffläche für die Kaninchen möglichst groß wird?

Gesuchte Seitenlängen:

a = ______; b = ______

b) Wie lang muss Michelle die Seitenlängen wählen, wenn sie zwei Hausmauern als Begrenzung hat und nur zwei Seiten mit dem Maschendrahtzaun begrenzen muss?

Gesuchte Seitenlängen:

a = ______; b = ______

Platz für Skizzen:

19 Aus einem dreieckigen Stück Stoff (vgl. Skizze) möchte Carlotta ein möglichst großes rechteckiges Stück ausschneiden, um daraus eine Tasche zu nähen.
Welche Seitenlängen muss das rechteckige Stoffstück haben, damit sein Flächeninhalt möglichst groß ist?

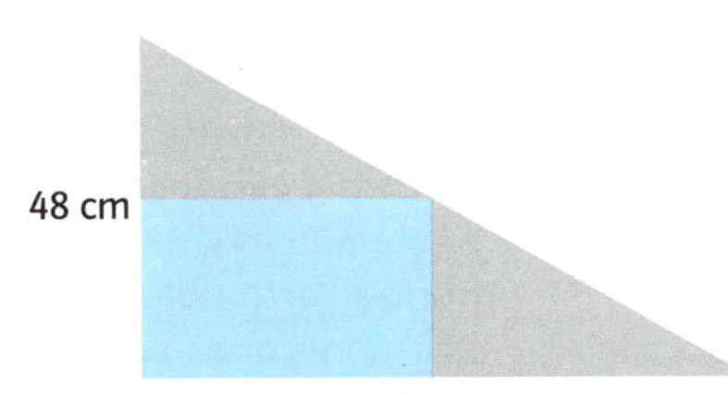

Gesuchte Seitenlängen: a = ______; b = ______

Dieses Modul ermöglicht dir, alle wichtigen Aspekte im Umgang mit exponentiellen Wachstumsprozessen (insbesondere der Zins- und Zinseszinsrechnung) zu wiederholen und intensiv zu üben. Bevor du anfängst zu üben, solltest du eine spontane Selbsteinschätzung in Form einer Schulnote von 1 bis 6 abgeben (erste Spalte der unteren Tabelle).
Anschließend kannst du die Testaufgaben bearbeiten und mithilfe der ausführlichen Musterlösungen auswerten. So erkennst du deine Stärken und Schwächen und kannst nun gezielt üben.

Selbsteinschätzung

	Spontane Selbsteinschätzung (SE)	SE nach Bearbeitung der Testaufgaben	SE nach Bearbeitung des Moduls
1. Ich kann Zinsen und Zinseszinsen einer Geldanlage berechnen, wenn das Anfangskapital und der Zinssatz bekannt sind.			
2. Ich kann zu exponentiellen Wachstumsvorgängen Terme bestimmen, die den Bestand zum Zeitpunkt n angeben.			
3. Ich kann mithilfe eines gegebenen Terms die prozentuale Zunahme pro Jahr bestimmen und berechnen, wie hoch der Bestand nach n Jahren ist.			
4. Ich kann die Lösung für x in Potenzgleichungen vom Typ $x^n = a$ berechnen.			
5. Ich kann mithilfe des Anfangskapitals und des Kapitals nach n Jahren den jährlichen Zinssatz berechnen.			
6. Ich kann mithilfe des Bestands zu zwei verschiedenen Zeitpunkten einen Term bestimmen, der den Bestand zum Zeitpunkt n angibt.			
7. Ich kann anhand gegebener x-Werte und y-Werte untersuchen, ob ein exponentielles Wachstum vorliegen kann.			
8. Ich kann durch systematisches Ausprobieren berechnen, wann ein Kapital bei einem festen Zinssatz einen bestimmten Betrag erreicht.			
9. Ich kann mithilfe eines gegebenen Terms zu einem exponentiellen Wachstum durch systematisches Ausprobieren die zugehörige Verdopplungszeit bzw. Halbwertszeit näherungsweise bestimmen.			

Die Aufgaben 1 – 9 beziehen sich auf die Punkte 1 – 9 der Selbsteinschätzung. Bearbeite die Aufgaben und kontrolliere dann deine Lösung mithilfe der Musterlösungen auf den folgenden Seiten.

1 Herr Müller legt 10 000 € bei einer jährlichen Verzinsung von 2,4 % an. Berechne die Zinsen und das Kapital in den ersten 3 Jahren.

Jahr	Zinsen	Kapital am Ende des Jahres
1		
2		
3		

2 a) Herr Meier legt 5000 € zu einem Zinssatz von 3 % an. Bestimme einen Term, mit dem man das Kapital nach n Jahren berechnen kann.
b) Herr Schmidt kauft für 15 500 € einen Neuwagen. Der Wert des Autos nimmt pro Jahr um 10 % ab. Bestimme einen Term, mit dem man den Wert des Autos nach t Jahres berechnen kann.

a) Kapital nach t Jahren: ____________

b) Wert nach t Jahren: ____________

3 Man geht davon aus, dass die Einwohnerzahl einer Stadt näherungsweise exponentiell wächst und sich für die kommenden 10 Jahre mithilfe der Formel $E(t) = 28\,000 \cdot 1{,}015^t$ berechnen lässt.
a) Um wie viel Prozent nimmt die Bevölkerung pro Jahr zu?
b) Berechne die erwartete Einwohnerzahl in 10 Jahren.

a) Um ________ % pro Jahr

b) In 10 Jahren: ____________

4 Berechne die Lösung bzw. die Lösungen der folgenden Gleichungen.

a) $x^3 = 8$

____

b) $x^4 = 625$

____

c) $x^5 = 243$

____

d) $x^{11} = 5$

____

5 Frau Lambacher legt 10 000 € bei der Bank für 3 Jahre zu einem festen Zinssatz an. Nach 3 Jahren hat sie 11 248,64 € auf dem Konto.
Berechne den zugehörigen Zinssatz.

Zinssatz: ________ %

6 Herr Schweizer legt Geld auf der Bank zu einem festen Zinssatz an. Nach 2 Jahren hat er 10 404 € auf dem Konto, nach 4 Jahren 10 824,32 €.
a) Berechne den zugehörigen Zinssatz.
b) Berechne das Anfangskapital K_0 und gib einen Term an, der die Höhe des Kapitals K_n nach n Jahren angibt.

a) Zinssatz: ________ %

b) K_0 = ____________ K_n = ____________

7 Prüfe, ob es sich um exponentielles Wachstum bzw. exponentielle Abnahme handeln kann.

a)

x	0	1	2	3
y	100	110	121	133,1

☐ Ja ☐ Nein

b)

x	0	1	2	4
y	500	250	125	35,25

☐ Ja ☐ Nein

8 a) Petra legt 5500 € zu einem Zinssatz von 3 % an. Nach wie vielen Jahren hat Petra 7000 € auf dem Konto?
b) Nach wie vielen Jahren hat sich ihr Kapital verdoppelt?

a) Nach ________ Jahren

b) Nach ________ Jahren

9 Eine radioaktive Substanz zerfällt exponentiell. Die Formel $f(x) = 0{,}95^x$ gibt an, wie viel Prozent der ursprünglichen Masse von der Substanz nach x Jahren noch vorhanden sind.
Bestimme durch systematisches Ausprobieren einen Näherungswert für die Halbwertszeit der Substanz, d.h. die Zeit, zu der noch die Hälfte der Substanz vorhanden ist.

Die Halbwertszeit beträgt ca. ________ Jahre.

Kontrolliere mithilfe der folgenden Musterlösungen deine Lösungen der Testaufgaben. Führe dann eine erneute Selbsteinschätzung der wichtigsten Kompetenzen über exponentielles Wachstum durch.

1 Zinsen und Zinseszinsen

Die Zinsen im ersten Jahr berechnet man mithilfe des Anfangskapitals $K(0) = 10\,000\,€$ und des Zinssatzes $p = 2{,}4\,\% = 0{,}024$:
Zinsen im ersten Jahr: $K(0) \cdot p = 10\,000\,€ \cdot 0{,}024 = 240\,€$.
Das Kapital nach einem Jahr beträgt somit $K(1) = 10\,000\,€ + 240\,€ = 10\,240\,€$.
Die Zinsen im zweiten Jahr berechnet man nun mit dem Kapital $K(1)$:
Zinsen im zweiten Jahr: $K(1) \cdot p = 10\,240\,€ \cdot 0{,}024 = 245{,}76\,€$.
Also $K(2) = 10\,240\,€ + 245{,}76\,€ = 10\,485{,}76\,€$.
Für die Zinsen im dritten Jahr gilt: $K(2) \cdot p = 10\,485{,}76 \cdot 0{,}024 = 251{,}66\,€$.
Also $K(3) = 10\,485{,}76\,€ + 251{,}66\,€ = 10\,737{,}42\,€$.

> **Beachte:**
> $2{,}4\,\% = \frac{2{,}4}{100} = 0{,}024$

> **Zinsen im 1. Jahr**
> *Zinsen = K(0) · p*
> **Zinsen im 2. Jahr:**
> *Zinsen = K(1) · p*
> **Zinsen im 3. Jahr:**
> *Zinsen = K(2) · p*

2 Terme zu exponentiellen Wachstumsvorgängen bestimmen

a) Man kann mithilfe des jährlichen Zuwachses ($p = 3\,\%$) den Wachstumsfaktor $q = 1 + p = 100\,\% + 3\,\% = 103\,\% = 1{,}03$ berechnen. Mit dem Wachstumsfaktor q erhält man das Kapital $K(1)$ nach einem Jahr: $K(1) = K(0) \cdot q = 500\,€ \cdot 1{,}03$.
Für $K(2)$ gilt dann: $K(2) = K(1) \cdot q$.
Einsetzen von $K(1) = K(0) \cdot q = 5000\,€ \cdot 1{,}03$ in $K(2) = K(1) \cdot q$ ergibt:
$K(2) = K(1) \cdot q = K(0) \cdot q \cdot q = K(0) \cdot q^2 = 5000\,€ \cdot 1{,}03^2$.
Wenn man für $K(3)$, $K(4)$ … analog vorgeht, erhält man als Term für das Kapital nach t Jahren $K(t) = K(0) \cdot q^t = 5000\,€ \cdot 1{,}03^t$.
b) Der Wert nimmt jährlich um 10 % ab, d.h. $q = 100\,\% - 10\,\% = 90\,\% = 0{,}9$.
Somit gilt für den Wert nach t Jahren: $W(t) = 15\,500\,€ \cdot 0{,}9^t$.

> **Wachstumsfaktor q:**
> $q = 1 + p$
> Für $p = 3\,\%$ gilt:
> $q = 1 + 0{,}03 = 1{,}03$.

> **Kapital nach t Jahren:**
> $K(t) = K(0) \cdot q^t$

> **Exponentielle Abnahme**
> 10 % Abnahme:
> $q = 1 - 0{,}1 = 0{,}9$
> $W(t) = W(0) \cdot 0{,}9^t$

3 Berechnung des Bestands nach t Jahren

a) Der Formel $E(t) = 28\,000 \cdot 1{,}015^t$ kann man entnehmen, dass der Wachstumsfaktor $q = 1{,}015$ beträgt. Somit nimmt die Bevölkerung der Stadt jährlich um 1,5 % zu, denn $p = q - 1 = 1{,}015 - 1 = 0{,}015 = 1{,}5\,\%$.
b) Die Bevölkerungszahl nach 10 Jahren lässt sich berechnen, indem man $t = 10$ in $E(t) = 28\,000 \cdot 1{,}015^t$ einsetzt:
$E(10) = 28\,000 \cdot 1{,}015^{10} \approx 32\,495{,}14$.
Nach 10 Jahren würden demnach ca. 32 500 Einwohner in dieser Stadt leben.

> **Berechnung des Bestands zum Zeitpunkt t = 1, 2, 3 …:**
> Einsetzen des Wertes für t in
> $B(t) = B(0) \cdot q^t$

4 Potenzgleichungen vom Typ $x^n = a$ lösen

a) $x^3 = 8$
$x = \sqrt[3]{8} = 2$

b) $x^4 = 625$
$x = \pm\sqrt[4]{625} = \pm 5$
$x_1 = 5;\ x_2 = -5$

c) $x^5 = 243$
$x = \sqrt[5]{243} = 3$

d) $x^{11} = 5$
$x = \sqrt[11]{5} \approx 1{,}16$
Beim TR verwendet ~~man~~ meist, dass $\sqrt[11]{5} = 5^{\frac{1}{11}}$ gilt.

> **$x^n = a$ lösen:**
> n ungerade: $x = \sqrt[n]{a}$
> n gerade: $x = \pm\sqrt[n]{a}$
> Es gilt $\sqrt[n]{a} = a^{\frac{1}{n}}$.

5 Zinssatz aus Anfangskapital und Kapital nach n Jahren berechnen

Das Kapital nach t Jahren lässt sich berechnen mit der Formel $K(t) = K(0) \cdot q^t$.
Laut Aufgabenstellung sind $K(3) = 11\,248{,}64\,€$ sowie $K(0) = 10\,000\,€$ bekannt.
Wenn man $t = 3$, $K(0)$ und $K(3)$ in die Formel einsetzt, erhält man:
$11\,248{,}64\,€ = 10\,000\,€ \cdot q^3 \quad | : 10\,000\,€$
$\frac{11\,248{,}64\,€}{10\,000\,€} = q^3$ bzw. $q^3 = 1{,}124864$.
Man erhält: $q = \sqrt[3]{1{,}124864} = 1{,}04$.
Der Wachstumsfaktor beträgt $q = 1{,}04$, somit ergibt sich ein Zinssatz von 4 %.
(Probe: $10\,000 \cdot 1{,}04^3 = 11\,248{,}64$)

> **Berechnung des Wachstumsfaktors q:**
> $q = \sqrt[t]{\frac{B(t)}{B(0)}}$

6 Wachstumsfaktor und Anfangsbestand mit zwei Wertepaaren bestimmen

a) Das Guthaben hat sich innerhalb von zwei Jahren von K(2) = 10 404 € auf K(4) = 10 824,32 € vergrößert. Da man von K(2) zu K(4) kommt, indem man K(2) zweimal mit dem Wachstumsfaktor multipliziert, gilt die folgende Gleichung:

$K(2) \cdot q^2 = K(4)$

$10\,404\,€ \cdot q^2 = 10\,824{,}32\,€ \quad | :10\,404\,€$

$q^2 = \frac{10\,824{,}32\,€}{10\,404\,€}$; also $q = \sqrt{\frac{10\,824{,}32}{10\,404}} \approx 1{,}02$

Der Wachstumsfaktor beträgt q = 1,02, somit ergibt sich ein Zinssatz von 2 %.

b) Das Anfangskapital lässt sich nun berechnen, indem man z. B. t = 2 und K(2) in die Formel $K(t) = K(0) \cdot 1{,}02^t$ einsetzt:

$10\,404\,€ = K(0) \cdot 1{,}02^2 \quad | :1{,}02^2$

$K(0) = \frac{10\,404\,€}{1{,}02^2} = 10\,000\,€$

Das Kapital nach t Jahren lässt sich also mit $K(t) = 10\,000 \cdot 1{,}02^t$ berechnen.

> **Berechnung des Anfangsbestands**
> $B(0) = \frac{B(t)}{q^t}$

7 Überprüfen, ob exponentielles Wachstum vorliegen kann

a) Um von B(0) zu B(1) zu kommen, muss B(1) mit 1,1 multipliziert werden, denn $\frac{B(1)}{B(0)} = \frac{110}{100} = 1{,}1$. Also ist q = 1,1 der einzige Wachstumsfaktor, der in Frage kommt.

Man kann nun überprüfen, ob man mit q = 1,1 auch die anderen y-Werte erhält:

$B(1) \cdot 1{,}1 = 110 \cdot 1{,}1 = 121 = B(2)$

$B(2) \cdot 1{,}1 = 121 \cdot 1{,}1 = 133{,}1 = B(3)$

Die mit q = 1,1 und B(0) = 100 berechneten Werte stimmen mit den gegebenen überein. Es kann also ein exponentielles Wachstum vorliegen.

b) Der Wert von B(1) = 250 ist genau halb so groß wie B(0) = 500.

Also kann der Wachstumsfaktor nur $q = \frac{B(1)}{B(0)} = 0{,}5$ sein.

Mit q = 0,5 erhält man ausgehend von B(1):

$B(1) \cdot 0{,}5 = 250 \cdot 0{,}5 = 125 = B(2)$.

Den zugehörigen y-Wert für x = 4 erhält man mit q = 0,5 wie folgt:

$B(0) \cdot 0{,}5^4 = 500 \cdot 0{,}5^4 = 31{,}25$.

Dieser Wert stimmt nicht mit dem Wert aus der Tabelle (35,25) überein. Es kann also kein exponentielles Wachstum vorliegen.

> Bei exponentiellem Wachstum verändern sich die y-Werte immer um den gleichen Faktor, wenn der x-Wert um 1 erhöht wird.

8 Bestimmen der Zeit, bis ein bestimmtes Kapital erreicht wurde

In der Tabelle wurde mit der Formel $K(t) = 5500 \cdot 1{,}03^t$ das Guthaben zu verschiedenen Zeitpunkten berechnet.

a) Das Guthaben ist nach 9 Jahren zum ersten Mal höher als 7000 € ist.

b) Nach 24 Jahren ist das Guthaben mehr als doppelt so hoch, nach 23 Jahren noch nicht.

Jahr	Guthaben am Ende des Jahres
7	6764,31 € < 7000 €
8	6967,24 € < 7000 €
9	7176,26 € > 7000 €
...	...
20	9933,61 € < 11 000 €
23	10 854,73 € < 11 000 €
24	11 180,37 € > 11 000 €

> Man kann für t die Werte 1, 2, 3 ... einsetzen, bis man das gesuchte Guthaben hat. Oft ist es günstiger, erst größere Schritte zu machen, um zu sehen, wo das Ergebnis ungefähr liegen wird.

9 Berechnung eines Näherungswertes für Halbwertszeiten

Zunächst setzt man ganzzahlige Werte für x ein. Man stellt fest, dass $0{,}95^{13} \approx 0{,}5133 > 0{,}5$ und $0{,}95^{14} \approx 0{,}4877 < 0{,}5$ ist. Somit muss die Halbwertszeit größer als 13 Jahre, aber kleiner als 14 Jahre sein. Man kann nun die y-Werte berechnen, die man erhält, wenn man für x Werte mit einer Nachkommastelle einsetzt. Man erhält $0{,}95^{13{,}5} \approx 0{,}5003 > 0{,}5$ und $0{,}95^{13{,}6} \approx 0{,}4978 < 0{,}5$. Somit ist die Halbwertszeit größer als 13,5 und kleiner als 13,6 Jahre. Als Näherungswert könnte man $13\frac{1}{2}$ Jahre abgeben. Um den Wert weiter einzugrenzen, kann man das Verfahren mit 2, 3, 4 usw. Nachkommastellen fortsetzen.

> **Eingrenzen des Ergebnisses:**
> - Zunächst ganzzahlig eingrenzen
> - Dann auf eine Nachkommastelle eingrenzen usw.

Die Standardaufgaben ähneln den Testaufgaben mit der jeweiligen Aufgabennummer auf Seite 37. Daher kannst du die Musterlösungen der Testaufgaben auf den Seiten 38 bis 39 verwenden, wenn du nicht weißt, wie man bei der Lösung der Aufgabe vorgehen soll.

1 Zinsen und Zinseszinsen

a) Leon legt bei der Bank 570 € für 4 Jahre zu einem Zinssatz von 2,5 % an.
Berechne für jedes der 4 Jahre die Zinsen und das Guthaben am Ende des Jahres.

Jahr	Zinsen	Guthaben am Ende des Jahres
1		
2		
3		
4		

b) Ein Auto hat 16 000 € gekostet. Der Wert des Autos nimmt jedes Jahr um 12 % ab.
Berechne für die ersten 4 Jahre jeweils den Wertverlust und den Wert am Ende des Jahres.

Jahr	Wertverlust	Wert am Ende des Jahres
1		
2		
3		
4		

c) Andrea legt bei einer Bank 7500 € zu 3 % Zinsen an, Fritz legt 8000 € zu 1,5 % an.
Berechne, nach wie vielen Jahren Andreas' Guthaben höher ist als das von Fritz.

Andrea

Jahr	Zinsen	Guthaben am Ende des Jahres
1		
2		
3		
4		
5		
6		

Fritz

Jahr	Zinsen	Guthaben am Ende des Jahres
1		
2		
3		
4		
5		
6		

Antwortsatz: ______________________________

____

2 Terme zu exponentiellen Wachstumsvorgängen bestimmen

a) Welche der Terme beschreiben ein exponentielles Wachstum bzw. eine exponentielle Abnahme?

$K(t) = 100 \cdot 1{,}02^t$	☐ Exp. Wachstum	☐ Exp. Abnahme	☐ Weder noch
$L(t) = 500 + 50t$	☐ Exp. Wachstum	☐ Exp. Abnahme	☐ Weder noch
$B(t) = 1512 \cdot 0{,}923^t$	☐ Exp. Wachstum	☐ Exp. Abnahme	☐ Weder noch
$H(t) = 320t^2$	☐ Exp. Wachstum	☐ Exp. Abnahme	☐ Weder noch

b) Herr Möller legt 10 500 € zu einem festen Zinssatz von 4,1 % an. Bestimme einen Term, mit dem man das Guthaben nach t Jahren berechnen kann.

K(t) = ______________________________

c) Ein Land hat 1,5 Millionen Einwohner. Die Bevölkerung nimmt jährlich um 0,1 % zu. Bestimme einen Term für die Einwohnerzahl nach t Jahren.

E(t) = ______________________________

d) Die Produktion einer Firma nimmt jährlich um 13 % zu. Im Moment werden pro Jahr 17 500 Teile produziert. Bestimme einen Term für die pro Jahr produzierte Stückzahl nach t Jahren.

P(t) = ______________________________

e) Der Wert eines Motorrads beträgt zurzeit 9999 €. Der Wert nimmt pro Jahr um 16 % ab. Bestimme einen Term, mit dem man den Wert des Motorrads nach t Jahren berechnen kann.

W(t) = ______________________________

3 Berechnung des Bestands nach n Jahren

a) Bei einem Experiment mit alkoholfreiem Bier kann die Höhe des Bierschaums näherungsweise mit der Formel $H(t) = 10 \cdot 0{,}85^t$ angegeben werden (t in Minuten, H(t) in cm).

(I) Um wie viel Prozent nimmt die Höhe des Bierschaums pro Minute ab?

Die Abnahme beträgt ________ % pro Minute.

(II) Bestimme die Höhe des Bierschaums zu den folgenden Zeitpunkten.

Zeitpunkt	Zu Beginn der Messung	Nach einer Minute	Nach 3 Minuten	Nach 10 Minuten	Nach 30 Sekunden	Nach einer Stunde
Bierschaumhöhe in cm						

b) Ein Wildbestand in einem Wald wird zurzeit auf 5000 Tiere geschätzt. Der Bestand verringert sich pro Jahr um ca. 2%. Berechne den Bestand in 10 Jahren.

Bestand nach t Jahren: B(t) = ____________________ Bestand in 10 Jahren: ____________________

c) Die Anzahl der Bakterien in einer Bakterienkultur (in Millionen) kann näherungsweise durch die Formel $B(t) = 40 \cdot 1{,}3^t$ beschrieben werden, wobei t (in Stunden) die Zeit nach Beginn der Messung angibt.

(I) Um wie viel Prozent wächst die Anzahl der Bakterien pro Stunde?

Die Zunahme beträgt __________ % pro Stunde.

(II) Bestimme die Anzahl der Bakterien zu den folgenden Zeitpunkten.

Zeitpunkt	Zu Beginn der Messung	Nach einer Stunde	Nach 4 Stunden	Nach einem Tag	Nach 25 Minuten	Vor einer Stunde
Bakterienanzahl (in Millionen)						

(III) Um wie viel Prozent ist die Anzahl der Bakterien nach 2, 3 und 4 Stunden im Vergleich zu der Anzahl zu Beginn der Messung gestiegen?

Nach 2 Stunden: Anstieg um ____________ % im Vergleich zur Anfangsanzahl.

Nach 3 Stunden: Anstieg um ____________ % im Vergleich zur Anfangsanzahl.

Nach 4 Stunden: Anstieg um ____________ % im Vergleich zur Anfangsanzahl.

4 Potenzgleichungen vom Typ $x^n = a$ lösen

Berechne die Lösung bzw. die Lösungen der folgenden Gleichungen.

a) $x^3 = 27$ ____________________ b) $x^4 = 1296$ ____________________

c) $x^7 = 2187$ ____________________ d) $x^6 = 1$ ____________________

e) $x^7 = 5$ ____________________ f) $x^5 = -32$ ____________________

g) $x^6 = -5$ ____________________ h) $4x^3 = 32$ ____________________

i) $\frac{1}{2}x^5 = \frac{243}{2}$ ____________________ j) $6x^3 = \frac{2}{27}$ ____________________

k) $\frac{3}{4}x^4 = \frac{1}{8}$ ____________________ l) $\frac{2}{3}x^3 - \frac{1}{8} = \frac{47}{648}$ ____________________

m) $\frac{1}{7}x^3 = \frac{1}{14}x^3 - \frac{4}{7}$ ____________________ n) $\frac{1}{2}x^4 + \frac{3}{4} = \frac{1}{6}x^4 + \frac{31}{16}$ ____________________

o) $\frac{5}{7}x^2 - 3 = \frac{13}{14}x^2 + 2$ ____________________ l) $2ax^3 - 4 = ax^3 + 2$ ____________________

5 Zinssatz aus Anfangskapital und Kapital nach n Jahren berechnen

a) Bestimme jeweils den Zinssatz.

Anfangskapital	20 000 €	1000 €	450 000 €	300 000 $
Laufzeit	18 Jahre	30 Jahre	10 Jahre	5 Jahre
Endguthaben	40 000 €	2000 €	571 068 €	360 629,94 $
Zinssatz				

b) Eine Stadt hat 40 000 Einwohner. In 10 Jahren wird sie vermutlich 46 000 Einwohner haben. Man geht von exponentiellem Wachstum der Bevölkerungszahl aus. Von welchem jährlichen Zuwachs (in %) kann man ausgehen?

Zuwachs von ______________ % pro Jahr.

c) Eine Stadt hat 60 000 Einwohner. Wie groß muss der jährliche Zuwachs in Prozent mindestens sein, damit die Stadt in 20 Jahren mehr als 100 000 Einwohner hat?

Zuwachs von mindestens ______________ %.

d) Eine Bank bietet an, Kapital 12 Jahre zu einem festen Zinssatz zu verzinsen und am Ende das 2,2-Fache des Anfangskapitals auszuzahlen. Berechne den zugehörigen Zinssatz.

Zinssatz: ______________ %

e) Der Wert eines Autos hat sich von ursprünglich 15 000 € in sieben Jahren auf 6500 € verkleinert. Um wie viel Prozent hat sich der Wert des Autos pro Jahr verringert, wenn man von einer exponentiellen Abnahme des Wertes ausgeht?

Abnahme von ______________ % des Wertes pro Jahr.

6 Wachstumsfaktor und Anfangsbestand mit 2 Wertepaaren bestimmen

a) Frau Schatz legt Geld bei der Bank zu einem festen Zinssatz an. Nach einem Jahr hat sie 1545 € auf dem Konto, nach zwei Jahren hat sie 1591,35 €. Berechne den Zinssatz sowie das Anfangskapital.

Zinssatz: ____________ Anfangskapital: ________________

b) Herr Reich legt Geld bei der Bank an. Nach drei Jahren hat er 109 272,70 € auf dem Konto, nach sieben Jahren hat er 122 987,39 € auf dem Konto. Berechne den zugehörigen Zinssatz und das Anfangskapital. Gib eine Formel an, mit der man das Kapital nach t Jahren berechnen kann.

Zinssatz: ____________ Anfangskapital: ________________ Formel: K(t) = ____________________

c) Die folgenden Tabellen gehören zu einem exponentiellen Wachstum, bei dem der Bestand zum Zeitpunkt t mit $B(t) = B(0) \cdot q^t$ (t in Jahren) berechnet werden kann. Berechne jeweils den Wachstumsfaktor q, die prozentuale Zunahme bzw. Abnahme pro Jahr sowie den Anfangsbestand B (0) und die fehlenden Werte in der Tabelle.

(I)

t	0	1	2	3
B(t)		306	312,12	

Wachstumsfaktor q = ________________

Zunahme pro Jahr: ______________ %

(II)

t	0	1	2	3
B(t)		700		1575

Wachstumsfaktor q = ________________

Zunahme pro Jahr: ______________ %

(III)

t	0	1	2	3
B(t)		1200		768

Wachstumsfaktor q = ________________

Abnahme pro Jahr: ______________ %

(IV)

t	0	2	4	6
B(t)		1600		100

Wachstumsfaktor q = ________________

Abnahme pro Jahr: ______________ %

7 Überprüfen, ob exponentielles Wachstum vorliegen kann

Prüfe, ob es sich um exponentielles Wachstum bzw. exponentielle Abnahme handeln kann. Bestimme den Wachstumsfaktor, falls es sich um exponentielles Wachstum handelt.

a)

x	0	1	2	3
y	200	220	242	266,2

☐ Ja (Wachstumsfaktor q = ________________)

☐ Nein

b)

x	0	1	2	3
y	800	640	512	409,6

☐ Ja (Wachstumsfaktor q = ________________)

☐ Nein

c)

x	0	1	2	5
y	1000	1200	1728	2488,32

☐ Ja (Wachstumsfaktor q = ________________)

☐ Nein

d)

x	0	1	5	9
y	5000	3500	840,35	145,7

☐ Ja (Wachstumsfaktor q = ________________)

☐ Nein

8 Bestimmen der Zeit, bis ein bestimmtes Kapital erreicht wurde

a) Franziska legt 300 € bei einer Bank zu einem Zinssatz von 2,1 % an. Wie viele Jahre dauert es, bis sie mehr als 400 € hat?

b) Wie viele Jahre muss man warten, bis ein Kapital von 20 000 € bei einem Zinssatz von 3 % um mindestens 8500 € gewachsen ist?

c) Wie viele Jahre dauert es, bis sich ein Kapital von 100 000 € bei einem Zinssatz von 2 % verdoppelt? Wie lange dauert es, wenn der Zinssatz doppelt so hoch ist?

d) Wie viele Jahre dauert es, bis sich ein Kapital von 10 000 € bei einem Zinssatz von 5 % verdoppelt, verdreifacht bzw. vervierfacht? Wie lange dauert es, wenn das Kapital halb so groß ist?

e) Nach welcher Zeit hat sich ein Kapital bei einem Zinssatz von 3,3 % verdoppelt?

f) Der Wert eines Motorrads nimmt jedes Jahr um 10 % ab. Berechne, wie lange es dauert, bis das Motorrad nur noch die Hälfte des ursprünglichen Wertes hat.

a) Es dauert __________ Jahre.

b) Man muss __________ Jahre warten.

c) Bei 2 % Zinsen: ________________

Bei 4 % Zinsen: ________________

d)

	Verdoppelt nach ...	Verdreifacht nach ...	Vervierfacht nach ...
Bei 10 000 €			
Bei 5000 €			

e) Es dauert __________ Jahre.

f) Antwort: ____

____

9 Berechnung eines Näherungswertes für Halbwertszeiten

a) Eine radioaktive Substanz zerfällt exponentiell. Die Formel $f(x) = 0{,}99^x$ gibt an, wie viel Prozent der ursprünglichen Substanz nach x Tagen noch vorhanden ist. Bestimme die zugehörige Halbwertszeit.

b) Pro Tag zerfallen jeweils 10 % einer radioaktiven Substanz. Bestimme die zugehörige Halbwertszeit.

c) Pro Tag nimmt eine Bakterienkultur um 5 % zu. Bestimme die zugehörige Verdopplungszeit.

a) Halbwertszeit: ____

b) Halbwertszeit: ____

c) Verdopplungszeit: ____

1 Die Papierformate nach DIN entstehen durch fortlaufendes Halbieren, z. B., ergibt ein Blatt DIN-A4 beim Halbieren ein Blatt DIN-A5. Ein Blatt DIN-A0 hat einen Flächeninhalt von $1\,m^2$.
Berechne den jeweiligen Flächeninhalt der folgenden Formate:

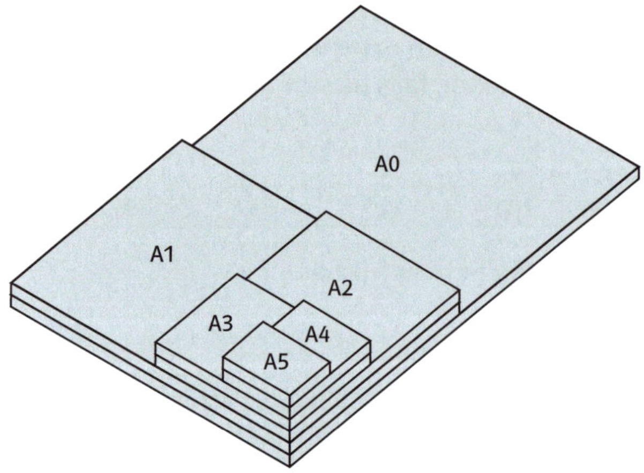

DIN-A3: ______________________

DIN-A4: ______________________

DIN-A5: ______________________

DIN-A8: ______________________

2 Helge erfährt eine tolle Neuigkeit. Nach einer Minute erzählt er sie ganz vertraulich einem Freund. Nach einer weiteren Minute erzählen beide die Neuigkeit wieder ganz vertraulich einem Freund. Nimm an, dass es immer so weiter geht. Nach wie vielen Minuten kennt die ganze Klasse (32 Schüler), die ganze Schule (1000 Schüler) bzw. die ganze Stadt (100 000 Personen) die Neuigkeit?

Die Klasse: ____________ Die Schule: ____________ Die Stadt: ____________

3 Eine Seerosenart verdoppelt täglich die von ihr bedeckte Teichfläche. Am Anfang wird eine Seerose in einen Teich gepflanzt. Nach 30 Tagen ist der Teich bedeckt.
a) Nach wie vielen Tagen ist der Teich halb bedeckt?
b) Nach wie vielen Tagen ist der Teich bedeckt, wenn man am Anfang statt einer Seerose zwei Seerosen pflanzt?

a) Antwort: ______________________________

b) Antwort: ______________________________

4 Die Temperatur eines Glases Tee beträgt 90 °C. Der Tee kühlt ab. Die Temperaturdifferenz zur Raumtemperatur von 20 °C nimmt jede Minute um 10 % ab. Nach wie vielen Minuten beträgt die Temperatur des Tees nur noch 50 °C? Wann ist der Tee weniger als 21 °C warm?

Weniger als 50°C: Nach ____________ Weniger als 21°C: Nach ____________

5 Direktor Knauf betrachtet die Umsatzsteigerung seiner Firma von 1980 bis 1995 und stellt fest, dass die Umsätze um 75 % gestiegen sind. Er meint, dies entspricht einer Umsatzsteigerung von 5 % pro Jahr.
a) Um wie viel Prozent wäre der Umsatz innerhalb von 15 Jahren bei einer jährlichen Zunahme von 5 % gestiegen?
b) Nimm an, dass der Umsatz pro Jahr um p% ansteigt, und berechne p.

a) ____________________ b) $p \approx$ ____________________

6 Eine Wassermelone wiegt 0,4 kg. Sie verdoppelt unter idealen Bedingungen alle sechs Tage ihr Gewicht.
a) Bestimme den Wachstumsfaktor sowie einen Term, der das Gewicht nach t Tagen angibt.
b) Nach wie vielen Tagen wiegt die Melone mehr als zwei Kilogramm?

a) Wachstumsfaktor: $q \approx$ ______________________________

Gewicht nach t Tagen: $G(t) =$ ______________________________

b) Antwort: ______________________________

____

7 Herr Torjubel kauft sich für die Fußball-WM 2010 einen neuen Fernseher für 2999 €. Er möchte für diese Summe einen Kredit aufnehmen und nach Ablauf von vier Jahren die gesamte Schuldsumme mit den angefallenen Zinsen begleichen.

a) Er hat drei Angebote zur Auswahl. Für welches Angebot sollte er sich entscheiden? Begründe.
Angebot A: 7,5 % Schuldzinssatz, jährliche Verzinsung
Angebot B: 0,75 % Schuldzinssatz, monatliche Verzinsung
Angebot C: 1,7 % Schuldzinssatz, vierteljährliche Verzinsung

Antwort: ______________________________

____

b) Frau Torjubel möchte das Geld lieber sparen. Sie möchte 600 € auf ein Sparkonto einzahlen, bei dem es 4 % Zinsen pro Jahr gibt, und dann jeweils zu Beginn des folgenden Jahres wieder 600 € auf dieses Konto einzahlen. Berechne das Guthaben auf dem Konto in den nächsten fünf Jahren. Wann könnte Familie Torjubel den Fernseher kaufen, wenn der Preis von 2999 € unverändert bliebe?

Antwort: ______________________________

____

8 Richtig oder falsch? Überprüfe folgende Aussagen und notiere eine kurze Begründung, nachdem du ggf. passende Rechnungen durchgeführt hast.

a) Wenn der Zinssatz doppelt so hoch ist, erhält man in einem Zeitraum von 3 Jahren insgesamt auch doppelt so viele Zinsen und Zinseszinsen.

☐ Richtig ☐ Falsch, denn ______________________________

____

b) Wenn ein Kapital von 10 000 € bei einem festen Zinssatz 30 Jahre benötigt, um sich zu verdoppeln, dann dauert dies bei einem Kapital von 5000 € 60 Jahre.

☐ Richtig ☐ Falsch, denn ______________________________

____

c) Wenn der Wachstumsfaktor q = 2 ist, dann entspricht das einem Zuwachs von 100 % pro Zeiteinheit.

☐ Richtig ☐ Falsch, denn ______________________________

____

d) Wenn das Wachstum pro Jahr 10 % beträgt, dann dauert es 10 Jahre, bis sich ein Bestand verdoppelt hat.

☐ Richtig ☐ Falsch, denn ______________________________

____

e) Wenn die Halbwertszeit eines Stoffes 10 Jahre beträgt, dann zerfallen pro Jahr 5 % des Bestandes.

☐ Richtig ☐ Falsch, denn ______________________________

____

f) Wenn der Wert einer Immobilie pro Jahr um 5 % steigt, dann ist die Immobilie nach zwei Jahren 10 % mehr wert als vorher.

☐ Richtig ☐ Falsch, denn ______________________________

____

9 a) Ergänze zu den folgenden exponentiellen Wachstumsvorgängen die angegebene Wertetabelle (runde auf eine Nachkommastelle) und trage die berechneten Koordinaten in das Koordinatensystem ein.

(I) $A(t) = 2 \cdot 1{,}1^t$

t	0	1	2	3	4
A(t)					

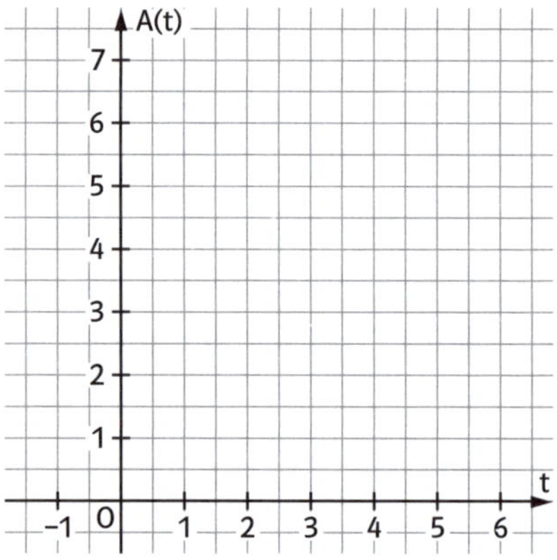

(II) $A(t) = 2 \cdot 1{,}2^t$

t	0	1	2	3	4
A(t)					

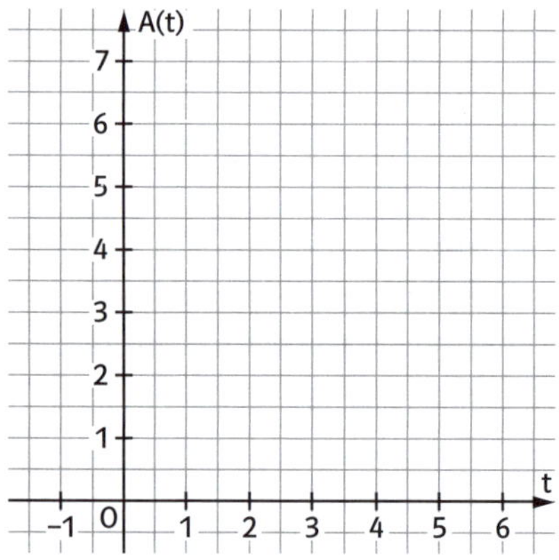

(III) $A(t) = 2 \cdot 1{,}3^t$

t	0	1	2	3	4
A(t)					

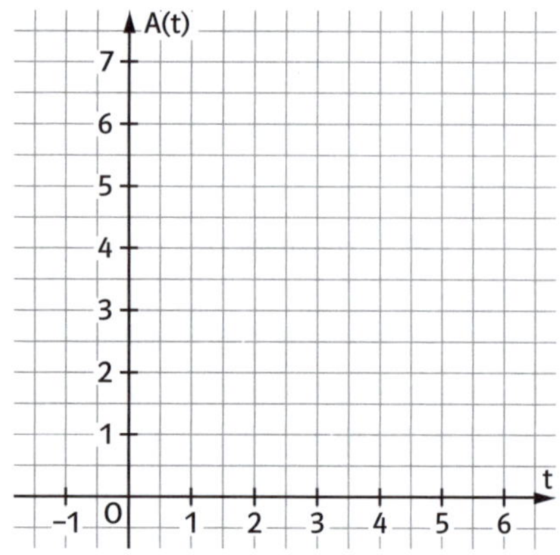

b) In vielen Kontexten ist es sinnvoll, nicht nur ganzzahlige Werte für t zuzulassen. Mit dem Taschenrechner lassen sich solche Werte, z. B. $A(1{,}1) = 2 \cdot 1{,}1^{1{,}1}$, berechnen.
Verbinde die in a) im Koordinatensystem eingezeichneten Punkte zu einer Kurve.

c) Durch welchen Punkt verlaufen alle drei Kurven? ______________________

Welche Gemeinsamkeit haben alle drei Kurven außerdem? ______________________

____

Worin unterscheiden sich die Kurven? ______________________

____

d) Die Graphen zu den folgenden exponentiellen Wachstumsvorgängen sollen verglichen werden:
$D(t) = 110 \cdot 1{,}5^t$ $E(t) = 110 \cdot 2{,}4^t$ $F(t) = 110 \cdot 1{,}8^t$

Durch welchen Punkt verlaufen alle drei Graphen? ______________________

Bei welchem Graphen nehmen die Werte am schnellsten zu? Woran erkennt man das? Bei ______________________

Denn: ______________________

____

10 Welches Diagramm veranschaulicht den Sachverhalt?
A: Das Guthaben erhöht sich um 5 % pro Jahr.
B: Die Bevölkerungszahl einer Stadt sinkt um 5 % pro Jahr
C: Die Bevölkerungszahl einer Stadt sinkt jedes Jahr um 550.
D: Das Guthaben erhöht sich jedes Jahr um 500 €.

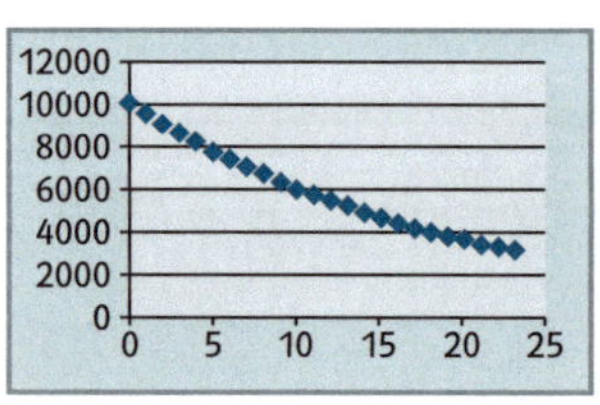

Fig. 1

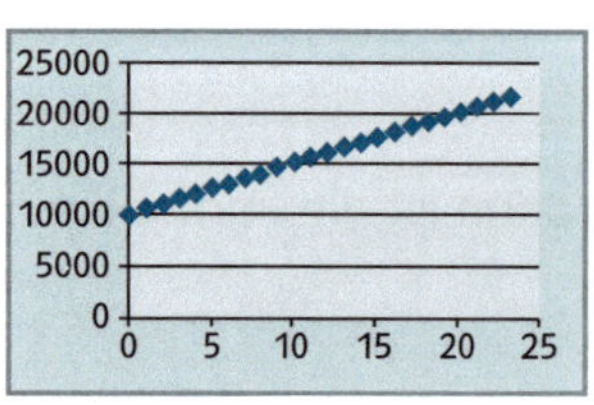

Fig. 2

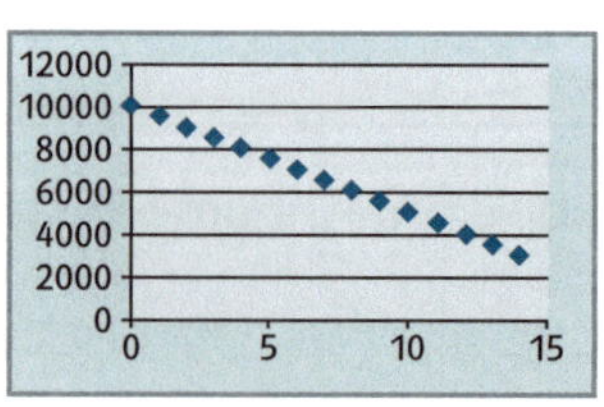

Fig. 3

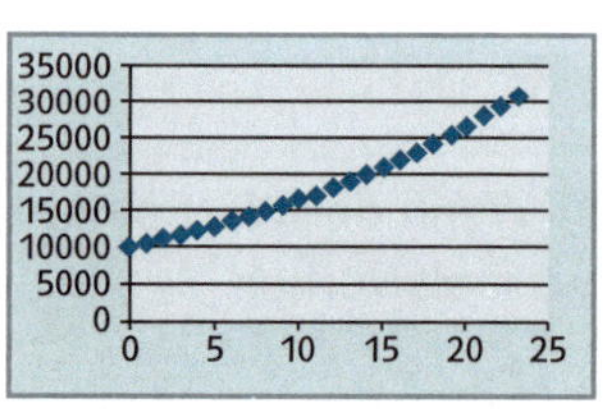

Fig. 4

Sachverhalt ________ Sachverhalt ________ Sachverhalt ________ Sachverhalt ________

11 Welche Grafik gehört zu welcher Formel? Begründe.

$A(t) = 500 \cdot 1{,}1^t$ $\quad$ $B(t) = 500 \cdot 1{,}7^t$ $\quad$ $C(t) = 500 \cdot 0{,}9^t$

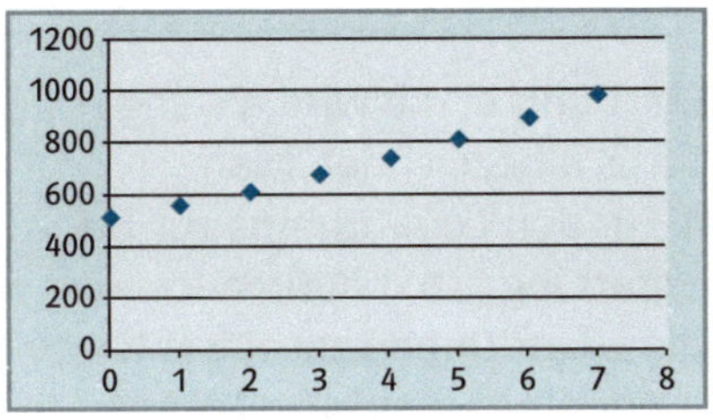

Fig. 1

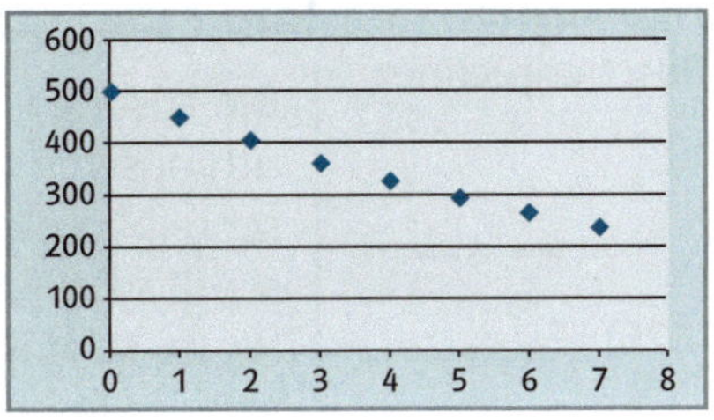

Fig. 2

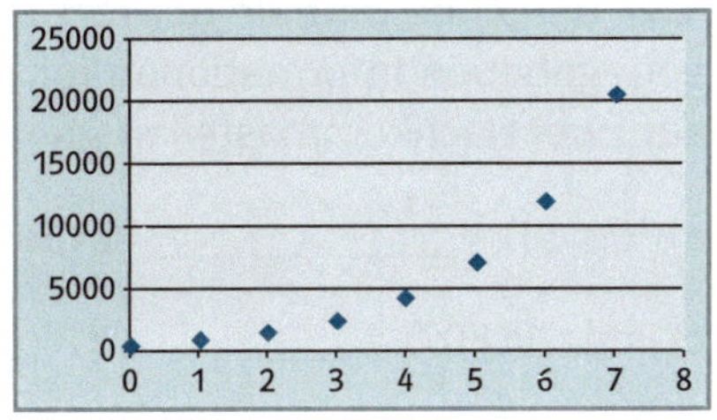

Fig. 3

A(t) gehört zu Fig. ______, denn ____________________

B(t) gehört zu Fig. ______, denn ____________________

C(t) gehört zu Fig. ______, denn ____________________

12 a) Eine Aktie hat zum Zeitpunkt t = 1 den Wert von 100 €. Ergänze die Wertetabellen und die Grafiken.

(I) Der Wert nimmt pro Jahr um 20 % zu.

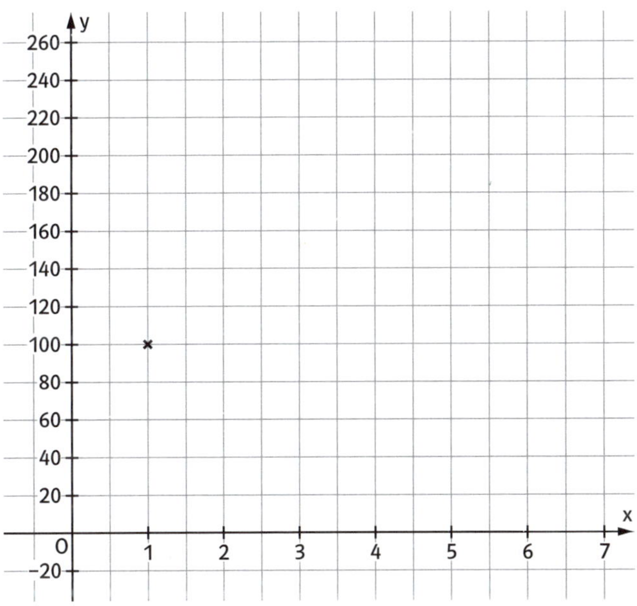

t	0	1	2	3	4
W(t)		100			

(II) Der Wert nimmt pro Jahr um 20 % ab.

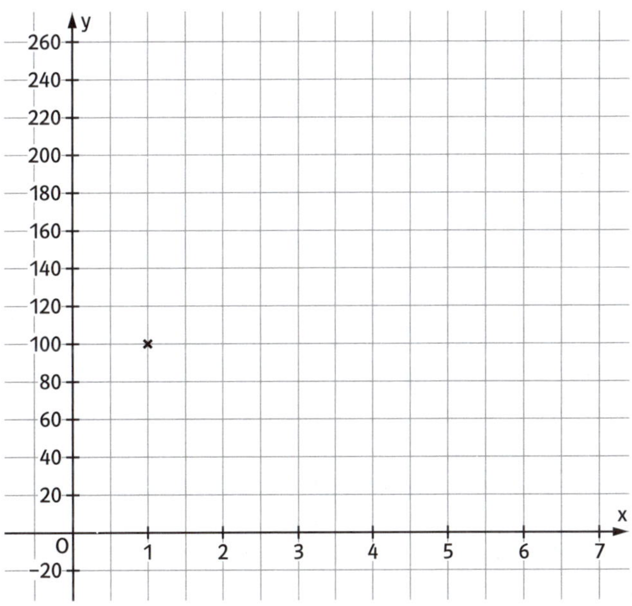

t	0	1	2	3	4
W(t)		100			

b) Claudia meint: „Wenn der Wert einer Aktie im ersten Jahr um 20 % sinkt und dann um 20 % steigt, macht man weder Gewinn noch Verlust." Was meinst du dazu?

Antwort: ____________________

Lösen von Gleichungen vom Typ $a^x = b$ mit dem Logarithmus

13 Berechne mithilfe der rechts im INFO-Kasten angegebenen Informationen mit dem Taschenrechner auf zwei Nachkommastellen genau.

a) $\log_2(8) =$ ____________ b) $\log_3(27) =$ ____________

c) $\log_7(16\,807) =$ ____________ d) $\log_5(15\,625) =$ ____________

e) $\log_8(7) \approx$ ____________ f) $\log_3(11) \approx$ ____________

g) $\log_3(100) \approx$ ____________ h) $\log_{3,2}(70) \approx$ ____________

i) $\log_{\frac{1}{2}}\left(\frac{1}{4}\right) =$ ____________ j) $\log_{\frac{1}{3}}(20) \approx$ ____________

k) Welche der Aufgaben hätte man auch ohne Taschenrechner lösen können? Warum?

____

____

____

Info

Die Lösung x der Gleichung $a^x = b$ wird als Logarithmus von b zur Basis a bezeichnet. Man schreibt $x = \log_a(b)$. Für den Logarithmus zur Basis 10 schreibt man statt $\log_{10}(b)$ häufig auch kurz $\log(b)$ oder $\lg(b)$. Die Logarithmen zur Basis 10 sind im Taschenrechner eingespeichert. Man erhält sie bei den meisten Taschenrechner über die Taste mit der Beschriftung LOG.
Mithilfe der Formel $\log_a(b) = \frac{\log(b)}{\log(a)}$ kann man die Logarithmen zu jeder Basis auf den Logarithmus zur Basis 10 zurückführen.

14 Löse die folgenden Gleichungen mithilfe des Logarithmus auf drei Nachkommastellen genau.

a) $3^x = 8$ $x = \log_{\square}(\square) = \frac{\log(\quad)}{\log(\quad)} \approx$ ____________

b) $2^x = 10$ ____________

c) $19^x = 176$ ____________

d) $0{,}9^x = 0{,}5$ ____________

e) $100 \cdot 10^x = 1155$ ____________

f) $3{,}2 \cdot 5^x = 15{,}2$ ____________

g) $100 + 2000 \cdot 1{,}03^x = 2500$ ____________

15 Berechne mithilfe des Logarithmus, nach wie vielen Jahren sich ein Kapital K(0) bei dem Zinssatz p mehr als verdoppelt hat.

a) K(0) = 100 €, p = 5 % $200 = 100 \cdot 1{,}05^t$; also $1{,}05^t = \frac{200}{100} = 2$ t = ____________

Nach ____________ Jahren hat sich das Kapital mehr als verdoppelt.

b) K(0) = 5000 €; p = 3 % ____________

c) K(0) = 7000 €; p = 2 % ____________

d) Begründe, warum die Höhe des Anfangskapitals keine Relevanz für die Verdopplungszeit hat.

____

____

16 Berechne mithilfe des Logarithmus.

a) Herr Reich hat 10 999 € zu einem festen Zinssatz von 2 % angelegt. Berechne, wie lange es dauert, bis er 15 000 € auf dem Konto hat.

b) Fritz hat 500 € zu 1,5 % Zinsen angelegt. Wie lange müsste er warten, damit sich das Geld verdoppelt?

c) Bei der Verbreitung einer Krankheit steckt jeder Kranke täglich zwei Personen an. Am Monatsbeginn gibt es 100 Kranke. Wie lange dauert es, bis es 10 000 Kranke gibt?

d) Koffein gelangt z. B. über Kaffee in den Körper und wird stündlich um ca. 20 % abgebaut. Verena trinkt eine Tasse Kaffee mit ca. 100 mg Koffein. Wie lange dauert es, bis Verena weniger als 1 mg Koffein im Blut hat?

e) Bei dem radioaktiven Radon zerfallen täglich ca. 16,5 % der vorhandenen Atome. Berechne mithilfe des Logarithmus die Halbwertszeit.

17 Auf das erste Feld eines Schachbrettes wird ein Reiskorn gelegt. Auf dem nächsten Feld wird dann die Anzahl der Reiskörner jeweils verdoppelt. Ein Schachbrett hat 64 Felder.

a) Gib einen Term für die Anzahl der Reiskörner auf dem x-ten Feld an. ______

b) Berechne die Anzahl der Reiskörner auf dem 10., dem 15. und dem 64. Feld.

10. Feld: ______ 15. Feld: ______ 64: Feld: ______

c) Berechne mit dem Logarithmus: Auf welchem Feld sind zum ersten Mal mehr als 1 000 000 Körner?

18 Berechne mithilfe des Logarithmus: Welches ist der kleinste ganzzahlige Exponent x, für den die Ungleichung erfüllt ist?

a) $1{,}1^x > 100\,000$ x = ______

b) $\left(\frac{4}{3}\right)^x > 100\,000$ x = ______

c) $\left(\frac{5}{3}\right)^x > 100\,000$ x = ______

d) $2^x > 100\,000$ x = ______

d) $\left(\frac{8}{3}\right)^x > 100\,000$ x = ______

f) $8^x > 100\,000$ x = ______

g) $\left(\frac{1}{2}\right)^x < \frac{1}{100\,000}$ x = ______

h) $\left(\frac{1}{4}\right)^x < \frac{1}{100\,000}$ x = ______

i) $\left(\frac{1}{8}\right)^x < \frac{1}{100\,000}$ x = ______

j) $\left(\frac{1}{16}\right)^x < \frac{1}{100\,000}$ x = ______

k) Welche Besonderheit erkennst du bei den Ergebnissen von g), h) und j)? Wie lässt sich diese erklären?

Potenzen und Potenzgesetze

19 Zahlen mit Zehnerpotenzen darstellen – die wissenschaftliche Schreibweise

Die wissenschaftliche Schreibweise verwendet Zehnerpotenzen, um sehr große oder sehr kleine Zahlen anzugeben. Der Exponent gibt hierbei an, um wie viele Stellen das Komma nach rechts (bei positivem Exponenten, z. B. $3{,}41 \cdot 10^6 = 3\,410\,000$) bzw. nach links (bei negativem Exponenten, z. B. $3{,}41 \cdot 10^{-6} = 0{,}000\,003\,41$) verschoben wird, um die Zahl ohne Zehnerpotenz zu schreiben.

a) Schreibe als Zahl ohne Exponent.

(I) 10^2 = ______ (II) 10^3 = ______ (III) 10^4 = ______

(IV) 10^{-1} = ______ (V) 10^{-2} = ______ (VI) 10^{-3} = ______

b) Schreibe ohne Zehnerpotenz.

(I) $1{,}2 \cdot 10^5$ = ______ (II) $3{,}9 \cdot 10^7$ = ______ (III) $1{,}5 \cdot 10^6$ = ______

(IV) $1{,}2 \cdot 10^{-5}$ = ______ (V) $3{,}9 \cdot 10^{-7}$ = ______ (VI) $1{,}5 \cdot 10^{-6}$ = ______

(VII) $5{,}8 \cdot 10^9$ = ______ (VIII) 10^5 = ______ (IX) 10^{-5} = ______

c) Schreibe in der wissenschaftlichen Schreibweise, d. h. als Produkt einer Zahl mit einer Stelle vor dem Komma und einer Zehnerpotenz.

(I) Lichtgeschwindigkeit: $300\,000\,000 \frac{m}{s}$ = ______

(II) Fläche Europas: $9\,970\,000\,km^2$ = ______

(III) Entfernung Erde-Sonne: 150 Millionen km = ______

(IV) Alter des Weltalls: 13 Milliarden Jahre = ______

(V) Staatverschuldung Deutschlands (2010): 1 684 863 000 000 Euro = ______

(VI) 0,04 g in kg = ______

(VII) 0,002 mm in km = ______

20 Rechnen mit Zehnerpotenzen

a) Vereinfache durch Ausklammern der Zehnerpotenz.

(I) $1{,}1 \cdot 10^3 + 4{,}2 \cdot 10^3$ = ______

(II) $4{,}2 \cdot 10^7 + 1{,}9 \cdot 10^7$ = ______

(III) $3{,}9 \cdot 10^8 - 1{,}4 \cdot 10^8$ = ______

(IV) $5{,}4 \cdot 10^{-3} - 6{,}8 \cdot 10^{-3}$ = ______

(V) $1{,}9 \cdot 10^4 - 1{,}2 \cdot 10^4$ = ______

Summen und Differenzen von Zehnerpotenzen mit gleichem Exponenten:

$2{,}4 \cdot 10^4 + 3{,}9 \cdot 10^4 = (2{,}4 + 3{,}9) \cdot 10^4 = 6{,}3 \cdot 10^4$

$3{,}5 \cdot 10^{-5} - 2{,}2 \cdot 10^{-5} = (3{,}5 - 2{,}2) \cdot 10^{-5} = 1{,}3 \cdot 10^{-5}$

Produkte und Quotienten von Zehnerpotenzen:

$2 \cdot 10^5 \cdot 3 \cdot 10^9 = (2 \cdot 3) \cdot (10^5 \cdot 10^9) = 6 \cdot 10^{5+9} = 6 \cdot 10^{14}$

$\frac{4{,}2 \cdot 10^9}{2 \cdot 10^4} = \left(\frac{4{,}2}{2}\right) \cdot \left(\frac{10^9}{10^4}\right) = 2{,}1 \cdot 10^{9-4} = 2{,}1 \cdot 10^5$

b) Vereinfache die Produkte bzw. Quotienten, ohne den Taschenrechner zu verwenden. Gib das Ergebnis in wissenschaftlicher Schreibweise an.

(I) $1{,}1 \cdot 10^3 \cdot 4 \cdot 10^3$ = ______ (II) $1{,}5 \cdot 10^3 \cdot 0{,}5 \cdot 10^{13}$ = ______

(III) $4 \cdot 10^9 \cdot 5{,}1 \cdot 10^3$ = ______ (IV) $8{,}5 \cdot 10^3 \cdot 2 \cdot 10^1$ = ______

(V) $\frac{8{,}4 \cdot 10^{13}}{2{,}1 \cdot 10^2}$ = ______ (VI) $\frac{8{,}8 \cdot 10^3}{2{,}2 \cdot 10^{14}}$ = ______

(VII) $1{,}2 \cdot 10^{-5} \cdot 1{,}2 \cdot 10^{-6}$ = ______ (VIII) $\frac{9 \cdot 10^3}{4{,}5 \cdot 10^{-5}}$ = ______

21 Potenzen mit negativen Exponenten

a) Schreibe als Bruch und berechne.

(I) $3^{-4} = \frac{1}{3^4} = \frac{1}{81}$ (II) 10^{-2} = ______ (III) 11^{-2} = ______

(IV) 10^{-4} = ______ (V) $\left(\frac{1}{2}\right)^{-2}$ = ______ (VI) $\left(\frac{2}{7}\right)^{-2}$ = ______

b) Schreibe ohne Bruch mit einem negativen Exponenten.

(I) $\frac{1}{5^4}$ = ______ (II) $\frac{1}{6^7}$ = ______ (III) $\frac{1}{9^{10}}$ = ______

(IV) $\frac{1}{100\,000}$ = ______ (V) $\frac{1}{81}$ = ______ (VI) $\frac{1}{32}$ = ______

22 Potenzgesetze

Berechne ohne Taschenrechner mithilfe der Potenzgesetze.

Potenzgesetze

1. Für Potenzen mit gleicher Basis a (a > 0) und den Exponenten p und q gilt:
   $a^p \cdot a^q = a^{p+q}$, z.B. $3^7 \cdot 3^2 = 3^{7+2} = 3^9$
   $\frac{a^p}{a^q} = a^{p-q}$, z.B. $\frac{3^8}{3^3} = 3^{8-3} = 3^5$
2. Für das Potenzieren von Potenzen gilt:
   $(a^p)^q = a^{p \cdot q}$, z.B. $(3^2)^5 = 3^{2 \cdot 5} = 3^{10}$
3. Für Potenzen mit dem gleichen Exponenten p und den Basen a und b (a > 0 und b > 0) gilt:
   $a^p \cdot b^p = (a \cdot b)^p$, z.B. $4^5 \cdot 3^5 = (4 \cdot 3)^5 = 12^5$
   $\frac{a^p}{b^p} = \left(\frac{a}{b}\right)^p$, z.B. $\frac{8^7}{4^7} = \left(\frac{8}{4}\right)^7 = 2^7$

a) $5^7 \cdot 5^{-6}$ = ______

b) $8^{10} \cdot 8^{-10}$ = ______

c) $\frac{3^{19}}{3^{16}}$ = ______

d) $\frac{6^{-5}}{6^{-7}}$ = ______

e) $\frac{12^3}{4^3}$ = ______

f) $\frac{21^{17}}{21^{16}}$ = ______

g) $2^2 \cdot 4^2$ = ______

h) $90^5 \cdot \left(\frac{1}{45}\right)^5$ = ______ i) $\frac{50^2}{10^2}$ = ______

j) $80^4 \cdot 0{,}125^4$ = ______ k) $(x^2)^4$ = ______

l) $(b^3 : b^2) \cdot b^{\frac{1}{3}}$ = ______ m) $\left(\frac{a}{b}\right)^2 \cdot a^{-2}$ = ______

n) $x^9 : \left(\frac{x}{y}\right)^9$ = ______ o) $(z^{-4} \cdot y^4) : \left(\frac{y}{z}\right)^2$ = ______

p) $(a^4 \cdot b^4)^3$ = ______ q) $(x^3)^4 : (x^2 \cdot x^6)$ = ______

23 Zeige die Gültigkeit der Potenzgesetze an den folgenden Beispielen durch geeignete Zwischenschritte.

a) $2^5 \cdot 2^3 = (2 \cdot 2 \cdot 2 \cdot 2 \cdot 2) \cdot (2 \cdot 2 \cdot 2) =$ ______

b) $\frac{2^5}{2^3}$ = ______

c) $(2^5)^3$ = ______

d) $2^3 \cdot 3^3 = (2 \cdot 2 \cdot 2) \cdot (3 \cdot 3 \cdot 3) = 2 \cdot 3 \cdot 2 \cdot 3 \cdot 2 \cdot 3 =$ ______

e) $\left(\frac{8^3}{2^3}\right)$ = ______

Dieses Modul ermöglicht dir, alle wichtigen Aspekte im Umgang mit linearen Gleichungssystemen zu wiederholen und intensiv zu üben. Bevor du anfängst zu üben, solltest du eine spontane Selbsteinschätzung in Form einer Schulnote von 1 bis 6 abgeben (erste Spalte in der unteren Tabelle). Anschließend kannst du die Testaufgaben bearbeiten und mithilfe der ausführlichen Musterlösungen auswerten. So erkennst du deine Stärken und Schwächen und kannst nun gezielt üben.

Selbsteinschätzung

	Spontane Selbsteinschätzung (SE)	SE nach Bearbeitung der Testaufgaben	SE nach Bearbeitung des Moduls
1. Ich kann lineare Gleichungssysteme mithilfe des Gleichsetzungsverfahrens lösen.			
2. Ich kann lineare Gleichungssysteme mithilfe des Einsetzungsverfahrens lösen.			
3. Ich kann lineare Gleichungssysteme mithilfe des Additionsverfahrens lösen.			
4. Ich kann mein Ergebnis mithilfe einer Probe durch Einsetzen überprüfen.			
5. Ich kann entscheiden, welches Rechenverfahren zur Lösung eines linearen Gleichungssystems günstig ist.			
6. Ich kann lineare Gleichungssysteme mit zwei Variablen zeichnerisch lösen.			
7. Ich kann nach Anwendung eines rechnerischen oder zeichnerischen Lösungsansatzes erkennen, wenn ein lineares Gleichungssystem keine oder unendlich viele Lösungen hat, und anschließend auf die Lage der zugehörigen Geraden schließen.			
8. Ich kann lineare Gleichungssysteme nutzen, um Textaufgaben zu lösen.			

Die Aufgaben 1 – 8 beziehen sich auf die Punkte 1 – 8 der Selbsteinschätzung. Bearbeite die Aufgaben und kontrolliere dann deine Lösung mithilfe der Musterlösungen auf den folgenden Seiten.

1 Löse das folgende lineare Gleichungssystem mithilfe des Gleichsetzungsverfahrens (GV).

a) $y = 3x - 6$
$y = 4x + 7$

$x =$ ______ ; $y =$ ______

b) $3x = 7y - 8$
$6x - 16y = -14$

$x =$ ______ ; $y =$ ______

2 Löse das folgende lineare Gleichungssystem mithilfe des Einsetzungsverfahrens (EV).

a) $3y - 6x = 4$
$y = 3x - 2$

$x =$ ______ ; $y =$ ______

b) $x + \frac{2}{5} = 5y$
$2y = \frac{4}{5}x + \frac{2}{15}$

$x =$ ______ ; $y =$ ______

3 Löse das folgende lineare Gleichungssystem mithilfe des Additionsverfahrens (AV).

a) $6x + 2y = 7$
$-6x + 7y = 11$

$x =$ ______ ; $y =$ ______

b) $5x + 3y = 14$
$-2x - 1{,}5y = -8$

$x =$ ______ ; $y =$ ______

4 Löse das folgende lineare Gleichungssystem und führe die Probe durch.

$3y - 2x = 12$
$3y = 4x$

$x =$ ______ ; $y =$ ______

Probe: ______________________________

5 Entscheide, welches Lösungsverfahren (GV, EV, AV) geeignet ist, und löse anschließend.

a) $-2y - 12 = -6x$
$2y - 14 = 8x$

Verfahren: __________ $x =$ ______ ; $y =$ ______

b) $5x - 6y = 3$
$3y + 1 = x$

Verfahren: __________ $x =$ ______ ; $y =$ ______

c) $4y = 3x - 4$
$4y = 5x - 20$

Verfahren: __________ $x =$ ______ ; $y =$ ______

d) $2x - 3y = \frac{10}{3}$
$\frac{5}{2}y - 5 = x$

Verfahren: __________ $x =$ ______ ; $y =$ ______

6 Löse die folgenden linearen Gleichungssysteme zeichnerisch.

a) $y = 4x - 2$
$y = -x + 3$

$x =$ ______ ; $y =$ ______

b) $4y - 2x = 8$
$2x + y - 7 = 0$

$x =$ ______ ; $y =$ ______

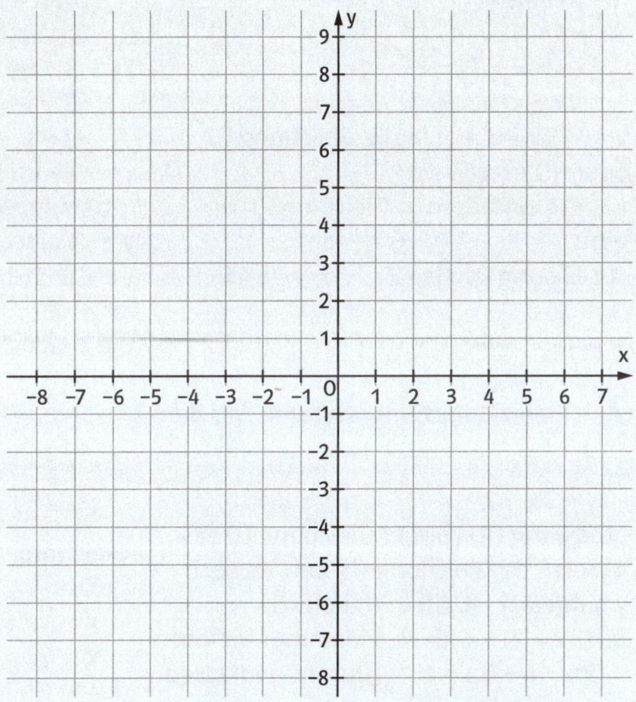

7 Prüfe, ob die linearen Gleichungssysteme keine, genau eine oder unendlich viele Lösungen haben. Wie liegen die zugehörigen Geraden zueinander?

a) g: $y = -\frac{5}{3}x + 1{,}2$
h: $y = \frac{3}{5}x - 1$ ______________

Lage von g und h: ______________________

b) g: $4x = 2y + 6$
h: $\frac{1}{4}y = \frac{1}{2}x - \frac{3}{4}$ ______________

Lage von g und h: ______________________

c) g: $2{,}5x = 6 + y$
h: $2y - 12 = 5x$ ______________

Lage von g und h: ______________________

8 Vor einem Jahr war Lena doppelt so alt wie Anne. In zwei Jahren wird Lena 1,5-mal so alt wie Anne sein. Wie alt sind die beiden heute?

Lena: ______________ ; Anne: ______________

Kontrolliere mithilfe der folgenden Musterlösungen deine Lösungen der Testaufgaben. Führe dann eine erneute Selbsteinschätzung der wichtigsten Kompetenzen im Bereich lineare Gleichungssysteme durch.

1 Lineare Gleichungssysteme mit dem Gleichsetzungsverfahren lösen

a) $y = 3x - 6$ (I)
$y = 4x + 7$ (II)

Gleichung (I) und (II) werden gleichgesetzt, da beide Gleichungen bereits nach y aufgelöst sind.

(I = II) liefert:

$3x - 6 = 4x + 7 \quad | -3x$

$-6 = x + 7 \quad | -7$

$-13 = x$

$x = -13$ wird nun in die Gleichung (I) oder (II) eingesetzt:

$x = -13$ einsetzen in Gleichung (I) ergibt: $y = 3 \cdot (-13) - 6 = -45$

Die Lösung ist also $x = -13$; $y = -45$.

b) $3x = 7y - 8$ (I)
$6x - 16y = -14$ (II)

Gleichung II wird zunächst umgeformt:

$6x - 16y = -14 \quad | +16y$

$6x = 16y - 14 \quad | :2$

$3x = 8y - 7 \quad$ (IIb)

(I = IIb) liefert:

$7y - 8 = 8y - 7 \quad | -7y$

$-8 = y - 7 \quad | +7$

$-1 = y$

$y = -1$ wird nun in die Gleichung (I) oder (IIb) eingesetzt:

$y = -1$ einsetzen in Gleichung IIb ergibt:

$3x = 8 \cdot (-1) - 7 = -15 \quad | :3$

$x = -5$

Die Lösung ist also $x = -5$; $y = -1$.

Gleichsetzungsverfahren
1. Auf einer Seite der Gleichung muss derselbe Term mit der Variable x oder y alleine stehen.
2. Die jeweils anderen Seiten werden dann gleichgesetzt und nach der übrig gebliebenen Variablen aufgelöst.
3. Das erste Ergebnis wird in einer der Ausgangsgleichungen eingesetzt!

2 Lineare Gleichungssysteme mit dem Einsetzungsverfahren lösen

a) $3y - 6x = 4$ (I)
$y = 3x - 2$ (II)

Gleichung (II) wird in Gleichung (I) eingesetzt, da Gleichung (II) bereits nach y aufgelöst ist. (II) in (I) liefert:

$3 \cdot (3x - 2) - 6x = 4 \quad$ | Klammer auflösen

$9x - 6 - 6x = 4 \quad$ | zusammenfassen

$3x - 6 = 4 \quad | +6$

$3x = 10 \quad | :3$

$x = \frac{10}{3}$

$x = \frac{10}{3}$ wird nun in die Gleichung (I) oder (II) eingesetzt, sinnvoller ist hier aber Gleichung (II), da diese bereits nach y aufgelöst ist:

$x = \frac{10}{3}$ einsetzen in Gleichung (II) ergibt:

$y = 3 \cdot \left(\frac{10}{3}\right) - 2 = 8$

Die Lösung ist also $x = \frac{10}{3}$; $y = 8$.

b) $x + \frac{2}{5} = 5y$ (I)
$2y = \frac{4}{5}x + \frac{2}{15}$ (II)

Gleichung (I) wird zunächst nach x aufgelöst:

$x + \frac{2}{5} = 5y \quad | -\frac{2}{5}$

$x = 5y - \frac{2}{5} \quad$ (Ib)

(Ib) in (II) liefert:

$2y = \frac{4}{5} \cdot \left(5y - \frac{2}{5}\right) + \frac{2}{15} \quad$ | Klammer auflösen

$2y = 4y - \frac{8}{25} + \frac{2}{15}$

$2y = 4y - \frac{24}{75} + \frac{10}{75}$

$2y = 4y - \frac{14}{75} \quad | -4y$

$-2y = -\frac{14}{75} \quad | :(-2)$

$y = \frac{7}{75}$

$y = \frac{7}{75}$ wird nun in die Gleichung (Ib) oder (II) eingesetzt, sinnvoller ist hier aber Gleichung (Ib), da diese bereits nach x aufgelöst ist:

$y = \frac{7}{75}$ einsetzen in Gleichung Ib ergibt:

$x = 5 \cdot \frac{7}{75} - \frac{2}{5} = \frac{1}{15}$

Die Lösung ist also $x = \frac{1}{15}$; $y = \frac{7}{75}$.

Einsetzungsverfahren
1. Auf einer Seite der Gleichung muss x oder y alleine stehen.
2. Die andere Seite dieser Gleichung wird dann für x oder y in die andere Gleichung eingesetzt und nach der übrig gebliebenen Variablen aufgelöst.
3. Das erste Ergebnis wird in einer der Ausgangsgleichungen eingesetzt.

3 Lineare Gleichungssysteme mit dem Additionsverfahren lösen

a) $6x + 2y = 7$ (I)
$-6x + 7y = 11$ (II)

Gleichung (I) und Gleichung (II) werden addiert, da dann die Variable x wegfällt.

b) $5x + 3y = 14$ (I)
$-2x - 1{,}5y = -8$ (II)

Gleichung (I) wird zunächst umgeformt:

$5x + 3y = 14 \quad | :2$

$2{,}5x + 1{,}5y = 7 \quad$ (Ib)

(I + II) liefert:

$9y = 18 \quad | :9$

$y = 2$

y = 2 wird nun in die Gleichung (I) oder (II) eingesetzt:

y = 2 einsetzen in Gleichung (I) ergibt:

$6x + 2 \cdot 2 = 7$

$6x + 4 = 7 \quad | -4$

$6x = 3 \quad | :6$

$x = 0{,}5$

Die Lösung ist also x = 0,5; y = 2.

(Ib + II) liefert:

$0{,}5x = -1 \quad | :0{,}5$

$x = -2$

x = −2 wird nun in die Gleichung (I) oder (II) eingesetzt:

x = −2 einsetzen in Gleichung (II) ergibt:

$-2 \cdot (-2) - 1{,}5y = -8$

$4 - 1{,}5y = -8 \quad | -4$

$-1{,}5y = -12 \quad | :(-1{,}5)$

$y = 8$

Die Lösung ist also x = −2; y = 8.

Additionsverfahren
1. Ein Summand mit Variable muss in beiden Gleichungen vorkommen, nur mit unterschiedlichen Vorzeichen.
2. Die Gleichungen werden addiert, sodass eine Variable wegfällt. Die sich ergebende Gleichung wird nach der zweiten Variablen aufgelöst.
3. Das erste Ergebnis wird in eine der Ausgangsgleichungen eingesetzt.

4 Lineare Gleichungssysteme lösen und eine schriftliche Probe durchführen

$3y - 2x = 12 \quad$ (I)

$3y = 4x \quad$ (II)

(II) in (I) liefert:

$4x - 2x = 12 \quad$ | zusammenfassen

$2x = 12 \quad | :2$

$x = 6$

x = 6 wird nun in die Gleichung (I) oder (II) eingesetzt, sinnvoller ist hier aber Gleichung (II), da diese bereits nach 3y aufgelöst ist:

x = 6 einsetzen in Gleichung (II) ergibt:

$3y = 4 \cdot 6 = 24 \quad | :3$

$y = 8$

Die Lösung ist also x = 6; y = 8.

Probe durch Einsetzen:

x und y werden in die beiden Ausgangsgleichungen eingesetzt:

x = 6 und y = 8 einsetzen in (I):

$3 \cdot 8 - 2 \cdot 6 = 12$

$24 - 12 = 12$

$12 = 12$ (wahre Aussage)

x = 6 und y = 8 einsetzen in (II):

$3 \cdot 8 = 4 \cdot 6$

$24 = 24$ (wahre Aussage)

Da das Einsetzen von x und y sowohl bei der ersten als auch bei der zweiten Gleichung zu einer wahren Aussage führt, ist x = 6 und y = 8 eine Lösung des Gleichungssystems.

Probe
Die Ergebnisse für x und y werden in die Ausgangsgleichungen eingesetzt. Es muss eine wahre Aussage entstehen.

5 Lineare Gleichungssysteme geschickt mit dem „richtigen" Verfahren lösen

a) $-2y - 12 = -6x \quad$ (I)

$2y - 14 = 8x \quad$ (II)

Verfahren: AV

Gleichung (I) und Gleichung (II) werden addiert, da dann die Variable y wegfällt.

(I + II) liefert:

$-26 = 2x \quad | :2$

$x = -13$

x = −13 wird nun in die Gleichung (I) oder (II) eingesetzt:

x = −13 einsetzen in Gleichung (I) ergibt:

$-2y - 12 = -6 \cdot (-13)$

$-2y - 12 = 78 \quad | +12$

$-2y = 90 \quad | :(-2)$

$y = -45$

Die Lösung ist also x = −13; y = −45.

b) $5x - 6y = 3 \quad$ (I)

$3y + 1 = x \quad$ (II)

Verfahren: EV

Gleichung (II) wird in Gleichung (I) eingesetzt, da Gleichung (II) bereits nach x aufgelöst ist.

(II) in (I) liefert:

$5 \cdot (3y + 1) - 6y = 3 \quad$ | Klammer auflösen

$15y + 5 - 6y = 3 \quad$ | zusammenfassen

$9y + 5 = 3 \quad | -5$

$9y = -2 \quad | :9$

$y = -\frac{2}{9}$

$y = -\frac{2}{9}$ wird nun in die Gleichung (I) oder (II) eingesetzt, sinnvoller ist hier aber Gleichung (II), da diese bereits nach x aufgelöst ist:

$y = -\frac{2}{9}$ einsetzen in Gleichung (II) ergibt:

$x = 3 \cdot \left(-\frac{2}{9}\right) + 1 = -\frac{2}{3} + \frac{3}{3} = \frac{1}{3}$

Die Lösung ist also $x = \frac{1}{3}$; $y = -\frac{2}{9}$.

Sind die Faktoren (Koeffizienten) einer Variablen in beiden Gleichungen mit gegensätzlichen Vorzeichen versehen (z. B. −2x und 2x)?
⇒ **Additionsverfahren**

Ist eine der Gleichungen nach x oder y aufgelöst?
⇒ **Einsetzungsverfahren**

c) $4y = 3x - 4$ (I)
$4y = 5x - 20$ (II)

Verfahren: GV
Gleichung (I) und (II) werden gleichgesetzt, da bei beiden Gleichungen auf einer Seite „4y“ steht.
(I = II) liefert:

$3x - 4 = 5x - 20 \quad | -3x$
$-4 = 2x - 20 \quad | +20$
$16 = 2x \quad | :2$
$x = 8$

x = 8 wird nun in die Gleichung (I) oder (II) eingesetzt:
x = 8 einsetzen in Gleichung (I) ergibt:
$4y = 3 \cdot 8 - 4 = 20 \quad | :4$
$y = 5$
Die Lösung ist also $x = 8$; $y = 5$.

d) $2x - 3y = \frac{10}{3}$ (I)
$\frac{5}{2}y - 5 = x$ (II)

Verfahren: EV
Gleichung (II) wird in Gleichung (I) eingesetzt, da Gleichung (II) bereits nach x aufgelöst ist.
(II) in (I) liefert:

$2 \cdot \left(\frac{5}{2}y - 5\right) - 3y = \frac{10}{3} \quad |$ Klammer auflösen
$5y - 10 - 3y = \frac{10}{3} \quad |$ zusammenfassen
$2y - 10 = \frac{10}{3} \quad | +10$
$2y = \frac{40}{3} \quad | :2$
$y = \frac{20}{3}$

$y = \frac{20}{3}$ wird nun in die Gleichung (I) oder (II) eingesetzt, sinnvoller ist hier aber Gleichung (II), da diese bereits nach x aufgelöst ist:
$y = \frac{20}{3}$ einsetzen in Gleichung (II) ergibt:
$x = \frac{5}{2} \cdot \frac{20}{3} - 5 = \frac{35}{3}$
Die Lösung ist also $x = \frac{35}{3}$; $y = \frac{20}{3}$.

Steht auf jeweils einer Seite jeder Gleichung derselbe Term mit Variable?
⇒ **Gleichsetzungsverfahren**

6 Lineare Gleichungssysteme zeichnerisch lösen

a) $y = 4x - 2$ (I)
$y = -x + 3$ (II)

Zunächst werden die Geraden (I) und (II) gezeichnet. Gerade (I) besitzt den y-Achsenabschnitt $n = -2$, dieser wird ins Koordinatensystem eingetragen. Von dort aus geht man eine Einheit nach rechts und vier Einheiten nach oben, da die Steigung der Geraden (I) 4 ist. Gerade (II) wird auf dieselbe Weise ins Koordinatensystem eingetragen. Der Schnittpunkt S von (I) und (II) wird abgelesen, er liegt bei S(1 | 2). Die Lösung ist also x = 1 und y = 2.

b) $4y - 2x = 8$ (I)
$2x + y - 7 = 0$ (II)

Alle Punkte (x | y), die die Gleichung (I) erfüllen, liegen auf einer Geraden. Man bestimmt also z. B. zwei solcher Punkte und zeichnet die Gerade. Durch Einsetzen von x-Werten zwischen −5 und 5 findet man ggf. Punkte, welche die Gleichung erfüllen und ins Koordinatensystem eingetragen werden können.
$P_1(0 | 2)$ und $P_2(-4 | 0)$ erfüllen z. B. die Gleichung (I). Mithilfe von z. B. $Q_1(1 | 5)$ und $Q_2(3 | 1)$ zeichnet man Gerade (II).
Man kann die beiden Geraden auch zeichnen, indem man beide Gleichungen so umformt, dass man die Normalform $y = mx + n$ erhält.
Der Schnittpunkt S ist S(2 | 3).
Die Lösung ist also x = 2 und y = 3.

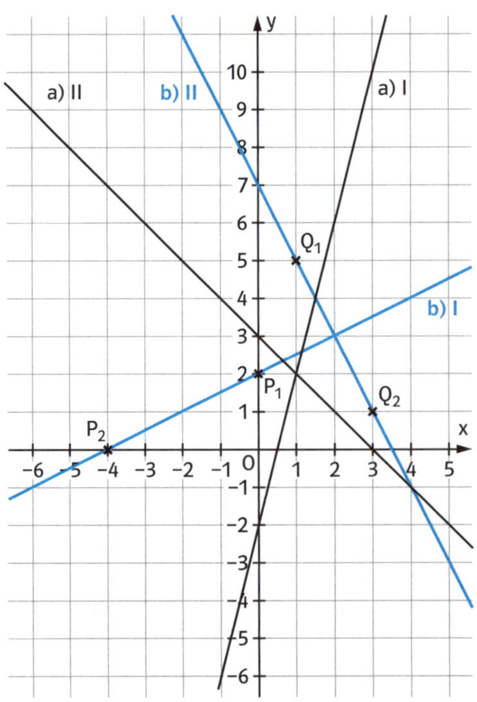

Zeichnerische Lösung
1. Geraden zeichnen (mithilfe von y-Achsenabschnitt und Steigung oder mithilfe von zwei Punkten, die die Gleichung erfüllen).
2. Schnittpunkt der Geraden im Koordinatensystem ablesen.

7 Lösungsmengen/grafische Interpretation von linearen Gleichungssystemen

a) g: $y = -\frac{5}{3}x + 1{,}2$

h: $y = \frac{3}{5}x - 1$

Die Gleichungen der Geraden g (I) und h (II) werden gleichgesetzt, da beide Gleichungen bereits nach y aufgelöst sind. I = II liefert:

$$-\frac{5}{3}x + 1{,}2 = \frac{3}{5}x - 1 \quad | + \frac{5}{3}x$$
$$1{,}2 = \frac{34}{15}x - 1 \quad | + 1$$
$$2{,}2 = \frac{34}{15}x \quad | : \frac{34}{15}$$
$$x = \frac{33}{34}$$

$x = \frac{33}{34}$ wird nun in die Gleichung der Geraden g oder der Geraden h eingesetzt:

$x = \frac{33}{34}$ einsetzen in die Gleichung der Geraden h ergibt:

$y = \frac{3}{5} \cdot \frac{33}{34} - 1 = -\frac{71}{170}$

Die einzige Lösung ist also $x = \frac{33}{34}$; $y = -\frac{71}{170}$.

Lage der Geraden: Die Geraden g und h schneiden sich also im Punkt $S\left(\frac{33}{34} \middle| -\frac{71}{170}\right)$.

b) g: $4x = 2y + 6$

h: $\frac{1}{4}y = \frac{1}{2}x - \frac{3}{4}$

Um die Lösungsmenge zu bestimmen, wird zunächst die Gleichung der Geraden h nach y aufgelöst und anschließend in die Gleichung der Geraden g eingesetzt:

h: $\frac{1}{4}y = \frac{1}{2}x - \frac{3}{4} \quad | \cdot 4$

$y = 2x - 3$

$y = 2x - 3$ einsetzen in g:

$4x = 2 \cdot (2x - 3) + 6$ | Klammer auflösen

$4x = 4x - 6 + 6 = 4x$

Dies ist eine wahre Aussage, also besitzt das lineare Gleichungssystem unendlich viele Lösungen, die alle auf der Geraden g bzw. h liegen.

Lage der Geraden: Die Geraden g und h sind identisch, liegen also „aufeinander".

Dies könnte man auch erkennen, indem man beide Gleichungen nach y auflöst. Man erhält jeweils: $y = 2x - 3$.

c) g: $2{,}5x = 6 + y$

h: $2y - 12 = 5x$

Analog zu b) wird zunächst eine der Gleichungen umgeformt. Die Gleichung der Geraden g wird mit „2" multipliziert und anschließend mit der Gleichung der Geraden h gleichgesetzt:

g: $2{,}5x = 6 + y \quad | \cdot 2$

$5x = 12 + 2y \quad g^*$

$g^* = h$:

$12 + 2y = 2y - 12 \quad | - 2y$

$12 = -12$

Dies ist eine falsche Aussage, also besitzt das lineare Gleichungssystem gar keine Lösung.

Lage der Geraden: Die Geraden g und h sind echt parallel zueinander. Das Auflösen beider Gleichung nach y liefert für g:

$y = 2{,}5x - 6$ und für h: $y = 2{,}5x + 6$, also zwei Geraden mit derselben Steigung.

Lösungsmengen von linearen Gleichungssystemen

1. Lösungsmenge ist genau ein Punkt, also $L = \{(x|y)\}$.
   $\Rightarrow$ g und h schneiden sich in genau diesem Punkt.
2. Es gibt unendlich viele Lösungen, die alle auf einer Geraden liegen (man erhält eine wahre Aussage).
   $L = \{(x|y) | y = mx + n\}$
   $\Rightarrow$ g und h sind identisch.
3. Es gibt keine Lösung (man erhält eine falsche Aussage).
   $L = \{\}$
   $\Rightarrow$ g und h sind echt parallel zueinander.

8 Textaufgaben mit linearen Gleichungssystemen lösen

Zunächst müssen Variablen eingeführt und ihre Bedeutung festgelegt werden: x entspricht dem Alter von Lena heute und y dem Alter von Anne heute.

Aus der Information, dass Lena vor einem Jahr doppelt so alt war wie Anne, lässt sich die folgende Gleichung aufstellen:

$(x - 1) = 2(y - 1)$ bzw. $x - 1 = 2y - 2$ (Gleichung I),

denn $(x - 1)$ bzw. $(y - 1)$ entspricht dem Alter von Lena bzw. Anne vor einem Jahr. Wenn man Annes damaliges Alter mit „2" multipliziert, muss man Lenas damaliges Alter erhalten.

Die Gleichung (II) folgt aus der Information, dass Lena in zwei Jahren 1,5-mal so alt wie Anne sein wird: $(x + 2) = 1{,}5(y + 2)$ bzw. $x + 2 = 1{,}5y + 3$ (Gleichung (II)).

Das lineare Gleichungssystem $x - 1 = 2y - 2$ (I); $x + 2 = 1{,}5y + 3$ (II) liefert die Lösungen $x = 7$ und $y = 4$, also ist Lena heute 7 Jahre alt und Anne 4 Jahre alt.

Textaufgaben

1. Variablen und deren Bedeutung festlegen.
2. Text in Gleichung übersetzen.
3. Lineares Gleichungssystem lösen.
4. Lösungen im Kontext interpretieren und einen Antwortsatz formulieren.

Die Standardaufgaben ähneln den Testaufgaben mit der jeweiligen Aufgabennummer auf Seite 53. Daher kannst du die Musterlösungen der Testaufgaben auf Seite 54 – 57 verwenden, wenn du nicht weißt, wie man bei der Lösung der Aufgabe vorgehen soll.

1 Lineare Gleichungssysteme mit dem Gleichsetzungsverfahren lösen

Löse das folgende lineare Gleichungssystem mithilfe des Gleichsetzungsverfahrens (GV).

a) $y = 3x - 4$
$y = -x + 16$

x = ______; y = ______

b) $3x + y = 11$
$6x = -3y + 18$

x = ______; y = ______

c) $y + 6 = \frac{3}{4}x$
$y + \frac{1}{2}x = \frac{1}{4}$

x = ______; y = ______

d) $4 + \frac{1}{2}x = \frac{1}{4}y$
$3y = 3 - 3x$

x = ______; y = ______

2 Lineare Gleichungssysteme mit dem Einsetzungsverfahren lösen

Löse das folgende lineare Gleichungssystem mithilfe des Einsetzungsverfahrens (EV).

a) $y - x = 3$
$y = 2x$

x = ______; y = ______

b) $y - 3x = -1$
$y = 4x - 2$

x = ______; y = ______

c) $6y + 9x = 42$
$y = 2x + 4$

x = ______; y = ______

d) $2y - 5x = 2$
$x = -2y - 10$

x = ______; y = ______

e) $0{,}2x + 0{,}4y = 1$
$x + 1{,}2y = 4$

x = ______; y = ______

f) $2x - 1 = \frac{7}{2}y$
$2x = \frac{2}{63}y - \frac{2}{3}$

x = ______; y = ______

g) $x = \frac{5}{2}y - \frac{1}{5}$
$6y = 2x + \frac{6}{5}$

x = ______; y = ______

h) $\frac{4}{5}y - \frac{12}{5}x = 4$
$\frac{3}{7}y = 3 + \frac{3}{7}x$

x = ______; y = ______

3 Lineare Gleichungssysteme mit dem Additionsverfahren lösen

Löse das folgende lineare Gleichungssystem mithilfe des Additionsverfahrens (AV).

a) $y - 2x = 1$
$y + 2x = 5$

x = ______; y = ______

b) $6x + 7y = 23$
$-5x - 7y = -18$

x = ______; y = ______

c) $2x + 5y = 14$
$-2x + 3y = 4$

x = ______; y = ______

d) $6x + 3y = 0$
$4x - 3y = 12$

x = ______; y = ______

e) $x + 3y = \frac{10}{3}$
$4x + 12y = 25$

x = ______; y = ______

f) $5x + y = 10{,}6$
$-y = 5 - \frac{3}{2}x$

x = ______; y = ______

g) $1{,}2x + 3{,}6y = -12$
$3{,}6x + 1{,}2y = 12$

x = ______; y = ______

h) $\frac{2}{3}x - \frac{5}{6}y = \frac{7}{8}$
$5x + y = 3$

x = ______; y = ______

4 Lineare Gleichungssysteme lösen und eine schriftliche Probe durchführen

Löse das folgende lineare Gleichungssystem und führe die Probe durch.

a) $3x + 7y = 40$
$x + 6y = -5$

x = ______; y = ______

Probe: ______________________________

b) $\frac{5}{3}x - 2y = -\frac{20}{3}$
$x + 0{,}5y = 13$

x = ______; y = ______

Probe: ______________________________

5 Lineare Gleichungssysteme geschickt mit dem „richtigen" Verfahren lösen

Entscheide, welches Lösungsverfahren (GV, EV, AV) geeignet ist, und löse anschließend.

a) $2{,}5x - 28 = y$
$5x + 3y = 41$

Verfahren: ________

x = ______; y = ______

b) $3x + 2{,}5y = 23{,}75$
$-3x - 1{,}5y = -17{,}25$

Verfahren: ________

x = ______; y = ______

c) $1{,}5x + 2y = 4$
$\frac{3}{2}x + \frac{5}{2}y = \frac{13}{2}$

Verfahren: ________

x = ______; y = ______

d) $2{,}4x + 3y = 12{,}9$
$3x + 6y = 19{,}5$

Verfahren: ________

x = ______; y = ______

e) $y = \frac{2}{3}x + 1{,}5$
$x - \frac{2}{3}y = \frac{3}{2}$

Verfahren: ________

x = ______; y = ______

f) $3x = \frac{9}{5}y + \frac{6}{5}$
$48 - 12y = 3x$

Verfahren: ________

x = ______; y = ______

6 Lineare Gleichungssysteme zeichnerisch lösen

Löse die folgenden linearen Gleichungssysteme zeichnerisch.

a) $y = x - 2$
$y = -x + 6$

$x =$ ______; $y =$ ______

b) $y = \frac{2}{3}x - 3$
$y = -\frac{1}{6}x + 2$

$x =$ ______; $y =$ ______

c) $2y + 2x = -4$
$y - 2x = 4$

$x =$ ______; $y =$ ______

d) $2x + 4y - 1 = 3$
$-6x + 2y = 2$

$x =$ ______; $y =$ ______

a) und b)

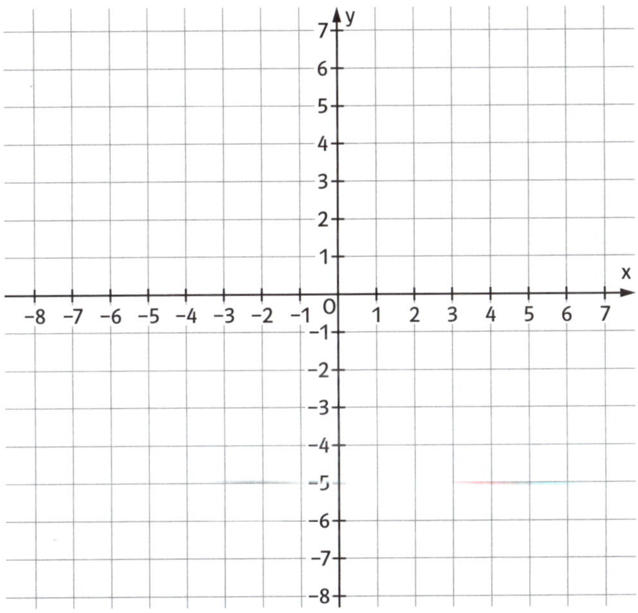

c) und d)

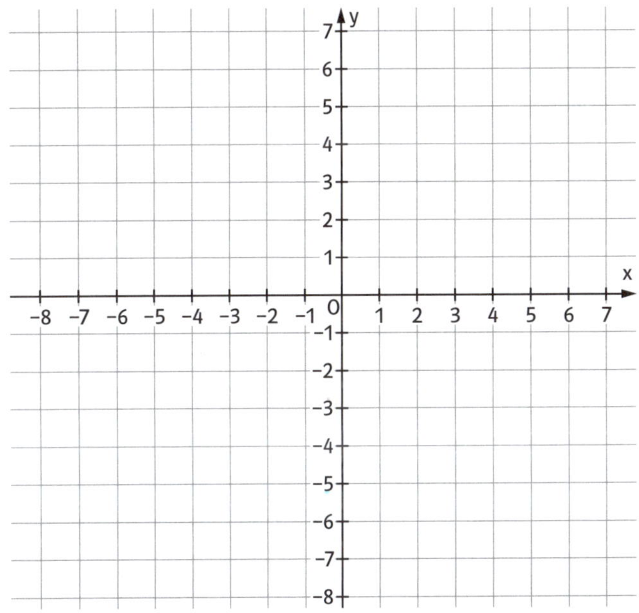

7 Lösungsmengen/grafische Interpretation von linearen Gleichungssystemen

Prüfe, ob die linearen Gleichungssysteme keine, genau eine oder unendlich viele Lösungen haben. Wie liegen die zugehörigen Geraden zueinander?

a) $0{,}5y - 1{,}5 = x$
$y = 2x - 1{,}6$

______

Lage von g und h:

______

b) $10y + 6x = 5$
$5y - 3x = 2{,}5$

______

Lage von g und h:

______

c) $y = 5x - 3$
$2 = y + 0{,}4x$

______

Lage von g und h:

______

d) $2y + 10 = 2{,}5x$
$15 = 3{,}75x - 3y$

______

Lage von g und h:

______

8 Textaufgaben mit linearen Gleichungssystemen lösen

a) Marlene war vor einem Jahr dreimal so alt wie Ben. In drei Jahren wird sie doppelt so alt sein wie Ben. Wie alt sind Marlene und Ben heute?

Antwort: ______

b) Eine zweistellige Zahl wird um 9 größer, wenn man ihre Ziffern vertauscht.
Ihre Zehnerziffer ist halb so groß wie ihre Einerziffer. Wie heißt die Zahl?

Gesuchte Zahl: ______

c) Fabian kauft zum Muttertag einen Strauß mit drei Rosen und zwei Lilien für 9,50 €. Maxi kauft einen Strauß mit zwei Rosen und drei Lilien für 10,50 €. Sandra kauft im selben Blumenladen wie Fabian und Maxi einen Strauß mit zwölf Rosen und drei Lilien. Wie viel Euro muss Sandra für den Strauß bezahlen?

Antwort: ______

1 Gib ein lineares Gleichungssystem mit zwei Gleichungen und zwei Variablen an, das das Zahlenpaar (3 | 1) als einzige Lösung hat und dessen

a) erste Gleichung (1 | 1) als Lösung hat,

Gleichung I: ______

Gleichung II: ______

b) zweite Gleichung (−1 | −1) als Lösung hat,

Gleichung I: ______

Gleichung II: ______

c) erste Gleichung nur Lösungen hat, bei denen die zweite Zahl 1 ist, und dessen zweite Gleichung nur Lösungen hat, bei denen die erste Zahl das Dreifache der zweiten Zahl ist.

Gleichung I: ______ Gleichung II: ______

2 Welche Bedingungen müssen die Parameter a und b erfüllen, damit das Gleichungssystem eine einzige Lösung hat? Bestimme die Lösung in Abhängigkeit von a und b.

a) $ax + y = 1$
$x + y = a$

$x =$ ______; $y =$ ______

b) $ax - 2y = 1$
$ax + 2y = 1$

$x =$ ______; $y =$ ______

c) $ax + by = 1$
$bx + ay = 2$

$x =$ ______; $y =$ ______

d) $ax + by = a$
$bx + ay = b$

$x =$ ______; $y =$ ______

3 Mathilde macht einen Jonglierkurs und stellt fest, dass sie in ihrer Gruppe 1,5-mal so viele Mitschüler wie Mitschülerinnen hat. Felix, der in Mathildes Jongliergruppe ist, drückt die Zusammensetzung der Gruppe so aus: „Sieben Zehntel der Anzahl der Männer unserer Gruppe ergibt die Anzahl der Frauen in unserer Gruppe.“ Wie viele Frauen und wie viele Männer lernen zusammen mit Mathilde und Felix das Jonglieren?

Antwort: ______

4 Die Klassen 10a und 10b sind zusammen auf Klassenfahrt. Beide Klassen wollen getrennt voneinander eine Wanderung unternehmen. Die Klasse 10a startet um 8 Uhr morgens mit einer Geschwindigkeit von 5 km/h vom See aus und wandert an der Burg Schreckenstein vorbei zur Schlucht. Die 10b lässt alles etwas gemütlicher angehen und legt pro Stunde nur 4 km zurück. Sie startet erst um 9 Uhr an der Schlucht und wandert dann an der Burg Schreckenstein vorbei zum See. Um wie viel Uhr treffen sich die 10a und die 10b?

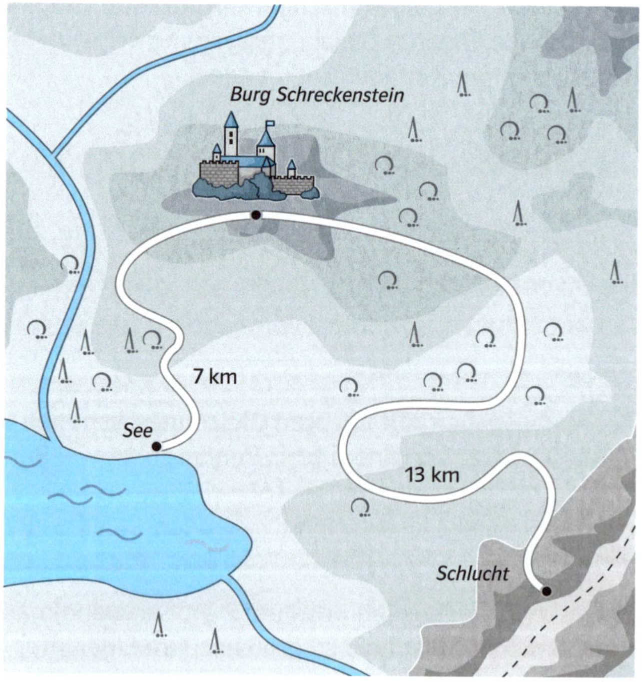

Gesuchte Uhrzeit: ______

5 Familie Skade fährt mit ihrem Motorboot auf dem Rhein von Köln aus zu einem Anleger etwas südlich von Bonn. Sie benötigen für die 28 km bis zur Anlegestelle 2 Stunden. Der Rückweg beträgt nur 1 Stunde und 24 Minuten.

a) Wie groß ist die Fließgeschwindigkeit des Rheins?

Fließgeschwindigkeit des Rheins: ______

b) Wie lange bräuchte Familie Skade bei derselben Geschwindigkeit wie in a) mit ihrem Boot zum Überqueren des Bodensees (63 km lang)?

Gesuchte Dauer: ______

6 Anton fährt morgens um 9:00 Uhr mit seiner Mannschaft im Mannschaftsbus zur Eishockeymeisterschaft nach Berlin. Der Bus fährt durchschnittlich 90 km/h. Zu Hause bemerkt Antons Mutter, dass er seinen Schläger und seine Schuhe vergessen hat. Sie setzt sich sofort ins Auto und versucht den Bus einzuholen. Sie ist zwar eine halbe Stunde im Rückstand, fährt allerdings auch mit 120 km/h. Nach wie vielen Kilometern hat Antons Mutter den Mannschaftsbus eingeholt. Wie spät ist es dann?

Antwort: ____

7 333er Gold bedeutet, dass in 1000 g des 333er Goldes 333 g reines Gold und 667 g Kupfer sind. Entsprechend bedeutet 900er Gold, dass sich in 1000 g dieses Goldes 900 g reines Gold und 100 g Kupfer befinden. Der Goldschmied möchte einen 20 g schweren Armreif aus 585er Gold herstellen. Wie viel Gramm 333er Gold und wie viel Gramm 900er Gold muss er hierfür zusammenschmelzen?

Masse 333er Gold: ____________________ Masse 900er Gold: ____________________

8 45er Messing besteht aus 45 % Kupfer und 55 % Zink. Wie viel Kilogramm 45er Messing und wie viel kg 70er Messing müssen zusammengeschmolzen werden, sodass man 50 kg 65er Messing erhält?

45er Messing: __________

70er Messing: __________

9 In einer Gärtnerei werden zur Auslieferung an ein Blumengeschäft 465 Blumen zu 39 Sträußen gebunden. Die Sträuße enthalten je 10 bzw. 15 Blumen.
a) Wie viele Sträuße sind es von jeder Sorte?

Kleine Sträuße: __________

Große Sträuße: __________

b) Zum Einpacken der Sträuße steht eine Papierrolle von 70 cm Breite zur Verfügung. Wie viele Meter Papier der Rolle werden verbraucht, wenn für die kleineren Sträuße jeweils 90 cm und für die größeren jeweils 120 cm zum Verpacken benötigt werden? Wie viele m^2 Papier sind das?

Antwort: ____

10 Die Schülerinnen und Schüler der 9c machen eine Abschlussfahrt nach Hamburg. Unterwegs halten sie bei Burger Land und jeder isst einen Hamburger.
Es werden viermal so viele Super Hamburger mit Mayo-extra gegessen wie ohne Majo-extra und doppelt so viele Turbo Hamburger ohne Majo-extra wie mit Majo-extra.
Alle Hamburger ohne Majo-extra kosten zusammen 29,80 €, alle mit Majo-extra kosten zusammen 31 €.
Wie viele Schülerinnen und Schüler sind in der 9c?

Anzahl der Schülerinnen und Schüler der 9c: __________

Lineare Funktionen

■ Lineare Funktionen in Normalform (vgl. S. 4)

Lineare Funktionen können in der Normalform $y = m \cdot x + n$ angegeben werden, wobei m die **Steigung** angibt und n den **y-Achsenabschnitt**.
Der Graph einer linearen Funktion ist eine Gerade. Die Steigung gibt an, um wie viele Einheiten die Gerade ansteigt, wenn der x-Wert um eine Einheit erhöht wird. Der y-Achsenabschnitt gibt den Schnittpunkt mit der y-Achse an.

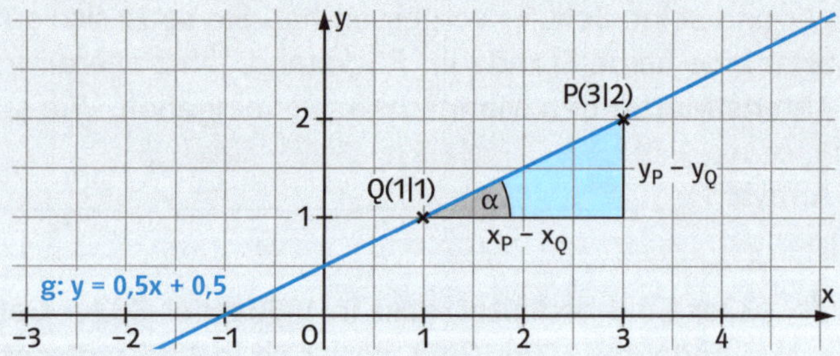

■ Aufstellen linearer Funktionen (vgl. S. 4)

Wenn zwei Punkte $P(x_P \mid y_P)$ und $Q(x_Q \mid y_Q)$ des Graphen einer linearen Funktion gegeben sind, kann man die zugehörige Steigung m wie folgt berechnen:
$m = \frac{y_Q - y_P}{x_Q - x_P}$ oder $m = \frac{y_P - y_Q}{x_P - x_Q}$.
Den y-Achsenabschnitt n erhält man, wenn man m und die Koordinaten von P oder Q in $y = m \cdot x + n$ einsetzt und die Gleichung nach n auflöst.

■ Steigungswinkel einer Geraden (vgl. S. 5)

Für den Steigungswinkel α und die Steigung m einer Geraden gilt:
$m = \tan(\alpha)$ und $\alpha = \tan^{-1}(m)$.

■ Punkt-Steigungs-Form und Zweipunkteform

Für eine Gerade durch den Punkt $P(x_P \mid y_P)$ mit der Steigung m gilt:
$y = m \cdot (x - x_P) + y_P$ **(Punkt-Steigungsform).**
Für eine Gerade durch die Punkte $P(x_P \mid y_P)$ und $Q(x_Q \mid y_Q)$ gilt:

$y = \frac{y_P - y_Q}{x_P - x_Q} \cdot (x - x_P) + y_P$ **(Zweipunkteform).**

Quadratische Funktionen und Gleichungen

■ Quadratische Funktionen (vgl. S. 19–21)

Der Graph einer quadratischen Funktion ist eine Parabel. Der höchste bzw. niedrigste Punkt einer Parabel heißt **Scheitelpunkt**.
Der **Scheitelpunktform** $f(x) = a \cdot (x - d)^2 + e$ kann man den Scheitelpunkt $S(d \mid e)$ entnehmen.
Der **Normalform** $f(x) = ax^2 + bx + c$ kann man den Schnittpunkt mit der y-Achse $S(0 \mid c)$ entnehmen.
Der Parameter a ist der **Streckfaktor**. Für $a > 0$ ist die zugehörige Parabel nach oben, für $a < 0$ nach unten geöffnet.

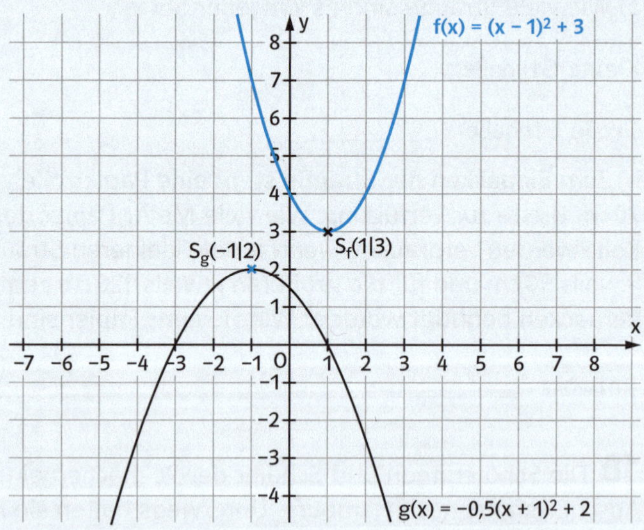

■ Quadratische Ergänzung (vgl. S. 22)

Mithilfe der quadratischen Ergänzung kann man eine quadratische Funktion von der Normalform (z. B. $f(x) = -2x^2 + 6x + 2{,}4$) in die Scheitelpunktform überführen.

1. Ausklammern des Streckfaktors
   $f(x) = -2 \cdot (x^2 - 3x) + 2{,}4$
2. Den Faktor vor x halbieren und das Quadrat hiervon addieren und subtrahieren
   $f(x) = -2 \cdot (x^2 - 3x + 1{,}5^2 - 1{,}5^2) + 2{,}4$
3. Anwenden der binomischen Formel
   $f(x) = -2 \cdot [(x - 1{,}5)^2 - 2{,}25] + 2{,}4$
4. Klammer auflösen und zusammenfassen
   $f(x) = -2 \cdot (x - 1{,}5)^2 - 4{,}5 + 2{,}4 = -2 \cdot (x - 1{,}5)^2 - 2{,}1$

■ Binomische Formeln (vgl. S. 21)

1. $(a + b)^2 = a^2 + 2ab + b^2$
2. $(a - b)^2 = a^2 - 2ab + b^2$
3. $(a + b) \cdot (a - b) = a^2 - b^2$

■ p-q-Formel (vgl. S. 22)

Gleichungen vom Typ $x^2 + px + q = 0$ lassen sich mithilfe der p-q-Formel lösen.

Es gilt: $x_{1/2} = -\frac{p}{2} \pm \sqrt{\left(\frac{p}{2}\right)^2 - q}$.

Exponentielles Wachstum und Zinseszinsen

■ Zinsen und Zinseszinsen (vgl. S. 38)

Wenn man ein Guthaben G zu einem Zinssatz p bei der Bank anlegt, so erhält man $G \cdot p$ Jahreszinsen. Liegt ein Guthaben G für t Jahre zu einem Zinssatz p auf der Bank, so kann man das Kapital K(t) nach t Jahren mit der Formel $K(t) = G \cdot (1 + p)^t$ berechnen. Für G = 1000 € und p = 2% erhält man zum Beispiel

$K(t) = 1000\,€ \cdot \left(1 + \frac{2}{100}\right)^2 = 1000\,€ \cdot 1{,}02^t$.

■ Potenzgleichungen lösen (vgl. S. 38)

Für die Lösung der Gleichung $x^n = a$ gilt:

$x = \sqrt[n]{a}$, wenn n ungerade ist.

$x = \pm\sqrt[n]{a}$, wenn n gerade ist.

■ Exponentialgleichungen lösen (vgl. S. 48)

Für die Lösung der Gleichung $a^x = b$ gilt $x = \log_a(b)$ („Logarithmus von b zur Basis a"). Logarithmen zur Basis 10 werden mit log oder lg abgekürzt und können mit dem Taschenrechner bestimmt werden.

Mithilfe der Formel $\log_a(b) = \frac{\log(b)}{\log(a)}$ kann man auch Logarithmen zu anderen Basen mit dem Taschenrechner berechnen.

■ Zehnerpotenzen (vgl. S. 50)

Sehr große und kleine Zahlen werden häufig als Produkt einer Dezimalzahl und einer Zehnerpotenz geschrieben. Der Exponent der Zehnerpotenz gibt an, um wie viele Stellen das Komma nach rechts (positiver Exponent) oder nach links (negativer Exponent) verschoben werden muss, um die Zahl ohne Zehnerpotenz zu schreiben.

($4{,}2 \cdot 10^6 = 4\,200\,000$ bzw. $4{,}2 \cdot 10^{-6} = 0{,}0000042$)

■ Exponentielles Wachstum (vgl. S. 38)

Mit der Formel $B(t) = B(0) \cdot q^t$ lässt sich der Bestand zum Zeitpunkt t mithilfe des Anfangsbestandes B(0) und des Wachstumsfaktors q bestimmen. Einem prozentualen Zuwachs von 5 % pro Zeitschritt entspricht der Wachstumsfaktor q = 1,05. Einer Abnahme von 5 % pro Zeitschritt entspricht der Wachstumsfaktor q = 0,95.

■ Wachstumsfaktor berechnen (vgl. S. 38)

Wenn der Anfangsbestand B(0) und der Bestand B(t) bekannt sind, lässt sich der Wachstumsfaktor durch Lösen der Gleichung $B(0)\,3 \cdot q^t = B(t)$ berechnen. Man erhält $q = \sqrt[2]{\frac{B(t)}{B(0)}}$.

■ Zeitraum berechnen (vgl. S. 39 und 48)

Wenn Anfangsbestand B(0) und Wachstumsfaktor q bekannt sind, kann man durch systematisches Ausprobieren näherungsweise herausfinden, wie lange es dauert, bis ein Bestand B(t) erreicht wird.
Eine exakte Lösung kann man mithilfe des Logarithmus wie folgt bestimmen:

$t = \log_q\left(\frac{B(t)}{B(0)}\right) = \frac{\log\left(\frac{B(t)}{B(0)}\right)}{\log(q)}$.

■ Potenzgesetze (vgl. S. 50)

1. Für Potenzen mit gleicher Basis (a > 0) gilt:
   $a^p \cdot a^q = a^{p+q}$ und $\frac{a^p}{a^q} = a^{p-q}$.
2. Für Potenzen von Potenzen gilt:
   $(a^p)^q = a^{p \cdot q}$.
3. Für Potenzen mit gleichen Exponenten p und den Basen a und b (a > 0 und b > 0) gilt:
   $a^p \cdot b^p = (a \cdot b)^p$ und $\frac{a^p}{b^p} = \left(\frac{a}{b}\right)^p$.

Lineare Gleichungssysteme

■ Lineare Gleichungen

Für lineare Gleichungen wie $-x + 2{,}5y = 2{,}5$ mit den Variablen x und y gilt:

1. Jede Lösung besteht aus einem Zahlenpaar.
2. Es gibt unendlich viele Lösungen.
3. Die grafische Darstellung der Lösung ist eine Gerade.

■ Lineare Gleichungssysteme mit zwei Variablen

Zwei lineare Gleichungen mit zwei Variablen bilden ein lineares Gleichungssystem.

■ Lösung linearer Gleichungssysteme (vgl. S. 54–55)

Die Lösung eines linearen Gleichungssystems mit zwei Gleichungen und zwei Variablen lässt sich grafisch oder rechnerisch mit dem Additions-, Einsetzungs- oder Gleichsetzungsverfahren bestimmen.

Folgende Fälle sind möglich:
- Genau eine Lösung (Geraden schneiden sich)
- Keine Lösung (Geraden liegen parallel zueinander)
- Unendlich viele Lösungen (Geraden sind identisch)

Register